读懂珠宝

200年佩戴文化之美

Understanding Jewellery

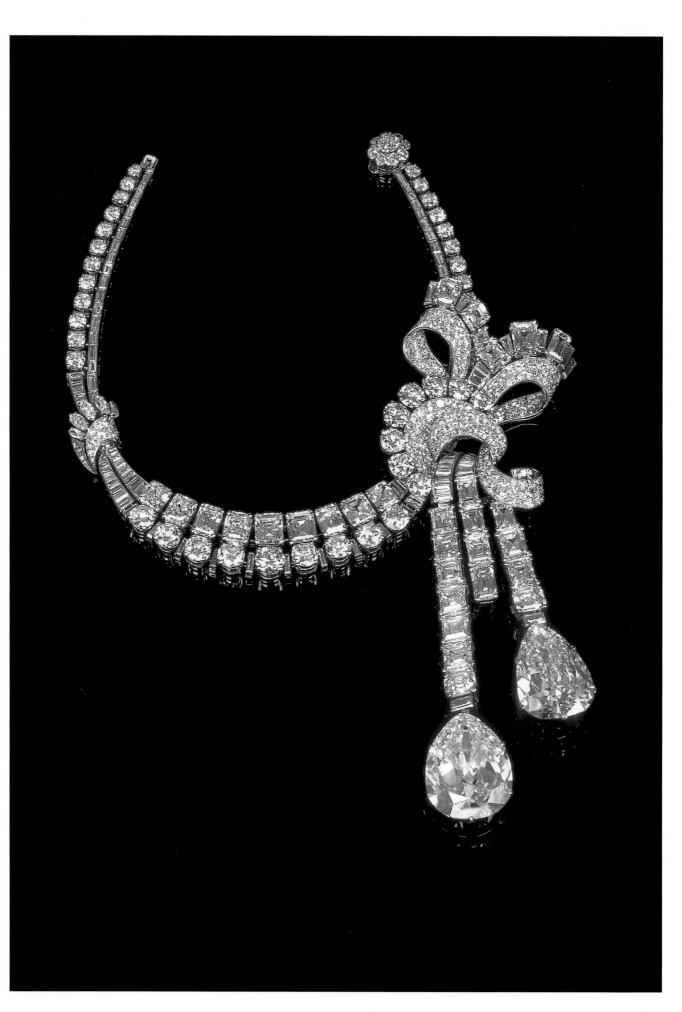

读懂珠宝

200年佩戴文化之美

Understanding Jewellery

［瑞士］大卫·贝内特　　［意］丹妮拉·马谢蒂　著

王小小　杨　娜　译

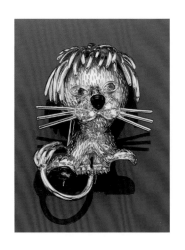

中国轻工业出版社

图书在版编目（CIP）数据

读懂珠宝：200年佩戴文化之美 /（瑞士）大卫·贝
内特（David Bennett），（意）丹妮拉·马谢蒂（Daniela
Mascetti）著；王小小，杨娜译. —北京：中国轻工业出
版社，2024.5

ISBN 978-7-5184-4163-1

Ⅰ.①读… Ⅱ.①大…②丹…③王…④杨… Ⅲ.①宝
石—通俗读物 Ⅳ.①TS933.21-49

中国版本图书馆CIP数据核字（2022）第199575号

责任编辑：杜宇芳　　责任终审：劳国强　　整体设计：锋尚设计
策划编辑：杜宇芳　　责任校对：宋绿叶　　责任监印：张　可

出版发行：中国轻工业出版社（北京鲁谷东街5号，邮编：100040）
印　　刷：鸿博昊天科技有限公司
经　　销：各地新华书店
版　　次：2024年5月第1版第2次印刷
开　　本：889×1194　1/16　印张：31
字　　数：800千字
书　　号：ISBN 978-7-5184-4163-1　定价：498.00元
邮购电话：010-85119873
发行电话：010-85119832　010-85119912
网　　址：http://www.chlip.com.cn
Email：club@chlip.com.cn
版权所有　侵权必究
如发现图书残缺请与我社邮购联系调换
240715W2C102ZYW

译者序

所有过往，皆为序章

　　珠宝是浓缩的艺术，用世间最坚固的材料承载着人们美好的情感与想象；是一个时代文化与价值观的美学缩影；是为数不多可以随身佩戴并且代代传承下去的艺术品。如何读懂一件珠宝，尤其是一件传承多年依然状态完好的佳品，对于起步本就较晚的中国藏家而言，一直是一个并不容易的课题。从2018年我们与明明老师共同创办的古董珠宝学社开始致力于欧洲古董珠宝美学文化的传播以来，同学们一直请我们推荐一些指导性的专业书籍，这本由前苏富比全球珠宝部主席大卫·贝内特先生与现苏富比全球珠宝部主席丹妮拉·马谢蒂女士共同撰写的《读懂珠宝：200年佩戴文化之美》一直是我们的第一推荐，因为两位作者有着远超常人的机会接触并且研究这些普通藏家很难大量经手的古董珠宝，对它们的物质价值与精神价值同样了解，在全世界最大的拍卖机构有超过40年从业经历，这些无疑都是对本书内容最好的背书。

　　《读懂珠宝：200年佩戴文化之美》这本书全书10章，讲述了从18世纪末期到20世纪末跨越200多年时间的珠宝文化史，按照每20年为一个周期的时间线，以时代为背景，如抽丝剥茧般分析了各个时期珠宝的典型风格特征、工艺水平、代表人物、里程碑事件等。919张插图，上千件典型精品的分析，内容之详尽使本书拥有"古董珠宝工具书"的特质，对广大古董珠宝收藏爱好者来说是莫大的福音。试想一个场景：我们拿着心仪的古董珠宝，在书中去寻找相关的风格特征和时代故事，沉浸其中仿佛经历了一段时光穿越之旅，快哉乐哉！在翻译过程中，我们也遇到了相当多的难题，比如同一个人在不同时期被多次提及，我们需要前后交叉核对是同一个人抑或是其后代？一些已经近乎失传的古老工艺应该如何与当代工艺做对应，作者站在西方学者的角度对东方珠宝文化所做的描述，我们是否需要从东方审美的角度做调整或加以说明？翻译这本书，也是我们在精神上与作者交互的过程，虽然花费时间甚巨，我们却乐此不疲。

　　早在杜尚为小便器起名并签上自己的名字之后，艺术便从神坛走向大众，人人都可以成为艺术家。一张纸、一支笔甚至不需任何媒介，就可以开启自己的艺术创作。而珠宝，从早期只有少数权贵才能拥有的地位与地位的象征，慢慢演化成财富、地位、甚或家族传承有序的证明。材料的稀缺使得它并不是一个可以随意涂写的画板，也更加大了它成为艺术品的难度，很多复杂的工艺更是在历史的长河中，浮浮沉沉。时间是无情又公正的过滤器，美的东西被暂时湮没也时或有之，但金子与沙子总会日渐分开。我们要感谢历史让我们站在今天，成为幸运的欣赏者。这些20世纪初、19世纪甚至更早的珠宝，经历了时间长河的淘洗，留在我们面前的，是那个年代最高级的审美、顶级的工艺和最珍贵材质的结晶。而本书则为我们提供了近距离接触并且真正理解它们的机会。

　　新故相推，日行不滞。我们在这本书中了解到了人类珠宝最耀眼的200多年是如何层层迭代至今。在这里，我们看到了工匠的巧思、爱人的情感、哲人的精神。使我们的视觉、精神和情感都从这种经过时间雕琢的美感中获得无与伦比的满足。它为已经从事珠宝行业数十年，内心几近沉寂的我们重新撕开了一道道知识的缺口，使得我们对珠宝重拾孩童般的好奇心。我们有幸将其以中文的方式展现给大家，希望本书能为读者们打开一扇扇通往与众不同的珠宝世界的大门，与我们一起，为珠宝注入不一样的色彩。

王小小　杨娜

2022年11月

前　言

在开始就给定主题写一本书时，总是要设想特定读者的。近年来已出版许多关于珠宝的作品，其中大部分作品都曾为知识体系作出过贡献，对特定方面、制造商或领域有了新的认识。了解到此类书籍的存在，我们已着手为可能正在从事珠宝行业的读者或正在寻找实践基础以构建知识的收藏家们提供"入门书"。

对于任何痴迷于美术或装饰艺术的专业领域人士来说，在像苏富比这样的大拍卖行工作是很优越的，尤其是在每年可经手作品的数量这方面，都远远超出同侪。我们的案例中不仅包括著名的温莎公爵夫人（Duchess of Windsor）收藏品和传奇宝石，如阿育王钻石（Ashoka diamond），还包括人造玻璃胸针和"微不足道"的小玩意，它们让人们对过去的生活有了深刻了解。特别在关于宝石的章节，即便是有资历的宝石学家，也对现代合成材料感到惊叹。如果条件允许且在业余爱好者和现有仪器可测控范围内，我们将尝试讲述确定宝石性质的基本方法。本书建议，尤其在考虑购买昂贵物品时，应寻求公正的专家建议。我们希望任何阅读本书的读者都至少能意识到对于珠宝自己需要关注的诸多方面。

最后，我们发现无法避免文本中出现的一些价值判断。我们对此不作改正，因为对于珠宝的理解是见仁见智的。

2003年版简介

自本书的第一版在十四年前编写以来，我们不仅一直关注我们讲述的内容，也持续关注我们叙述的方式。

该新版本以新千年文化的独特视角编写而成。在此版本中，我们提供了20世纪珠宝概述，修改了本书版式，添加了新插图，并纠正了因时代演变而产生的一些错误。

致　谢

　　我们特别感谢瑞士巴塞尔瑞士宝石学院（S. S. E. F）的H. A. Hänni博士允许我们复制他的一些特别的宝石内含物照片，并感谢戴比尔斯公司（De Beers）的A. P. C. Lamount先生允许我们复制钻石切割照片（图1~图6）。

　　除了极少数例外，本书中的所有珠宝都曾出现在苏富比拍卖会上，并由我们的摄影部门拍摄。因此，我们要感谢Eddie Edwards、Michael Oldford、John Quinn及他们曾经和现在的同事，感谢他们使这本书呈现在读者面前。

　　我们还要感谢所有将珠宝出借给我们，供我们学习和摄影的人，以及在撰写本书期间曾与我们共事的所有苏富比珠宝部门同事。

目　录

宝 石 篇

贸易工具

如果没有大量的研究资料和复杂异常的精密仪器，普通人就很难获得宝石的奥秘，这一点令人遗憾。本书假设读者不具备这些条件中的任意一个，却仍希望在适度预算允许范围内继续研究宝石课题。

便携式放大镜

如果一定要买什么，十倍（×10）放大镜绝对重要。之所以选择十倍放大倍数是因为正是在这个倍数下才能判断钻石是否存在缺陷；十倍放大镜同时也是研究其他宝石内含物的有效放大镜。镜头应优先选择消色差（镜头下观察时颜色不变）和消球差（校正线性失真）型号。好在这样的镜头不贵。

显微镜

需要更高放大倍数时，显微镜至关重要，不过我们很少使用放大倍数超过40倍的显微镜。通常简单的学校实验室仪器就可满足观察需要，甚至我们还可以购买廉价的二手器材。如果有一个单独光源进行聚焦或者光纤灯，则弥足珍贵。

折射仪

附录A概述了仪器的操作流程和构造并简要介绍了光的折射原理。所有宝石材料都有其相关折射率（RI）。折射率表示为一个数字或数字范围，其中许多数字即便是初学者也可在该仪器读取。表面上此类仪器似乎可解决所有宝石测试问题，不过遗憾的是实际情况并非如此。合成蓝宝石与天然蓝宝石读数相同，镶嵌宝石众所周知难以读取，而凸圆形宝石则几乎不可能读取。另外许多材料指数彼此非常接近，这就不难理解为何此类仪器通常不是人们的首选。折射率在指示正确方向上非常有用，如果测试某块蓝色宝石的折射率为1.72，则它不可能是蓝宝石，更可能是天然或合成的尖晶石。

查尔斯滤色镜

这种小仪器很少比放大镜大，仅因其价格低廉入列仪器选择范围。查尔斯滤色镜不提供判断依据，而仅提供快速参考，它更适用于祖母绿、铅玻璃、翠榴石和合成蓝色尖晶石。

其他仪器

业余爱好者会根据成本排除大多数其他仪器。分光镜是一种有用的判断工具，但使用起来非常不便，特别是对于在可见光谱最末端显示吸收线的宝石更是如此。偏光镜可用于从具有不同晶体结构宝石（例如石榴石和红色尖晶石系中的红宝石）中快速识别出立方晶系内结晶的宝石。在测试双折射（见附录A）宝石时，二色镜可作为有效的后备设备，不过二色镜与分光镜一样不易使用，且实践中只适用于未镶嵌宝石。

宝石

钻石

多年来已经有太多关于钻石历史和演化的文章，所以除参考书目外，本书似乎没有必要增加更多内容。特别值得推荐的是埃里克·布鲁顿（Eric Bruton）的优秀作品《钻石》（Diamonds），以及伊恩·巴尔弗（Ian Balfour）做了详尽研究的《著名钻石》（Famous Diamonds），这些作品可以帮助了解异国情调。

在列出测试钻石的基本方法之前，概述估值原则可能有助于读者理解。与其他宝石不同，大多数钻石因其没有颜色而备受重视（彩色钻石将单独阐释）。不过钻石很少完全没有颜色，大多数带些微黄色或棕色。无色的钻石被称为"白钻"，不过这个术语也有一定争议。钻石的颜色（或无色）通常可通过与一组比色石仔细比较进行分级。目前美国宝石学院（Gemmological Institute of America，GIA）是执行这道程序最权威的机构；它的字母分级系统已获国际认可，从"D"开始表示最好的白色或无色宝石，按照字母顺序渐次下降到"Z"颜色，超过此黄色程度数值的钻石开始被视为"彩钻"。"D""E"和"F"颜色都被分级为无色或"白色"钻石，初学者几乎看不出其中差异，即便通过比较也难以分辨清楚。尽管如此，虽然上述钻石视觉差异很小，其价格差异却很大。例如，一颗5克拉且内部完美无瑕、切割良好/明亮的"D"色钻石价格可达每克拉数千美元（美元是评估钻石价值的国际货币）；而一颗重量和纯度相似的"E"色宝石每克拉价格可能约为上述价格的70%；"F"色宝石为50%；"L"色宝石仅为17%。显然买家愿意为最好的钻石多掏腰包。

宝石是否存在缺陷需在十倍（×10）的放大倍数下测量或衡量。在此放大倍数下没有明显瑕疵的宝石被评为"内部完美无瑕"（IF）。存在微小瑕疵的宝石意味着等级降低到VVS 1或2。"有稍大瑕疵"的宝石分级为VS 1或2。下一个类别"有些微不完美瑕疵"（SI），将是肉眼可见的，尽管非常小。除此之外的宝石分级为"不完美"（I）。在这种情况下，瑕疵明显的程度已开始抑制宝石的光彩。无论多小的表面损伤都意味着宝石不能被评为"内部完美无瑕"，尽管有些宝石证书可能会提到宝石"可能完美无瑕"，其重新切割后重量损失很

图1. 明亮式切割钻石。

图2. 阶梯式或祖母绿式切割钻石。

图3. 榄尖形或马眼形钻石。

图4. 梨形或悬垂形钻石。

图5. 心形钻石。

图6. 椭圆形钻石。

小。与颜色一样，是否存在瑕疵也会对价值产生重大影响：沿用同个示例，即5克拉明亮式切割钻石，若颜色分级为"D"且内部完美无瑕，则每克拉价格为数千美元，而类似一颗VVSI级宝石价格可能为该价格的70%，一颗SI级宝石的价格则为32%。

　　钻石定价的一个重要因素是切工（图1～图6）："老矿"（old mine），即来自19世纪的大块明亮式切割宝石，其价值可能比工艺精良的现代宝石低25%。明亮式切割钻石达到"全反射"时才能最好地展现钻石的"火彩"（fire）或光彩；要解释这一点，最好将宝石的背面想象成镜子，所有进入宝石正面的光线都会穿过宝石刻面反射回来，再在途中分解成光谱的颜色。二十世纪初，切磨师开始明白，只有当明亮式切割钻石的比例及其刻面之间的角度达到特定尺寸时，才能实现这种效果。遗憾的是新的切割意味着原石的重量损失，而且由于大多数"老矿"钻石都被重新切割，这就解释了为什么重新切割后的"老矿"钻石每克拉价值更低。不过过去几年里人们对古老的垫形（cushion-shaped）宝石重新产生了兴趣，现在的垫形宝石因其个性、美丽以及稀缺性而备受鉴赏家珍爱。当人们考虑到"花式"（fancy）形状，例如祖母绿式（或阶梯式）切割、梨形［或古老"垂滴"（pendeloque）形］和榄尖形（或马眼形）宝石时，情况会变得更复杂。相同重量的宝石比例区别很大，实际加工质量也可能区别很大。"布局合理"和"模型理想"的宝石将获得溢价。花式切割也受制于时尚。在超过20克拉的较大钻石中，许多人更喜欢阶梯形、榄尖形或梨形钻石而非明亮式切割钻石；一颗40克拉的明亮式切工宝石很难成为人们佩戴的戒指，而祖母绿式切工宝石外观可能产生令人惊艳的效果。花式切工给10克拉以下的小型钻石带来的额外价值可能不如明亮式钻石。

最后需要考虑重量：一块0.99克拉的宝石的价值远低于1.10克拉的宝石；一颗1.00克拉的钻石将很难出售，原因是即使刻面边缘有轻微磨损（经常发生在磨损中）也会导致重新抛光后的钻石小于1克拉。有特定颜色和纯度的2克拉宝石每克拉的价值将高于类似质量的1克拉宝石，差异取决于营销能力，3克拉宝石也是如此，以此类推。一旦重量超过10克拉，这种材料的稀有性将进一步推高宝石价值。简而言之，评估"白色"钻石是"四C"间的平衡行为：即颜色（colour）、净度（clarity）、切工（cut）和克拉（carat）。

钻石在自然界中有多种颜色（图7和图8）。其中黄色和棕色色调最为常见。"颜色掉级"的钻石归属其中，这些钻石颜色不够明显，因为只是轻微带色，所以不能被称为"彩"。美国宝石学院（GIA）对钻石的颜色有多种分级，根据饱和度的不同，从"浅色"到"彩""浓彩"到"艳彩"不等。棕色彩色钻石，有时被称为"干邑色"或"肉桂色"，是这些颜色中价值最低的，不过价值可能会随着时尚变化而改变，此类钻石可能在某些时间也非常有吸引力。彩黄色钻石通常被称为"金丝雀"，备受人们追捧，最吸引人的是浓郁的水仙黄色。蓝色和粉红色钻石极为稀缺，即使颜色微弱也能带来非常高的价格。理想情况下，蓝色钻石应该没有灰色，粉红色钻石没有棕色。澳大利亚的阿盖尔（Argyle）矿一直在生产少量深粉色，有时是紫色的美丽宝石；尽管这些宝石的重量很少超过1克拉，但却一直吸引着大量资金。绿色和红色钻石最为稀有，这些宝石的所有者几乎可以报出他们喜欢的任何价格：一颗此类宝石一经在市场上出现就会引起轰动。迄今为止每克拉钻石的最高拍卖价是一颗仅重0.95克拉的红钻，拍出了惊人的880,000美元（每克拉926,315美元），比同等尺寸最优质白钻高出约100倍。

有些人只收集彩色钻石，他们有财力来寻找可以说是地球上最稀有的宝藏。

二十世纪初，人们发现在镭盐中埋藏过一段时间的钻石会变绿。不幸的是这些宝石兼具放射性，有一个可怕的故事人们口口相传着，即此类经早期处理过的钻石会使不知情的购买者皮肤癌变。随着时间推移，钻石加工工艺得到改进，现在已能通过核反应堆生产出各种颜色的钻石，当然此类钻石没有放射性残留。检测钻石人工着色的方法很复杂且仅限于实验室。如今，如果没有获得认证宝石实验室出具证书，证明颜色是天然的，就不应出售彩色钻石。

钻石还是仿品？

钻石给宝石测试者带来了特殊的问题：它2.42的折射率超出了折射仪检测范围，而使宝石如此吸引人的"火彩"和亮度质量要素是业余爱好者无法测试的。同样，仅凭测试无法构建钻石特征性硬度的鉴定基础；人们普遍认为，如果宝石可划伤玻璃，它一定是钻石，这是危险的错误认知，因为大多数常见宝石都比玻璃硬，也会划伤玻璃！

经常处理未镶嵌钻石的工匠可能会发现将密度制成到液体比重的3.52很有

图7. 一组钻石，显示出它们的颜色范围很广。

图8. 从20世纪80年代中期开始，彩色钻石变得越来越受欢迎，其中蓝色、粉红色和黄色最令人垂涎。插图中：一颗浓彩蓝色心形钻石；一颗彩粉色榄尖形钻石；一颗罕见的浓彩黄绿色榄尖形钻石和一颗艳彩黄色祖母绿形切割钻石。

用途；因为钻石会在这样的液体中保持悬浮状态，所有其他宝石则会下沉或漂浮。此类液体通常有毒，但我们遇到的大多数宝石都会镶嵌钻石，所以尚有购买此类"超重液体"的情况。

　　市场上还出现了几种专门用于检测钻石和多种仿制品合成材料的仪器（过去虽然有合成钻石，但该过程的成本难以实现大规模商业化生产，但不幸的是这种情况不太可能持续很长时间。事实上，自1989年本书第一版出版以来，市场上出现的合成钻石虽然数量稀少，但已引发关注）。大多数此类仪器可测试材料的相对热导率。实践中如果仔细参考说明书，很容易使用这些仪器，不过使用过程中也会出现错误，所以此类仪器最好用于证明什么不是钻石，而非确认钻石是什么。更复杂和诊断性的测试方法，例如吸收光谱和对X射线的相对透明度，则超出了业余爱好者的能力范围。

尽管如此，还是有一些简单的线索可让人们怀疑任何声称是钻石的无色宝石：

a）所有质量好的铅玻璃都比较软，容易磨损。在许多情况下，大气中的灰尘颗粒会磨损表面。钻石是人类已知最坚硬的物质，只能被另一枚钻石划伤。如果任何宝石（在放大镜下）看到被划伤，通常发生在其刻面边缘，这就非常有理由怀疑它的属性。不过要记住松散存放在珠宝盒中的钻石可能也会出现类似表面损坏。铅玻璃通常使用密闭式镶嵌；可将宝石翻转过来看看是否可见宝石背面。1800年后，除了玫瑰切钻石外，钻石的密闭式镶嵌都不太常见。

b）钻石在立方晶系中结晶，为单折射（见附录A）。所以应使用便携式放大镜，通过宝石台面仔细检查背面；如这些刻面有任何重叠，则强烈表明这颗宝石不是钻石 [注意，由于宝石内的应力特性，钻石极少表现出异常的双折射（double refraction）]。

c）在放大倍数下，一些钻石仿制品的刻面边缘，例如合成立方氧化锆（CSZ），看起来好像模压而成，而且刻面边缘清晰程度比钻石更差。需要一些训练才能发现两者间这种细微的差异。

d）钻石以多种方式发出荧光。如果在紫外线刺激下，胸针中的所有宝石要么无法发出荧光，要么全部以相同方式发出荧光，这是一个非常强烈的表征，表明这些宝石并非都是钻石。

常用于仿钻石的宝石

天然　　白蓝宝石
　　　　白色托帕石
　　　　水晶（石英）
　　　　白绿柱石
　　　　白色锆石

合成　　合成立方氧化锆
　　　　尖晶石
　　　　人造钛酸锶
　　　　钆镓榴石（GGG）
　　　　人造碘酸锂
　　　　莫桑石

在天然宝石中，只有白色锆石不在折射仪探测范围内。如果认为一颗石头可能是钻石并伴有某个折射率，则不需要进一步测试，因为这种宝石肯定不是钻石。不过没获得折射率不能被当作"正确宝石"的指标，这是因为：（a）即使被测宝石在仪器的探测范围内，通常也很难获得读数；（b）上面提到的许多合成宝石都超出了折射仪测量范围，比如合成立方氧化锆就令人讶异。合成莫桑石是一种相对较新的材料，可以成功地模仿小尺寸的钻石，幸运的是它有双折射性，用便携放大镜应可观察到，且通常具有特征性的管状内含物。这种材料无法依赖诸如"测温计"和"反射计"之类的金刚石测试仪器来探测。

红宝石

在彩色宝石中，红宝石（ruby）是迄今为止最有价值的，每克拉单价仅次于最稀有的粉红色、蓝色和绿色钻石。不过目前只有世界上一小部分地区的红宝石如此珍贵。

缅甸（Upper Burma）的抹谷镇（Mogok）偏远、交通不便，已有数百年历史。最近，政府限制外国人签证，目前只允许短期逗留。几个世纪以来，世界上的优质红宝石都来自这片小区域，但直到19世纪后期英国吞并该地区时，才能在邦德街的珠宝商埃德温·斯特里特（Edwin Streeter）的主持下有效开采此类矿藏。尽管如此，在英国人占领期间仍较少出现5克拉以上级别宝石。另一方面，自"二战"前英国人离开后的后续开采则略显零星散乱。

要了解缅甸红宝石几个世纪以来一直备受追捧的原因，必须对宝石本身有更多了解。红宝石是被称为刚玉的多种矿物。蓝宝石也是这个家族的成员，具有相同化学成分和晶体结构：氧化铝，并在三角晶系中结晶。蓝宝石的折射率为1.76～1.77，双折射为0.008，比重约为4.00。纯刚玉是无色的（白色蓝宝石）。红宝石中红色的出现是由于少量的氧化铬（在某些情况下是铁）。缅甸红宝石主要以铬着色，铬赋予它们独特的血红色调（通常称为鸽血色），最好的宝石总是与这种颜色联系在一起。在宝石中，着色剂铬的存在通常会产生强烈的荧光。在缅甸石的情况中，即便在人造光作用下，这种荧光也会表现出来，人造光在光谱的红色端很强，导致宝石出现"脆亮回音"或大幅品质提升；很多时候这块宝石看起来几乎内部通亮，像炽热的煤一样闪闪发光。所以永远不要试图仅凭人造光购买红宝石，而应始终坚持在白天看到宝石，此时您可能会惊讶于可能发生的变化：在街上观看时，深红色的宝石可能会呈现完全褪色的粉红色。不过幸运的是，质量较差的红宝石大多数都用于夜间佩戴。通常斯里兰卡红宝石看起来更有吸引力，因为它们与缅甸红宝石具有同种荧光特性，因此在夜间会发生显著变化。

也许如今作为珠宝使用的红宝石最常见产地是泰国。这些宝石可能看起来极具欺骗性，不过奇怪的是，这种欺骗最常发生在白天。泰国红宝石的大部分颜色都归功于铁，在铁的作用下，宝石呈褐色，有点类似于石榴石，颜色通常非常饱和，在上佳宝石品种中，可以接近缅甸石的血红色。不过铁会抑制荧光，因此泰国宝石通常不会表现出缅甸或优质斯里兰卡材料中的特征"火彩"。不过在白天这种差异并不那么明显，但其中的价值差别可能巨大：一颗5克拉宝石级缅甸红宝石的价值可能是泰国同类品质红宝石的十倍。

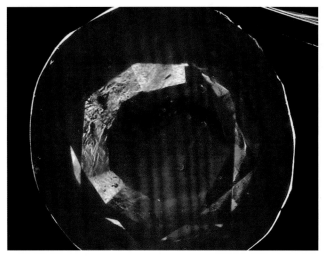

图9. 天然缅甸红宝石（抹谷），具有等距负晶体、短金红石针和漩涡状颜色分布。（放大倍数10倍）

©H. A. Hänni, SSEF

图10. 在缅甸红宝石（抹谷）中形成"丝绸般"的独特针状阵列。（放大倍数15倍）

©H. A. Hänni, SSEF

图11. 具有解理面的典型溶蚀方解石晶体。包裹体是缅甸红宝石（抹谷）的大理石主岩残余物。（放大倍数30倍）

©H. A. Hänni, SSEF

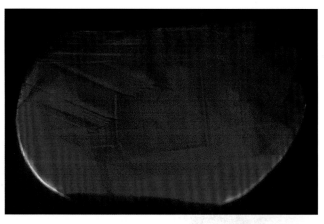

图12. 来自孟素（Mong Hsu）（缅甸）的红宝石晶体复杂而典型的生长模式。（放大倍数10倍）

©H. A. Hänni, SSEF

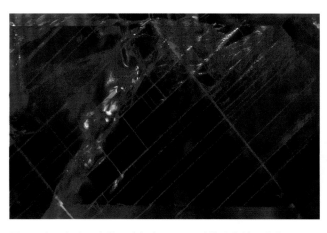

图13. 泰国红宝石中的两个相交双晶系。（放大倍数30倍）

©H. A. Hänni, SSEF

图14. 加热泰国红宝石中的助焊剂辅助愈合裂隙，以网络花纹显示玻璃状残留物。（放大倍数30倍）

©H. A. Hänni, SSEF

图15. 焰熔法（Verneuil）合成红宝石中的弯曲条纹，带有一团微小的玻璃气泡（右）和刻面边缘上的弧形痕迹（左）。（放大倍数20倍）

©H. A. Hänni, SSEF

图16. 鹿角形管中带有多晶残留物的卡尚（Kashan）助溶剂熔融合成的红宝石。（放大倍数20倍）

©H. A. Hänni, SSEF

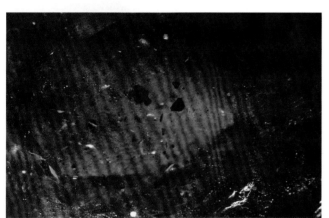

图17. 用助熔剂生长的查塔姆（Chatham）合成红宝石，带有坩埚残留物的金属薄片。（放大倍数20倍）

©H. A. Hänni, SSEF

图18. 用拉马拉（Ramaura）助熔剂生长的合成红宝石，其纺锤形腔内充满多晶橙色助熔剂。（放大倍数20倍）

©H. A. Hänni, SSEF

　　并非所有来自缅甸的红宝石都有价值。相对而言，红宝石并不是一种稀有的宝石。一些缅甸宝石的价值可能低至每克拉20美元，最好的可能高达每克拉200,000美元或更多。与大多数宝石一样，其价值在于颜色的丰富性和美感（或在白色钻石的情况下不带色彩）与纯度或无瑕疵之间的平衡。挑剔的人可能会认为材料的稀有性也很重要。但毫无疑问，如果在一颗来自缅甸的优质红宝石和另一颗来自泰国的红宝石之间做出选择，人们可以毫不犹豫地选择前者。然而稍做比较，业余爱好者有多少次能享有宝石的好处呢？红宝石的其他产地包括东非（肯尼亚和坦桑尼亚）和巴基斯坦。这三种来源出现的时间都较晚，那里的宝石质地令人印象深刻。过去几年里，市场上出现了另一个优质红宝石的新产地——越南。越南宝石的外观通常与缅甸红宝石非常相似，有强烈的荧光和丰富的铬成分。对于颜色精美、纯度良好和大小适中的宝石，地理位置带来的价值重要性显得尤为重要。但维多利亚式珠宝是个例外，人们可能会想到世上还存在着相仿的非洲红宝石就心生怀疑以为是冒充的，而对于较小的宝石和质地较差的红宝石，产地来自缅甸或其他地方意义区别不大。

遗憾的是从不同地点的红宝石批次中挑选缅甸宝石的能力并不容易获得，且已超出了本书范围。这种能力大部分在于对于来自某个区域宝石相关的内含物和缺陷类型的透彻了解，例如缅甸红宝石通常具有结构良好的方解石晶体，如果考虑到宝石的其他特征，则可以确定宝石的来源。方解石来自开采宝石的母岩，在缅甸红宝石的情况中是方解石片岩。在参考书目中可以找到一些阐述宝石内含物的优秀著作。

近年来，一些专门从事宝石学鉴定的实验室开始颁发证书，不单证明宝石的天然来源，也证明其开采的地理位置。今天，几乎所有市场上的重要有色宝石都会以宝石学证书的形式展示其"血统"。对于业余爱好者，这本身就是一个更深的陷阱；市场上偶尔也会出现一些红宝石，除其拥有缅甸产地证书这一特征之外，几乎没人会推荐收藏这些宝石。显然，我们不能过分强调"缅甸"这个词是不是红宝石质量的充分保证。

其他红色宝石有时会与红宝石混淆

天然红色尖晶石可能是非常有吸引力和有价值的宝石，但在珠宝中较少出现，可以很容易地通过折射仪（尖晶石的折射率为1.72）与红宝石区分开来（见附录A）。在无法使用此类仪器时，也许是由于突出的特征，即其在立方系统中结晶且是单折射的事实，使此类宝石被证明有价值；与红宝石不同，红色宝石在二色镜下不会显示出二色性，在偏光镜下旋转时也保持不变。红色尖晶石的颜色通常更像草莓，而非红宝石特有的覆盆子色（请记住这纯粹是一种通俗化概括），有许多人将尖晶石的颜色特地描述为"甜"或"含糖"。与大多数缅甸和斯里兰卡红宝石一样，尖晶石荧光性通常很强。这种被称为"丝绸"的现象在许多缅甸、越南和斯里兰卡红宝石中很常见。肉眼看来，这表现为宝石内的白色光泽，当宝石倾斜时会捕捉到光线，这是由于矿物金红石的细丝造成的。"丝绒感"是天然红宝石和蓝宝石的共同特征，也许是宝石学初学者意识到的首个可识别的内含物；它在红色宝石中的存在很好地表明这颗石头是红宝石，虽然此种质地可以在一些合成物中被诱导显现。也许红色尖晶石中最具特色的内含物是与气泡结构非常相似的晶体，常导致业余爱好者将宝石误认为红色铅玻璃。

红碧玺（red tourmaline）经常被引用为可能与红宝石混淆的材料。颜色很好的红碧玺被称为"红宝碧玺"（"rubellites"），但很少接近红宝石的真正红色，我们可通过折射仪轻松区分电气石（tourmaline）的折射率为1.62～1.64，双折射为0.018。与红宝石不同，红碧玺从不发荧光。两者间的混淆也许只会发生在质量非常低且价格差异很小的宝石上。不过如果熟悉电气石中常见的特殊粉红色，混淆就不那么容易发生了。常见且典型的白色内含物，结合典型的体色，能让人想起那些覆盆子味的煮糖！

石榴石（garnet）可能最容易与红宝石混淆，因为其折射率跨越红宝石，所以使用折射仪检测常有风险。幸运的是石榴石为单折射，二色镜下不会显示出二色性（但要记住这种仪器使用起来不方便且只对未镶嵌的宝石真正有效）。也许更管用的特征是石榴石在偏光镜下旋转时保持不变。相对稀有的石榴石可能有接近红宝石的血红色，但折射率较低，介于1.74和1.75之间。更常见的铁铝榴石为铁着色，不像石榴石的铬着色，因此不发荧光。不幸的是铁铝榴石可能与泰国红宝石相混淆，在确实发生混淆时，解决混淆的最简单方法可能是使用袖珍分光镜。该仪器在大多数情况下难以使用，但铁铝榴石的三个独特宽吸收带很明显，就算业余爱好者也很容易观察到（另见关于石榴石的部分）。分辨者可使用便携式放大镜以常规方式发现红色铅玻璃；注意气泡（铌红色尖晶石）和颜色漩涡等。

与所有合成材料一样，合成红宝石与天然红宝石具有相同晶体结构和化学成分。因此常规测试宝石的仪器（如折射仪）不适用。合成红宝石和蓝宝石自十九世纪与二十世纪之交就已经存在，当时法国科学家韦尔讷伊（Verneuil）改进了一个特殊的熔炉，在该熔炉中，纯氧化铝和少量金属着色剂通过氢氧火焰结晶成"晶锭"（看起来很像用来给苏打水虹吸管充电的小气瓶）。该工艺可在短时间内生产出大尺寸合成材料；幸运的是正是该工艺的速度促使最简单的检测方法被研制出。合成刚玉沉积在弯曲条带中，切割后的宝石上常可看到此类条带。此外通常还可看到被困在宝石内的小气泡。这种新型合成材料一出现

图19. 水热合成红宝石，产于新西伯利亚，具有典型的V形生长模式。（放大倍数20倍）

©H. A. Hänni, SSEF

图20. 用不同技术生产的合成刚玉（红宝石、蓝宝石）、莲花刚玉（又称帕帕拉恰，padparadscha）。左侧为焰融过程后产生"坯胎"。右侧为使用助熔剂方法生产的单晶和簇（Chatham、Ramaura和Douros提供的样品）。右下方的俄罗斯热液法合成红宝石晶体。最大的一块长约6厘米。

©H. A. Hänni, SSEF

在市场上就被珠宝商们采用。几年前，苏富比拍卖了著名的意大利珠宝商贾辛托·梅利洛（Giacinto Mellilo）一条精美的历史复兴项链；经检查，这件作品中的小红宝石是合成的，没有证据表明它们曾被替换。人们应该想知道梅利洛本人是否在第一次世界大战之前制作这件作品时就已经知道其中的区别！

幸运的是即使是很小的红宝石也难免有瑕疵。我们几乎很少听说尺寸超过1克拉的无瑕疵红宝石，但大尺寸合成红宝石却很常见，因为其生产成本很低；此外看起来"好得令人难以置信"的颜色几乎也会立即引起人们的怀疑。简而言之，任何超过1克拉、几乎完美无瑕且颜色精美的红宝石都应进行测试。大多数合成红宝石仅由铬着色，因此会在人造光，特别是紫外线刺激下，呈现出强烈的荧光。用便携式放大镜或显微镜仔细检查通常会发现弯曲的色带和小气泡，这为最终判别带来依据。或许对合成红宝石稍有认识就足以阻止业余爱好者蜂拥涌向大宝石。如果在一件珠宝中使用了较小的宝石，比如不到三分之一克拉，问题就更大了。在1920年至1950年期间制作的胸针和手镯等珠宝中，将合成红宝石和蓝宝石纳入设计的做法并不少见。这种尺寸的天然红宝石和蓝宝石价格相对便宜，其最大一部分费用很可能花费在切割上，但买家应该意识到，带有合成材料的珠宝很难转售，因为单单"合成"这个词就会减退许多买家的购买欲望。在小尺寸合成宝石中可能几乎看不到曲线和气泡，业余爱好者可能不得不依靠自己的双眼来甄别：由于宝石的成本，极少见一包小型天然红宝石有完全相同的色调，很可能使选择宝石的烦琐任务根本无法达成。另一方面，合成品方面则很少出现上述问题。如果在镜头下所有的宝石都具有相同的颜色且看起来完美无瑕，买家就应持怀疑态度。最后，珠宝的质量会给出一个线索：观察钻石和其他宝石的颜色和纯度，例如检查镶嵌的成色、金属和做工等。作为诠释，卡地亚（Cartier）就绝不用合成材料。

可悲的是科技进步意味着生产合成宝石的新方法的出现。"卡尚"红宝石带来了许多问题，宝石学家对此也产生了困惑。不过讨论所有这些技术发展以及复杂的检测方法不在本书范围内。值得欣慰的是，1960年之前的珠宝中极少遇到这些新的合成材料。不幸的是这种情况不会持续太久，因为不择手段的人在将宝石调包并将其作为真品出售时会获得巨大经济收益。希望买家知道此类宝石的存在，听取建议，更重要的是在开始大量购买之前，要求提供详细的收据，保护自己免受欺诈。[拼合宝石，如二层石（doublets），在附录C中讨论。]

图21. 镶木地板形式的克什米尔蓝宝石典型生长带。（放大倍数20倍）

©H. A. Hänni, SSEF

图22. 缅甸蓝宝石中由富含铁的金红石形成的典型棕色短针丝绸质地。（放大倍数30倍）

©H. A. Hänni, SSEF

图23. 舌状愈合裂隙，缅甸蓝宝石的典型特征。（放大倍数30倍）

©H. A. Hänni, SSEF

图24. 缅甸蓝宝石中由双平面形成的剑形相交图形。（放大倍数20倍）

©H. A. Hänni, SSEF

蓝宝石

　　许多人认为蓝宝石（sapphire）是所有宝石中最美丽的，尽管可能不是最有价值的。

　　与红宝石一样，蓝宝石的产地对价值至关重要。正如缅甸之于红宝石，克什米尔之于蓝宝石也一样。和缅甸一样，克什米尔（Kashmir）仍在开采的宝石很少。宝石级克什米尔蓝宝石的颜色令人惊叹，是最完美的天鹅绒般的蓝色，当光线穿过宝石时，通常伴有特有的蓝绿色二色性。这些宝石常常被冠以"深蓝夜晚（sleepy）"的诨名。颜色中看起来略带乳白色，这是由于宝石内充满液体的微小空腔或晶体，即使在高倍显微镜下也很难看到这些晶体。通常更容易看到的是一种称为"色带"的特征现象（图21），其中颜色似乎集中在平行带中。此外克什米尔蓝宝石在人造光下不会失去任何颜色，这在宝石中极为罕见。需指出并非所有的克什米尔蓝宝石都很好。买家应该记住，证明克什米尔原产地的宝石学证书本身并不能保证蓝宝石的质量。

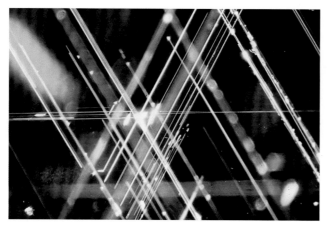

图25. 许多斯里兰卡蓝宝石的典型长金红石针（丝），针以60度角度交叉。（放大倍数20倍）

©H. A. Hänni, SSEF

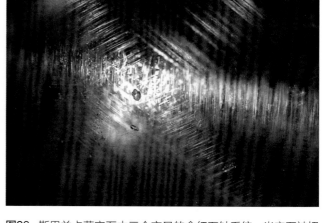

图26. 斯里兰卡蓝宝石中三个交叉的金红石针系统，当宝石被切割成"凸圆形"（"en cabochon"）时，会产生一个六线星。（放大倍数20倍）

©H. A. Hänni, SSEF

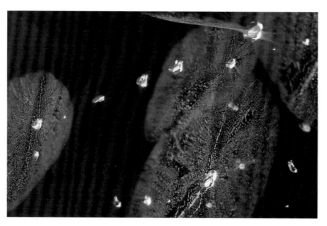

图27. 斯里兰卡蓝宝石中特征性的"睡莲"（lily pad）愈合裂隙，围绕破裂的负晶体延伸。（放大倍数20倍）

©H. A. Hänni, SSEF

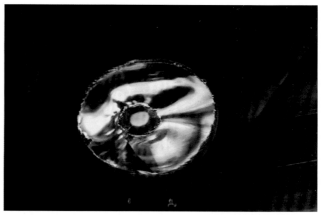

图28. 斯里兰卡蓝宝石中的环礁状内含物，典型的加热材料。天然夹杂物在热处理过程中可能会分解，产生盘状张力裂隙。（放大倍数40倍）

©H. A. Hänni, SSEF

　　与红宝石不同，重量超过50克拉的大蓝宝石并不少见，但这种尺寸的克什米尔宝石极为罕见；该地区的蓝宝石一旦超过10克拉，价格就会非常高。从买家角度来看，一旦看到优质克什米尔蓝宝石的真正矢车菊蓝色就不容易忘怀，这也让买到此类宝石的人感到欣慰。很简单，它与珠宝商橱窗中看到的普通宝石迥异。不幸的是在珠宝行业的低端工作者可能历时多年而从未见过，只有通过与此类宝石进行比较，才能判断其他优质蓝宝石的颜色。

　　缅甸蓝宝石也可以具有卓越的品质：颜色常更饱和，趋于深青色，即便在大型蓝宝石中也可找到优质的宝石。斯里兰卡蓝宝石一般颜色较淡，二色性很强，有些宝石几乎无色；不过最好的情形可能类似于克什米尔的蓝色。缅甸和斯里兰卡蓝宝石都与内含物有关，内含物表现为细白针状，类似于红宝石中的内含物，当宝石旋转时会捕捉到光线，还有一种内含物表现是充满液体的羽毛

图29. 因热处理而从溶解的金红石针中散发出的扩散云。分解的金红石有助于形成体色，改善来自斯里兰卡的蓝宝石质地。（放大倍数20倍）

©H. A. Hänni, SSEF

图30. 来自拜林（Pailin）的柬埔寨蓝宝石显示出烧绿石的特征红色晶体。（放大倍数40倍）

©H. A. Hänni, SSEF

图31. 经过表面扩散处理的蓝宝石（左）和天然蓝宝石（右）的浸没照片。由于表面扩散处理仅在表面增加颜色，因此左侧的宝石朝着刻面棱增加颜色密度。（放大倍数2倍）

©H. A. Hänni, SSEF

图32. 这种天然蓝宝石的强烈水平色带可能表明是一块拼贴宝石。宝石的无色下部仅在侧视图中可见，并且在镶嵌在戒指中时也会被封闭的镶嵌所掩盖。浸液拍摄的照片。（放大倍数5倍）

©H. A. Hänni, SSEF

状物。在缅甸宝石中，在透镜下观察时，"丝绸"质地（这些内含物的总称）通常可见由短簇针组成，彼此成60或120度角（图22）。在斯里兰卡宝石中，"丝绸"质地通常较长，从宝石的一侧延伸到另一侧，并且通常仅在一个或两个方向上（图25）。宝石中"丝绸"质地的存在是一个确证，说明宝石是真实的而非合成的；不过必须指出，除非特别明显以至于产生"星状"（图26），否则肉眼能轻易看到的显眼"丝绸"状物会大大降低宝石的价值。不过"丝绸"质地也可以用合成星光蓝宝石生产。斯里兰卡蓝宝石的另一个典型特征是锆石包裹体，该地区的宝石砾石中就经常发现锆石伴随蓝宝石存在。锆石是一种轻度放射性物质，往往会破坏其附近主体材料中的晶格，产生独特的"光环"。

图33. 此图显示了购买一些蓝宝石的风险：从顶部看这颗宝石的颜色很好，但从侧面的大"窗口"可看到颜色消失的宝石。此外宝石还非常笨重；宝石的大部分重量是由厚度决定的。这颗蓝宝石来自斯里兰卡。

　　泰国蓝宝石的颜色通常非常深，通常类似于蓝色尖晶石。颜色最深，因此价值最低的蓝宝石，来自澳大利亚。一些澳大利亚宝石的颜色非常饱和，除非将宝石放在光线下，否则看起来就是黑色的（可能是因为铁作为着色剂）。这样的宝石几乎不值得镶嵌在珠宝中。柬埔寨开采了一些优质的蓝宝石，尤其是在一个叫作拜林的地方（图30）。19世纪后期，美国蒙大拿州开设了矿山，这些宝石从而得名为"新时代"蓝宝石。这些宝石具有特有的淡电蓝色（pale electric blue），常出现在第一次世界大战之前制作的珠宝中。

　　一段时间以来，蓝宝石的热处理一直很常见。该过程可以去除宝石的"丝绸"质地，更重要的是可减轻深度饱和样品的颜色。毫不奇怪，该工艺应用于澳大利亚开采的大部分蓝宝石；由于该过程在泰国进行，很难确定从曼谷出产的蓝宝石中有多少实际是泰国原产的。蓝宝石和红宝石的商业热处理难以检测，但普遍被接受；如果发现重要的宝石经过热处理，其价值可能会大幅降低。宝石检测实验室目前颁发证书，在可能的情况下会说明宝石是否经过热处理，并作原产国说明。（有关宝石处理的信息，请参阅附录D。）

　　上文已提到这样一个事实，即蓝宝石的颜色很少因人造光而变质（标准电灯泡在光谱红色端很强）。这种颜色变化的最明显例子莫过于某些类型的斯里兰卡蓝宝石，由于含铬，此类蓝宝石在夜间会变成深紫色；在查尔斯滤镜（滤除红色以外的所有波长）下观察时，这些宝石通常看起来就像红宝石一样发光。直到最近人们才认为蓝宝石中像这样的颜色变化有可取之处，不过如有颜色变化，仍会降低宝石的价值。

图34. 由胶结在韦尔讷伊合成展示架上的天然澳大利亚蓝宝石冠组成的二层石。浸液拍摄照片。（放大倍数5倍）
©H. A. Hänni, SSEF

其他蓝色宝石有时会与蓝宝石混淆

蓝宝石通常是一种相对完美无瑕的宝石种类，因此在不存在明显内含物的情况下，需记住该宝石可能是合成的。检测合成蓝色宝石最常见的方法与检测合成红色宝石的方法完全相同，在检测中，应更容易观察到曲线和气泡。必须记住前一阶段的创新工作为检测工作带来了新麻烦，只是尚未渗透到珠宝市场。小的合成蓝宝石，当镶嵌在宝石主体中时，可能更难被发现，情形如同合成红宝石，比如"两次大战"之间制造的珠宝就以惊人频率出现。这是业余爱好者发现紫外线光源管用的少数情况之一；仪器可以是手持式，也可以安装在盒子里，珠宝则放在盒子里，通过一个小孔观察。在短波紫外线刺激下，许多合成蓝宝石发出淡绿色光，看起来好像从宝石表面散发出一种灰尘，这是由于钛过多，而钛与铁会为蓝宝石带来颜色。大量使用和小尺寸使用时极少见同时包含天然和合成蓝宝石的古董宝石（当然丢失天然宝石后用合成宝石替换的情况除外），所以此类快速测试非常有用，因为天然蓝宝石在短波紫外线下几乎总是反应迟缓（图31）。

几年前的市场上出现了一种称为"坦桑石"（Tanzanite）的新材料。这是矿物黝帘石的蓝色形式，其上佳品种可能与蓝宝石非常相似。不过即便是这些不错的品种中，也有一种不是真正蓝宝石的蓝色宝石，具有红色色泽的特征。折光仪快速测试会检测出差异，坦桑石的折射率为1.70，而蓝宝石的折射率为1.76~1.77。坦桑石常经过热处理以改善颜色。

蓝色尖晶石可能类似于蓝宝石，但由于其颜色通常非常深且呈墨色，只有质量差的蓝宝石才会被误认为是蓝色尖晶石。快速折射率测试将在这里再次被证明管用，因为尖晶石折射率为1.72且具有单折射性。合成蓝色尖晶石很少被着色为类似于蓝宝石的颜色（更常见的是海蓝宝石），在查尔斯滤光片下会呈现鲜红色。由于钴作为着色剂的存在，合成蓝色尖晶石还具有独特的吸收光谱。铅玻璃和复合宝石在附录C中作说明。

祖母绿

本部分是"珍贵"宝石系列中的最后一例，如红宝石和蓝宝石，其价值在很大程度上取决于它的开采区域。红宝石的关键词是缅甸，蓝宝石是克什米尔，祖母绿是哥伦比亚，尤其是那些来自木佐（Muzo）矿的宝石，木佐距波哥大不远，该地区出产的祖母绿颜色最美丽，呈现出浓郁的草绿色。

大多数祖母绿都存在严重缺陷，缺陷比蓝宝石甚至大多数红宝石严重得多。许多祖母绿实际上不透明，只有绿色体色但没有生命。此外，祖母绿大量面世；在主岩中发现了一些长达数米的晶体。（曾经有一位男士向我们展示了一个绒面革小袋，里面装有一颗高约8英寸（1英寸=2.54厘米）、周长约3英寸、重数百克拉的祖母绿晶体。虽然是真正的祖母绿，但该物品更像是一颗巨大的酸橙味煮糖而非宝石。虽然会给矿物收藏家带来些兴趣，但该物品最好用作镇纸。不用说，在我们采访后，它的主人非常沮丧。）

　　几千年来，祖母绿无疑一直受到高度重视。一些最好的品种据说来自印度，但现在似乎最可能的解释是它们曾于16世纪，在南美洲开矿的西班牙人手中交易。我们在珠宝界常谈论"老件"；一般来说，这是指特别饱和的深绿色宝石，这些宝石很少出现在市场上，也很少通过新矿山开采出现。正是这种材料珍贵，需要强调这种质量和尺寸的祖母绿与精美的缅甸红宝石一样稀有，很少出现在市场上。

　　祖母绿是铍铝硅酸盐，在大多数情况下，其颜色归功于微量铬，这种元素与产生缅甸红宝石的红色的元素相同。当通过查尔斯滤色镜（吸收除红色以外的所有颜色）观察时，由于铬的存在，大多数祖母绿会呈现红色至棕色。这项有效、快速的测试排除了大多数其他绿色宝石和人造物件，不过不能过分依赖，因为某些祖母绿，尤其是那些被钒致色的祖母绿，仍会显示为绿色，而大多数合成祖母绿在此查看时也会显示为红色。祖母绿相对较软［莫氏硬度（Mohs scale）为7，参见附录B］，表面容易磨损，边缘易碎。有这样的情况，祖母绿与钻石、蓝宝石和红宝石一起在珠宝盒中放置很久，由于与较硬的材料不断摩擦而导致缺乏光泽，外观几乎不透明。一块这样的宝石看起来很可怜，以至于它的主人只得到500英镑的报价。在重新抛光后，这块宝石的价值暴增了十倍。

　　哥伦比亚祖母绿的典型内含物是"三相包裹体"；看起来像锯齿状的扁平腔，里面充满了液体，还包含一个晶体和一个气泡（图35）。木佐祖母绿通常含有方解石或萤石的小晶体，类似于缅甸红宝石中的晶体（图38）。契沃尔（Chivor）矿祖母绿（也可能是优质的）通常含有黄铁矿的小金属晶体。在其他祖母绿产地中，最重要的是西伯利亚、东非、德兰士瓦、印度和巴基斯坦。每个产地都有与之相关的内含物；特别是来自津巴布韦桑达瓦纳（Sandawana）矿的祖母绿，曾于20世纪50年代后期首次出现在市场上。这个地区的上佳品种表现出良好的深绿色体色，与哥伦比亚材料非常相似。更令人困惑的是它们通常相对没有缺陷，因此遭受着仅被当作有一定价值的"老件"而为人忽视的风险。相比之下，这些宝石的颜色可能看起来几乎是黑色的，太深太饱和，缺乏生命力。幸运的是桑达瓦纳祖母绿具有与透闪石相关的特征内含物，透闪石是开采桑达瓦纳祖母绿的母岩（图39）。在放大镜下，透闪石晶体内含物表现为头发丝般的无数纤维，在宝石内相互交织。这些内含物与大多数其他祖母绿"瑕疵"如此不同，以至于难以被人遗忘。此外，超过5克拉的桑达瓦纳祖母绿很少见。即便如此，买家还是曾为这些津巴布韦宝石支付了高得离谱的价格，认定它们是优质的木佐祖母绿；这是另一个案例，说明了在开始昂贵的购买之前听取专业的、最好是独立的建议的重要性。

图35. 典型锯齿状的三相包裹体（液体、气体、固体），这是哥伦比亚祖母绿的标志。（放大倍数40倍）

©H. A. Hänni, SSEF

图36. 哥伦比亚祖母绿中已愈合和未愈合的裂隙，形成了"小花园区域"（Jardin）。当这些裂隙延伸到石材表面时，通常会涂油以改善外观。（放大倍数4倍）

©H. A. Hänni, SSEF

图37. 哥伦比亚祖母绿基面上的特殊生长特征。特征图案表明哥伦比亚祖母绿的不均匀性不断增加。（放大倍数15倍）

©H. A. Hänni, SSEF

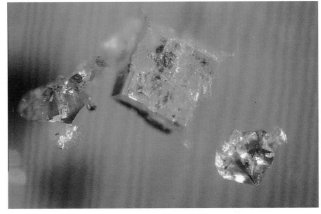

图38. 哥伦比亚祖母绿木佐矿中的立方晶体，可能是萤石。（放大倍数20倍）

©H. A. Hänni, SSEF

　　并非所有的祖母绿都声称自己与其他任何东西类似。19世纪下半叶的维也纳和匈牙利珠宝通常镶嵌浅色不透明祖母绿，这些祖母绿之所以未被刻意隐藏其原产地主要是因为价值过低。这些宝石的特点是来自奥地利蒂罗尔（Tyrol）的哈巴赫塔尔（Habachtal），具有当地特色。如果在封闭环境中，在宝石后面放置绿色反光箔，宝石颜色常会得以改善，这种方法很管用，在印度也很常见。如果买家看不到宝石背面，显然应谨慎支付大笔费用。

图39. 桑达瓦纳祖母绿中的特征"睡莲",以及弯曲的透闪石纤维。(放大倍数40倍)

©H. A. Hänni, SSEF

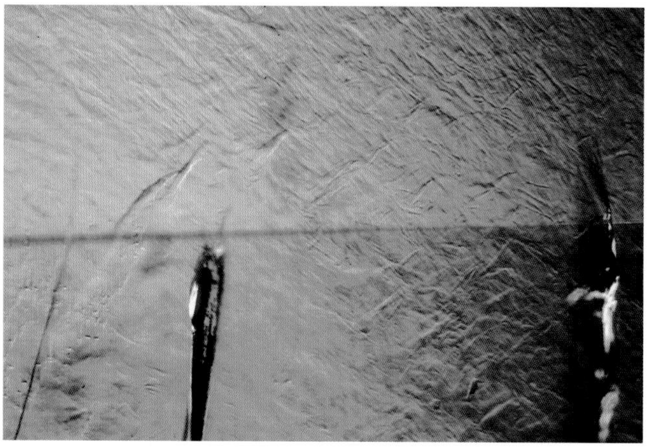

图40. 人字形结构的生长模式是热液生长合成祖母绿的典型特征,如来自新西伯利亚(俄罗斯)瓦萨(Vasar)的样本。(放大倍数30倍)

©H. A. Hänni, SSEF

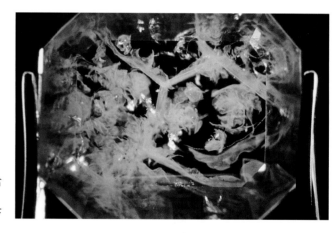

图41. 具有六边形分布面纱(veil)的熔融合成祖母绿,其中包含残余熔融物。(放大倍数5倍)

©H. A. Hänni, SSEF

其他常与祖母绿混淆的绿色宝石

与蓝宝石和大多数红宝石相比,合成祖母绿存在的问题严重得多。哥伦比亚"祖母绿之都"波哥大(Bogota)的街道上到处都是假宝石经销商,他们会向你出售合成宝石,就算是有天赋的业余爱好者也很难将其与真宝石区分开来。我们经常会遇到从哥伦比亚、巴西或远东回国的人曾从信誉良好的经销商或街坊邻里处购买宝石,以为自己在开采地购买,价格必然便宜。他们充其量会以与欧洲或美国几乎相同的价格购买一块宝石,最坏的情况则是将获得一块劣质的合成材料或铅玻璃。宝石市场是国际市场,大多数宝石经销商,无论是在曼谷还是纽约,都知道各自商品的价值。合成祖母绿的范围和复杂性超出了本书范围,但应该记住这些宝石的生产工艺在不断改进,而新类型正在生产中,这对宝石学家们提出了独特而具有挑战性的问题。(图41)。

为祖母绿"注油"(oiling)的做法没有得到完好记录,但其发生的频率足以引发关注。在工艺中,宝石被浸入油中,这是一种带有绿色颜料的东西,通过延伸到表面的微小裂隙被吸收。这不仅增加了祖母绿的颜色,还掩盖了表面难看的瑕疵。显微镜检查常会揭示该过程发生的位置，而清洁方法，尤其是超声波浸渍，将证明该过程在大多数情况下是可逆的！合成祖母绿也被黏合到劣质宝石的表面以改善其外观，尽管这种做法相对较少。（请参阅关于宝石处理和改善的附录D。）

在类似于祖母绿的天然宝石中，只有萤石被证明是一个问题。很明显，这种矿物只会类似于劣质祖母绿，但在放大镜下可以显示出非常像祖母绿的内含物，尤其是与哥伦比亚石棉相关的三相内含物。更详尽的解释是，萤石会像大多数祖母绿一样在查尔斯滤色镜下呈现天然的和合成的红色。折射率测试可轻易揭示其中差异，萤石在1.43附近显示一条单线，而祖母绿具有双折射，平均折射率约为1.58。此外，顾名思义，萤石具有强烈的荧光（紫外线刺激下是紫色），对于宝石来说非常柔软，莫氏硬度只有4，镶嵌在珠宝中时几乎总有摩擦或划伤的刻面。电气石、玉石、橄榄石、绿色蓝宝石和锆石几乎都与祖母绿的绿色不同，很少引发问题，且折射率都高于祖母绿。有趣的是如果人们将翡翠（最好是半透明的）错当成祖母绿购买，这种产品只会是劣质的，显然翡翠更有价值。

祖母绿也很容易仿制。二层石（附录C）以各种形式生产，最令人困惑的是祖母绿上嵌祖母绿（emerald on emerald）。在这种情况下，宝石将具有看似天然的内含物和自然常数，例如折射率和比重。在这些情况下，黏合层通常位于宝石的腰部，更糟糕的是，用黏胶剂将一层绿色染料与宝石腰部相黏。其他种类的二层石则会响应简单折射率测试的鉴别测试和人造物料识别测试。这里要提醒一句，因为经常用来模仿祖母绿的绿色玻璃通常质量很差，肉眼看起来通常有祖母绿状的内含物。在放大倍数下，这些是宝石内的气泡链或裂隙，这是购买宝石时需携带便携式放大镜的另一个很好的理由！一些购买者可能会因为害怕买到假货而推迟购买祖母绿，但合成祖母绿很少见，直到最近出现在珠宝市场中。在大多数国家，买家受到某种形式的消费者行为的保护，这将使他们能够退回被证明是假的宝石。应始终要求提供详细的收据，如果以大笔金钱购买宝石，则可以向信誉良好的宝石检测实验室索取证书；甚至为证书付费也很值得。

托帕石

在半宝石中，托帕石（topaz）备受人们喜爱。上佳的托帕石是一种光彩夺目的橙红色，即榅桲果冻（quince jelly）的颜色，极其稀有，但这种稀有性并没有体现在它们的价值上。在《商品说明法》出台之前，托帕石一直受到一个重要（且代价高昂）错误身份标识案例的影响，因为该名称也被用来描述黄色形式的石英，正确地称为黄水晶（citrine）。遗憾的是这种做法在今天仍很普遍，一个珠宝行业试图将鹅变成天鹅的完美例子。黄水晶是一种储量丰富且价格低廉的宝石，仅与较差的托帕石相似。

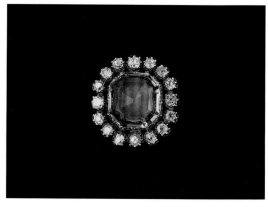

图42. 以自然色切割托帕石样品，左侧饱和的蓝色宝石除外。最大的宝石是6克拉。

©H. A. Hänni, SSEF

图43. 一枚精美的托帕石和钻石胸针，19世纪中叶。托帕石的颜色绝对是典型的，美丽的环境显示了当时人们对这些宝石的尊重。

©H. A. Hänni, SSEF

托帕石是一种出色的宝石材料，质地坚硬（莫氏硬度为8）且有光泽，需要特别精细的抛光。它的颜色范围从白色、黄色和红棕色到蓝色。粉红色品种通常是经过热处理的红棕色宝石。在价值方面，橙红色品种价值很高；蓝色品种类似于海蓝宝石，价值较低，需人工改善颜色；白色品种与钻石以外的其他无色宝石相同，相对便宜。品质好的宝石及其衍生的粉红色宝石折射率为1.63～1.64，而蓝色和白色宝石的折射率较低，为1.61～1.62。通常"木瓜果冻"彩色宝石在长波紫外线刺激下显示橙色荧光。

特别是在早期的珠宝中，托帕石的切割会在一个长椭圆形或长方形桌子上，沿着晶体的长度切割。另一个特征是托帕石容易劈裂且裂纹完全平行于晶体底部，因此宝石内的劈裂面通常与宝石台面成直角。应该记住托帕石有丰富的解理，应小心处理，以免掉落。

易与托帕石混淆的宝石

一旦看到木瓜托帕石（quince topaz）的颜色，就会发现它与众不同。不过合成蓝宝石的生产与它们非常相似，所以采用折射率测试对此很管用。黄色和棕黄色形式类似于黄水晶。石英比托帕石更柔软，不需要那么高的抛光，而且黄水晶的颜色只能接近更丰富、更微妙的托帕石颜色。同样，折射率将很方便揭示差异（黄水晶1.54～1.55）。值得注意的是无色托帕石由于其色散度比较高，一直被用来仿制钻石。

实践表明，快速折射率测试通常足以检测托帕石，幸运的是目前还无法商业化生产合成材料。

图44. 刻面样品中的各种天然绿柱石（beryl）：无色、金绿宝石和金绿柱石（heliodore）、海蓝宝石（aquamarine）、祖母绿和绿色绿柱石、红色绿柱石。大尺寸金绿柱石重12克拉。
©H. A. Hänni, SSEF

图45. 精选自俄罗斯的热液法合成绿宝石（祖母绿、海蓝宝石和红色绿柱石）。最大的一块长约7厘米。
©H. A. Hänni, SSEF

海蓝宝石

海蓝宝石之于祖母绿的关系正如红宝石之于蓝宝石。两者都是矿物绿柱石的形式。海蓝宝石的名字恰如其分，最好的形态应该是完美的海蓝色。带有绿色痕迹的样本价值远没那么高。

与祖母绿不同，海蓝宝石可以几乎完美无瑕但仍只有中等价值。最独特的内含物被恰当地称为"雨"（rain），是与主轴平行的小针状晶体或空腔。蓝色越强烈和完美，宝石就越有价值。

与海蓝宝石混淆的宝石

最便宜和最常见的海蓝宝石仿品是合成蓝色尖晶石，但与其他合成尖晶石一样，通常会出现球形气泡，此外在查尔斯滤色镜下，珠宝中常用的合成蓝色尖晶石会因钴着色而变成红色。训练有素的人在人造光下可以检测到这种二色性。蓝色托帕石可以出现大尺寸，也可以与海蓝宝石非常相似，但价值较低，因此使用折射仪检查所有宝石很重要，因为蓝色托帕石的折射率相当高（海蓝宝石1.57～1.58，蓝色托帕石1.61～1.62）。蓝色托帕石也比海蓝宝石更有光泽、更活泼（人们可能会问为什么后者更有价值！）。蓝色锆石比蓝色托帕石具有更强的火彩和光泽，并且还具有特征性的强烈双折射，当通过桌子用镜头观察宝石时可方便地看到它的背面折射加倍。使用上述相同的方法可轻易检测到蓝色铅玻璃（附录C）。

金绿宝石、亚历山大变石和猫眼石

金绿宝石是一种有趣的矿物，它提供了一系列有吸引力的宝石，从透明的黄色、绿黄色和黄褐色，到罕见的变宝石。此外还有珍贵的猫眼石，总被切割成凸圆形，常有半透明的浓郁蜂蜜色。使这些宝石得名的现象是由于微小的棒状晶体或空腔显示出一条细长的光带平行于这些内含物的方向，在宝石转动时在其表面上衍射。用一卷棉花可以看到类似效果。金绿玉猫眼石的外观和精美的样式令人惊叹，其中"眼睛"轮廓分明，宝石的身体呈诱人的蜂蜜色，质地坚硬，价值不菲，但更常见的是石英猫眼石（请参阅石英家族部分），由于这些价值很小，了解差异很重要。一般来说，石英猫眼石更不透明，往往呈灰绿色或浅棕色。此外由于石英中的"眼睛"是由相对较大的石棉细丝造成的，"眼睛"通常不像金绿玉那样清晰，尤其是当宝石安装在不可能进行比重测试的地方时，检测劣质金绿宝石和优质石英猫眼石之间的差异可能会出现问题。业余爱好者无法简单测试，因为检测凸圆形宝石中折射率（金绿宝石1.74～1.75，石英1.54～1.55）的"远距离读数"方法极其困难。举一个很好的例子，业余爱好者应要求一份作恰当说明的收据（如果涉及高价，要说明这颗宝石是金绿宝石）以防止有意或无意的欺诈。此外青石棉，一种生产流行的"虎眼"的矿物，与金绿玉猫眼石非常相似，也值得一提；不过可喜的是这种常见且价格低廉的宝石，因其炫目，一出现就引人关注。从金绿宝石中还会出产些光泽度高且极具吸引力的淡黄色宝石，这些宝石在过去被称为温橄榄石。这些宝石在18世纪和19世纪上半叶，尤其是在从巴西殖民地大量进口的葡萄牙，特别受欢迎。这些宝石呈现出高度的火彩，许多可能接近无色，珠宝商常推荐它们作为钻石的替代品。通过快速折射率读数将很容易识别其中差异。

　　亚历山大变石是最有价值的金绿宝石形式。对于业余爱好者来说，了解这些宝石最重要的是它们极度稀有，因此非常昂贵。优秀的品种能在日光下表现出良好的绿色体色，在人造光（荧光除外）的作用下变成浓郁的酒红色。宝石中最著名的差错可能是变色合成尖晶石、刚玉与亚历山大变石之间的混淆。埃及的无良宝石经销商过去常将这些合成宝石作为真品出售给不知情的客户，因为此类客户错误地认为这些合成宝石是在亚历山大市开采的，并以亚历山大市命名。他们只为这些宝石支付了几先令而不是数千英镑的事实似乎还不足以招致怀疑。可以问他们一些惊讶的问题，例如"你在战争期间是否在埃及"，来推测这些宝石主人的过去。

图46. 金绿宝石组的刻面成员，具有罕见的变色亚历山大变石（乌拉尔山脉）、猫眼石（巴西）和蓝绿色钒金绿宝石（坦桑尼亚）。

©H. A. Hänni, SSEF

图47. 漂亮的红色尖晶石！在大约1900年的钻石戒指中。这种品质的尖晶石高度地接近红宝石的质地，且两者几乎同样罕见。

图48. 具有典型八面体形状的粗尖晶石晶体，其中一些在其原始母岩中，刻面样品显示颜色变化。最大的宝石是5克拉。

©H. A. Hänni, SSEF

真正的亚历山大变石的价值取决于颜色变化的强度和吸引力。其中一个不太好的品种，在暖色光下其颜色变成轻微的泥褐色（最常见于斯里兰卡的宝石），价值可能只有几百镑1克拉。在好的品种中，颜色变化明显且呈深红色，价值将达到数千英镑1克拉（传统上与来自西伯利亚的宝石有关）；此外人们还发现了罕见的猫眼效应。

最简单的亚历山大变石测试是折射率（1.74～1.75）；亚历山大变石（由于红宝石等氧化铬而导致其颜色变化）也应该通过分光镜在光谱的红色端显示暗吸收线。这对业余爱好者来说会很困难，应该向信誉良好的珠宝商寻求建议并获得特定凭据。对于某些人来说，亚历山大变石确实能满足宝石学上的好奇心，但与其他宝石相比，亚历山大变石的美感并不能很好地为自己带来名声。最后作为警告，一些真正的合成亚历山大变石已经进入市场，但必须说我们还没有遇到过。

尖晶石

在珠宝中，真正需要我们关注的只是红色和蓝色品种。红色尖晶石是一种极具吸引力且相对稀有的宝石，优良的品种可以与红宝石相媲美，因为它的颜色来源是铬。（大英帝国皇冠上的著名宝石"黑王子红宝石"被发现是尖晶石。）在训练有素的人眼中，尖晶石的颜色的确趋向于草莓红色（通常被描述为"甜"红色），与优质红宝石的血红色（"鸽血"）相对。优质的红色尖晶石可以是绚丽的宝石，因其美丽和"生命力"正越来越受欢迎，但尺寸超过5克拉的却很少见。红宝石和尖晶石的鉴别方法在红宝石部分有描述。蓝色尖晶石通常呈绿色或墨色，但也可能类似于蓝宝石；确定到底是蓝色尖晶石还是蓝宝石的方法已在蓝宝石部分做介绍。

合成尖晶石很常见，类似于红宝石和蓝宝石。要注意尖晶石的折射率（1.72）。另外值得一提的是无色合成尖晶石也被用来模仿钻石，它在立方晶系中结晶，因此与钻石一样，两者都具有单折射性。

图49. 精选的多面锆石和"凸圆形"锆石，展示了自然颜色和通过热增强获得的颜色（蓝色）。最大的宝石是6克拉。

©H. A. Hänni, SSEF

锆石

直到第一次世界大战以后，最常见的锆石（zircon）品种蓝色才出现在珠宝中。的确，大多数听说过锆石的人都认为它们是蓝色的，但实际上其颜色是由于热处理造成的，一般是在湄公河三角洲（Mekong Delta）发现的橙棕色宝石。与大多数热处理（见蓝宝石）一样，锆石的加工中心位于曼谷。遗憾的是热处理过的蓝色锆石颜色不稳定，会褪色。

除了绿色和大多数棕色品种外，锆石最具特征的方面是高度双折射性。这种现象在锆石中非常明显，以至于为了向新手展示背面刻面的折射加倍现象，没有作用更明显的宝石可作参照。另外高度分散性也赋予了锆石极大的"火彩"。锆石在这两个方面都是幸运的，它的折射率超出了折射仪的范围。由于放射性元素的存在，拥有光谱仪的人还将看到由跨越所有颜色的狭窄均匀间隔线组成的独特吸收光谱。

无色或白色锆石以前称为"黄锆石"（jargoons），由于其高度分散性，常用来模仿钻石，特别是在印度珠宝中，因为斯里兰卡是黄锆石的主要来源。当然钻石是单折射的，很容易通过透镜与锆石区分。

与其他矿物一样，锆石中存在放射性元素会导致宝石的晶体结构分解。从技术上讲这种宝石被称为"蜕晶质"（metamict）；在分解过程完成时，宝石通常是绿色的，不会显示出特征性的双折射，其可读折射率可能低至1.78。这是一个复杂的过程，需记住并非所有绿色锆石都是变晶质，许多锆石具有中间性质。不过在商业上，只有蓝色，在某种程度上是橙棕色的宝石，才需要我们关注——所有这些都会表现出"高态"（high state）特性：高色散、强双折射、没有可读的折射率，再加上高光泽。

电气石（碧玺）

一种分布广泛、种类繁多的彩色宝石材料，常见的主要品种是绿色和红色。好的绿色碧玺是一种漂亮的宝石，需要高度抛光，颜色深饱和，趋于黑绿

图50. 具有不同颜色品种的碧玺组，包括最左侧的帕拉伊巴（Paraiba）蓝。

©H. A. Hänni, SSEF

色。与所有碧玺一样，它们具有强烈二色性（两种颜色）和两个色度不同的绿色，通常是蓝色和黄色，一般在宝石旋转时很容易看到。此外如果沿长度方向观察宝石，颜色会强烈到看起来似乎是黑色的。红色碧玺可以很好地模仿未经训练者眼中的劣质红宝石，通常被称为"卢比莱"。在此，凭借红色碧玺所特有的覆盆子色，这种强二色性属性可进一步证明红色碧玺的原产地。此类宝石通常经过热处理。

大多数碧玺都存在严重缺陷，最具特征的内含物是充满液体的空腔，通过镜头或显微镜通常会呈现黑色。粉红碧玺可能与更昂贵的粉红托帕石混淆，使用折射仪（碧玺折射率1.62～1.64）时应小心谨慎，并注意碧玺具有强烈的双折射性。

蓝色、棕色和黑色品种也会出现，以及不寻常的"西瓜"色宝石，颜色从粉红色到绿色。最近看到了一些来自莫桑比克的非常有吸引力的标本，包括一些罕见的橄榄石绿色宝石和精美的蓝色标本。随着宝石价值的上涨，碧玺可能成为市场上的一股力量，日本人已经是强大的买家。

贵橄榄石

以前称为"橄榄石"（peridot），是该矿物的宝石品种，多年来一直沿用贵橄榄石这个名称，以避免与曾经同名的翠榴石混淆。贵橄榄石对业余爱好者来说可能很少构成问题，因为它独特的橄榄色或黄绿色在自然界中很少有模仿体，而且在出现的地方，宝石的强烈双折射（通过镜头很容易看到）使识别相对简单。它的折射率为1.65～1.69，在切割的宝石中很容易读取。贵橄榄石不受热处理或辐照的强化。

贵橄榄石的经典来源是红海中浪漫的圣约翰岛（一个初级宝石学家永远不会忘记的地方）。也有一类精美的宝石产自缅甸和亚利桑那州。在珠宝中，贵橄榄石与19世纪30年代和40年代最相关，与翠榴石一样，在十九世纪和二十世纪之交曾受到工艺美术运动的极大推崇。

图51. 石榴石组的各个成员，包括粗石榴石（例如铁锂辉石、沙弗莱石）、锰铝榴石、阿南德石（例如红榴石）、紫云母（例如翠榴石）、色彩斑斓的钙铁榴石等。最大的一块长约2.5厘米。

©H. A. Hänni, SSEF

值得一提的是，纯粹作为一个细节，还有一种棕色亚种，称为"僧伽罗石"（sinhalite）。

石榴石

石榴石（Garnet）这个名字并不是指单一的宝石，而是指一组具有相似化学成分并在同一系统（立方）中结晶的矿物。珠宝中遇到的大多数石榴石呈红色或棕红色，不是贵重的宝石，但很有吸引力。一个上佳的品种是用铬着色，被称为"镁铝榴石"（pyrope），接近红宝石的红色。很少有珠宝商会费心区分"镁铝榴石"和"铁铝榴石"或其他形式，因为这种区分几乎没有商业优势。最近有人对现在被称为"橘子石榴石"（mandarin garnet）的极富吸引力的橘黄色锰铝榴石（orange coloured spessartine garnet）产生了很大的兴趣。

红色石榴石很少被模仿，没有天然红色宝石如此便宜。有时红色铅玻璃可能被误认为是石榴石，但使用红色玻璃（铅玻璃）通常是为了模仿红宝石。值得指出的是石榴石通常存在严重缺陷或包含多种晶体材料。石榴石家族的常数折射率和比重（SG）差距相当大，对于业余爱好者而言不是特别有帮助的一种识别手段，而且，红色石榴石像铅玻璃一样，是单折射的。

不过绿色石榴石稀有且珍贵。美丽的翠榴石是一种绚丽的宝石，其色散高于钻石，赋予了它生命和火彩。其精品颜色是亮丽的草绿色，比祖母绿还要黄，再加上它的光彩，不太可能发生挫伤。绿色石榴石在19世纪下半叶出现在市场上，在开采自乌拉尔（Urals）且生产时间在1895年至第一次世界大战期间的珠宝中尤为常见。上佳品种可能每克拉价值数千美元，但很少超过5克拉，大多数宝石都很小。特有的内含物被恰当地称为"马尾"，是棕色的石棉细丝。大多数品种都会显示这个独特的商标，幸运的是翠榴石的折射率（1.89）超出了折光仪的范围。市场上很少有宝石可以模仿这种独特的亮绿色；贵橄榄石可能有类似苍白色品种，但有很强的双折射性，可读折射率约为1.67。不过我们

图52. 1930年代胸针系列：绿色宝石是翠榴石（demantoid）；红色是铁铝榴石（almandine）和镁铝榴石（pyrope）；右手边的黄色品种是黑松石（hessonite）。

需要记住某些合成石榴石（YAG）已用铬着色以模仿翠榴石，都完美无瑕，且尚未在古代珠宝中遇到。后来在肯尼亚察沃国家公园（Tsavo National Park）发现了迷人的绿色大石榴石，具有良好的叶绿色，但没有翠榴石的火彩，而且相对较软，容易磨损。此类宝石价值千差万别。它们1.74的折射率使其易于识别。

珍珠

珍珠在宝石材料中的独特之处在于它由软体动物制成，同时也可能是人类用作宝石的最古老材料之一，它不需要手工作业。几代人以来，优质珍珠的价格堪称传奇，但随着20世纪20年代和30年代养殖珍珠进入市场，其价格主导地位也随之结束了。

珍珠在牡蛎囊内的形成始于牡蛎对刺激物的反应，刺激物通常是钻孔寄生虫。在一系列连续层中，牡蛎将文石（碳酸钙）晶体围绕着刺激源沉积在称为贝壳素的有机材料中。连续层逐渐堆积，直到形成珍珠，就像洋葱内层一样。文石晶体更像屋顶上的板岩，形成了珍珠的独特光泽。

在养殖珍珠中，一颗小型珍珠母珠被用作核，然后牡蛎围绕它构建连续天然珍珠层。用X射线照射可显示珍珠母珠核，这是最可靠的识别方法（图56）。好的养殖珍珠具有相对较厚的珍珠层，而差的养殖珍珠只会在珠子上沉积一层薄膜。养殖珍珠项链的珠子磨损严重，珍珠母贝清晰可见。沉积在养殖珍珠上的天然珍珠层可能从0.5毫米到3毫米不等。

这种识别方法对业余爱好者没太大用处，不过值得一提的是一旦熟悉了珍珠，人们就会习惯于每个品种的特定特征，毕竟，只有在提供天然样本对比的情况下品种差异才重要。珍珠应该具有良好的颜色和光泽，最好呈现出一种玫瑰色的绽放，"皮肤"应尽可能接近完美。劣质养殖珍珠的颜色通常呈蜡状，表面表现出蠕虫般瑕疵。颜色和光泽越高，价值就越大。颜色、光泽、皮肤、形状都很好的大颗粒天然珍珠仍然非常有价值。大的、规则形状的、颜色和皮肤都很好的养殖珍珠，如果直径超过10毫米，也是稀有和珍贵的。品质卓越的养殖珍珠项链在拍卖会上曾以超过100万美元的价格售出。

"巴洛克"珍珠是畸形珍珠，可以是天然的或养殖的，无论何种情况下，其价值都远低于圆形或梨形珍珠。"马贝珠"珍珠是从牡蛎壳上切下的，呈凸圆形。胶合在一起的马贝珠如果通过镶嵌来掩盖连接层，则可以模仿大圆珍珠。"日本珍珠"（Jap）或"半珍珠"（Mabé）是珍珠贝母圆盘和背面粘有塞子的贝附珍珠：所有贝附珍珠的价值都不高。

"人造"珍珠通常是玻璃球，上面涂有由鱼鳞制成的"东方精华"涂层，或者是一种中空玻璃珠，内部以同种物质涂层。将"珍珠"摩擦在门牙上的古老做法在这里可做鉴定方法，因为天然或养殖珍珠会显得粗糙，人造珍珠则更光滑。

粉红色珍珠与珊瑚异常相似，产自海螺，在镜头下观察时呈现出特有"火焰状"表面和银色光泽（图54）。好的粉红色珍珠可能很有价值，最低也要数千英镑。

淡水珍珠或河珍珠的光泽往往较弱，有时出现在19世纪和20世纪初的珠宝中，特别是来自苏格兰泰河和美国密西西比河的品种。无核养殖珍珠主要在日本的淡水养殖场出产，后来在中国也大量生产；它们比普通养殖珍珠更轻，通常更白，但可以着色或染色，通常更椭圆而不是圆形。它们很容易被一眼识别，且通常价值都很低。

天然"黑"珍珠稀有且珍贵。养殖珍珠可以用硝酸银染色，代表黑珍珠，颜色更深更均匀。此外还有天然黑色养殖珍珠的生产，尺寸合适的颗粒价值可观（图55）。

图53. 一组极其稀有的美乐珍珠，由越南的一只海螺在其外壳形成过程中产生，最大的珍珠直径约2厘米。

©H. A. Hänni, SSEF

图54. 一颗罕见的加勒比粉红色海螺珍珠，显示出区别于粉红色珊瑚［天使肌（angel skin）］的特征火焰结构。长1厘米。

©H. A. Hänni, SSEF

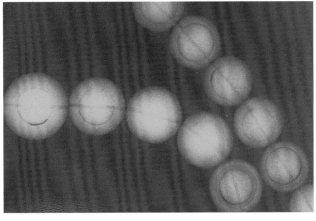

图55. 一组来自塔希提岛（Tahiti）的天然彩色养殖黑珍珠。它们的寄主牡蛎黑蝶贝（Pinctada margaritifera）会产生一个带有黑色珍珠层的壳，改善了珍珠层的光谱颜色。壳宽25厘米。

©H. A. Hänni, SSEF

图56. 来自澳大利亚（南海）的养殖珍珠项链的X射线图，具有圆形珠核和大约2毫米的大量珠光体过度生长。最大珍珠直径16毫米。

©H. A. Hänni, SSEF

　　业余爱好者最好将天然珍珠的鉴定交给经认证的宝石学实验室，借助X射线设备，但无论如何，天然珍珠的买家都有权要求提供检测证书以确认产地。

玉

　　翡翠这个名字用于两种不同的矿物：硬玉，一种珍贵的品种；以及软玉，也被称为"新西兰"玉或绿宝石。后者被发现的范围要广得多，但对大多数人来说吸引力不大。要知道这个细分市场的存在，尤其是精美的翡翠珠项链售价数十万英镑，而优质的软玉珠项链可能不到一千英镑就可以买到。

　　品质上乘的翡翠是翠苹果色到草绿色的，半透明而华丽。这种罕见的宝石被称为"帝王绿"，指特殊的颜色和半透明度。我们第一次遇到这种材料的珠子项链时不知道它是什么，但我们认为它是一种异常美丽的染色绿色玉髓。幸运的是我们花了点时间仔细研究，除了一些难以捉摸的品质外，它还表现出特有的"橘皮"抛光（没有抛光的微小斑点，这是硬玉的特征）。幸亏做了鉴定，因为20世纪70年代后期以50,000英镑出售的单排珠子，其他颜色的硬玉价值要低得多且更常见。淡紫红色的"淡紫色"玉是一种有吸引力的材料，众所周知一条串珠项链的售价可达数千英镑（但请注意模仿淡紫色玉的淡色翡翠染色很常见）。最不值钱的是无处不在且恰如其分被命名为"羊脂玉"的品种，它通常由中国人雕刻而成。

软玉永远无法模仿翡翠的特殊性，几乎呈翠绿色。大多数绿色软玉是更深的绿色，更像常春藤叶的颜色，经过更精细、更油性的抛光，可以完全没有瑕疵。

对于业余爱好者来说区分硬玉和软玉并非易事。在凸圆形背面呈现平坦表面的情况下，可进行折射率读数（硬玉在1.65~1.66，软玉在1.61~1.63）。在可采用设备的情况下，比重测试结果将作为最终判定（硬玉3.33，软玉2.95）。市场上软玉很少充作上等玉石；很少有"帝王"绿项链在欧洲出售，大多数都进入了认知程度更高的香港市场，那里的材料价值几乎高于所有其他材料。

购买镶嵌在戒指中的精美凸圆形玉石时应注意，因为存在有通过密闭式镶嵌、染色（尽管这并不常见）、表面打蜡、树脂浸渍和使用一种背面采用深色材料制成的双合体等来增强颜色的情况。

绿松石

传统上优质绿松石（torquoise）的颜色应该是夏日天空的纯蓝色。理解这一点很重要，许多绿松石，特别是来自亚利桑那州区域的绿松石，是蓝绿色的，绿松石这个名字更常与蓝绿色联系在一起。

不过绿松石极难可被测试，通常表面完美无瑕，最多为半透明色，内部特征则被隐藏。此外绿松石几乎总是被切割成凸圆形，造成折光仪难以接近，这为宝石学家带来了真正的问题。对于无法借助比重和光谱仪测试的业余爱好者来说，这个问题几乎是无法克服的。请注意绿松石可能已被磨成粉末并与树脂

图57. 各种颜色的翡翠原石和切割样品。薰衣草玉（lavender jade）为7厘米长。
©H. A. Hänni, SSEF

40

及其他物质结合、染色以改善颜色，也可能通过玻璃和瓷器等多种物质仿制。值得一提的是有一种相对罕见的仿牙石（simulant odontolite），或天然染色的象牙化石，只出现过一次，镶嵌在一件19世纪30年代的精美钻石首饰中。一旦确定，仿牙石在一件珠宝中的稀有性可能会使其价值远远超过绿松石（可以进行一次几乎不会错的测试，滴入一滴酸，由于碳酸钙的存在，绿松石会冒泡）。

青金石

与珠宝中使用的其他材料不同，对青金石（lapis lazuli）的最恰当的描述是一种岩石，是多种材料的复杂混合物；天青石、海因石和方钠石被赋予蓝色，黄铁矿薄片呈现出特征性的闪光，而方解石是造成低质量样本中可见白色区域的主要原因。最好的品种是与阿富汗古老矿山相关的统一深蓝色。最常见的青金石仿制品是一种染色碧玉，商业上称为"瑞士青金石"（swiss lapis）。

青金石珠很难在折射仪上测试，但在平坦的表面上，青金石1.50左右的折射率可能是有用的特性，尽管仍难彻底分辨。"瑞士青金石"，通常是一种较差的蓝色，倾向于绿色，抛光时具有更高的光泽，也会显示出没有染色的透明石英区域。合成尖晶石也被生产用来模仿青金石，并且与大多数品种一样，用钴着色。制造过程使合成材料呈现出粒状结构（与青金石不同），天然青金石的特征闪光是有类似金色的斑点。这种材料从未制成珠子使用，更常见的是用作印章戒指等的宝石。在平坦的表面上其读数可能为1.72。

方钠石（sodalite）常被用作耳环制作材料，有时会与青金石混淆。一般来说方钠石呈现出较淡的蓝色和较大的白色区域。（它的折射率约为1.48，这一点仅仅是个细节。）

石英家族

石英（quartz）是所有矿物中最常见的，但其硬度和光泽使其非常适合用作宝石。在它的结晶形式中，它产生了我们需要关注的两个（半宝石）品种：紫水晶（amethyst）和黄水晶（citrine）。黄水晶一直置于托帕石类目下，因为它常与这种更珍贵的矿石混淆。黄水晶是一种广泛使用的常见宝石，其黄色和黄褐色色调具有吸引力。用一个简单的折射率测试就可将它（折射率1.54～1.55）与黄玉区分开来，黄水晶独特的黄色阴影也是如此。这种带有棕色调的水晶在苏格兰很常见，被称为"烟晶"（smoky quartz）或"凯恩戈姆"（cairngorms）。

紫水晶（amethyst）是结晶石英的紫色或紫色形式。一个最佳的品种传统上来自西伯利亚，具有丰富的饱和色彩，是非常漂亮的宝石，在19世纪中叶很受欢迎。目前巴西是主要来源。紫水晶中的常见内含物通常被描述为"虎纹"（tiger stripe）或"指纹"（finger print），由宝石内充满液体的裂隙组成。色域通常也存在，有助于将其与浆体状区分开来。有趣的是大多数黄水晶都是通过

图58. 石英矿物组包括不同颜色和图案的单晶粗晶、多晶和微晶集合体。这里以顺时针方式图示（围绕中心的带状玛瑙）：紫水晶、烟晶、玫瑰石英、水晶、金红石石英和电气石、玛瑙（即带状玉髓）、血碧玉、虎眼石和石化木（10厘米）。

©H. A. Hänni, SSEF

热处理从劣质紫水晶中提取的。蔷薇石英是一种淡粉色品种，即使有过也很少完美无瑕，但可能会与粉红色碧玺相混淆，而快速折射率测试应该会发现其中的区别。

隐晶质石英（cryptocrystalline quartz）（不显示晶体结构）可生产各种各样的宝石材料，所有材料都只是装饰性且价值不高。当材料呈半透明时，它被称为"玉髓"（chalcedony），通常被染成绿色来代表玉，但也有蓝色、粉红色等。所有隐晶质石英的折射率都略低，约为1.53，但在实践中需要测试这种材料很少见，因为它的价值很小。该组中还包括缟玛瑙，一种带有白色条纹的黑色品种（不是浅绿色矿物，因同名被误认，实际上是雪花石膏的一种）；碧玉；红玛瑙（棕带白色，常用于硬石浮雕）；血石（绿色带红色斑点）和玛瑙。

琥珀

琥珀（amber）一直是一种棘手的材料，很容易被塑料模仿。琥珀只是树脂化石（经常被发现困在其中的昆虫大约在四千万年前就居住在这个星球上）；它的颜色范围从金合欢蜂蜜的黄色、波罗的海琥珀的颜色、红棕色到与缅甸品种相关的奥罗露苏雪利酒（Oloroso sherry）的棕色。

图59. 波罗的海琥珀中的一种昆虫。注意翅膀和腿的位置，这表明它没有被人为地插入环氧树脂中。（放大倍数10倍）
©H. A. Hänni, SSEF

对琥珀的检测很困难。现已不再有根据琥珀在摩擦时产生静电而吸引小颗粒的特性来测试琥珀的古老方法，许多塑料的性能都接近于此。然而由于缺乏此类物品的展览，一些赝品得以排除。琥珀在较低的温度下仍具有热塑性，小块琥珀可模制合并，形成更大、更有用的琥珀；在模制过程中还可能引入死昆虫，淆人耳目。天然琥珀中的昆虫通常张开翅膀展示自己，而不是那些被困在捕蝇纸上的昆虫。天然琥珀中的气泡通常呈球形，而模制琥珀中的气泡呈椭圆形延伸。此外色涡也经常出现在模制琥珀中。

天然树脂珂巴脂（Copal）常被用作仿制品，但这种物质最显著的特征是它的龟裂表面，这在琥珀中是不常见的，大多数人无法使用流行且危险的乙醚

图60. 雕刻的琥珀珠，主要是中国工艺，可能源自缅甸。

测试法（珂巴脂树脂在接触时变得发黏）检测。

迄今为止最常用的仿制品材料是塑料，它们也非常有效。许多书都提到了塑料的"切割"（sectile）（这里是指用刀剥离的能力）特性：切割时会产生琥珀色碎片。这个测试既不简单也不实用。

1983年，伦敦苏富比拍卖了一系列令人叹为观止的琥珀珠项链；许多珠子雕刻精美，采用中国工艺（图60）。拍卖会上展示了所有已知琥珀品种和颜色。此次拍卖为这种材料创造了新的价格水平，其中几条项链的售价高达数千英镑。今天，它们的价值可能是当年成交价格的许多倍。

珊瑚

与珍珠一样，珊瑚（coral）起源于海洋，是一种有机产品；也像珍珠一样，从碳酸钙形成。19世纪时，那不勒斯湾珊瑚在意大利被雕刻并用作浮雕，或者以自然主义的形式融入项链和胸针中。珊瑚通常是橙红色；名为"天使肌"（angel skin或peau d'ange）的粉红色品种也很受欢迎。我们海洋的污染已经摧毁了许多产生珊瑚的生长地，随着价格稳步上涨，这种材料迅速变得稀缺，现在出售时需要获得出口许可证。珊瑚通常被玻璃和瓷器模仿。一个简单而有用的测试是滴加一小滴盐酸：珊瑚是一种碳酸盐，会强烈地起泡。

煤精

煤精（jet）与琥珀共享化石来源，母材与煤炭密切相关，因此英国一开始是其主产国也就不足为奇了。19世纪最常与煤精联系在一起的城镇是约克郡（Yorkshire）海岸惠特比（Whitby）。维多利亚时代人们曾沉迷于这种黯淡色泽的材料，所有形式的珠宝都曾使用煤精，最常见的是浮雕和项链。今天这种材料对收藏家以外人士几乎没有任何价值。煤精在19世纪下半叶非常流行，不过其他材料也被用来模仿它。硬化橡胶（Vulcanite）是一种早期的橡胶形式，是最受欢迎且可很容易地铸造成精致的形式。在火焰上温和加热会迅速释放出煤精中没有的橡胶味。黑色玻璃也被用作仿制品。或许因为在珠宝界独一无二，煤精仿制品很可能与人们模仿的原始材料一样使收藏家产生同样兴趣。

欧泊

大多数人都熟悉欧泊（opal）体内闪烁的各种颜色，偶尔那儿会出现绚丽夺目的色彩。一般来说，颜色越丰富、越明显，宝石的价值就越高，尤其是在"黑"欧泊那样的深灰色或黑色背景下展示时（图62）更是如此。所有欧泊都是独特的，可在估价方面与画作作比较，考虑购买各种欧泊都应结合自己的条件。在黑欧泊中，蓝色和绿色常占主导地位，在不包括其他颜色的情况中价值常受限制。相比之下其他色调更受重视，尤其是与更常见颜色相结合的红色和金色，理想情况中，颜色"区域"或"色块"均匀分布在宝石的整个表面。澳

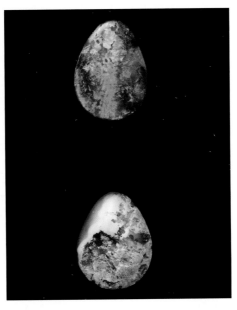

图61. 镶嵌在钻石胸针中的墨西哥"火"欧泊，时间约为1910年。请注意宝石上略微显示圆顶表的特性为计算折射率带来了困难。镶嵌在钻石簇戒指中的澳大利亚黑欧泊，宝石中没有红色闪光，大大降低了价值。

图62. 显示出良好色彩表现的优质澳大利亚黑欧泊。请注意宝石的背面显示了砂岩基质被粗略切割的位置。这颗欧泊重近19克拉。

大利亚自19世纪末开始开采黑欧泊，此前它是未知的（购买古董珠宝时要记住的重要事项）。颜色为白色或绿色的欧泊价值较低，可能是颜色不那么引人注目。清澈、半透明的品种被称为水晶欧泊（water opal）。墨西哥出产一些品质非凡的半透明橙色宝石，被称为"火"欧泊（"fire" opal）（图61）；在这种情况下，宝石的价值在于宝石惊人的橘红色，而非闪烁的色彩。

欧泊通常切割成凸圆形或扁平椭圆形。除了可能被铅玻璃等仿制的火欧泊，折射率读数（1.45）很少有用。遗憾的是欧泊的表面很少完全平坦，这使问题进一步复杂化，因为会让欧泊留在折射计上的阴影线很难看。买家应特别小心出现频率惊人的双层欧泊，尤其是在远东珠宝（见铅玻璃和复合宝石）中，双层欧泊常呈现非常平坦的表面。欧泊也极易受温度变化的影响（众所周知，在摄影灯下）。宝石的表面很容易龟裂和开裂，在某些地区将出售欧泊浸在油中以掩盖缺陷很常见。

多年来，人们一直在生产合成欧泊，特别是法国的皮埃尔·吉尔森（Pierre Gilson）。优质黑欧泊非常稀有，而且这些新合成材料都非常好，买家在购买此类宝石的方式和地点时应格外小心。一般来说吉尔森合成欧泊看起来"好得令人难以置信"，其颜色分布非常均匀，放大后具有清晰的边缘，这种现象被描述为"蜥蜴皮"（图65）。

欧泊也可进行"处理"或改善，包括将宝石加热并浸泡在油或糖溶液中，然后将其烧掉或使用酸。这赋予了主体颜色变暗的效果，使颜色闪光更为突出

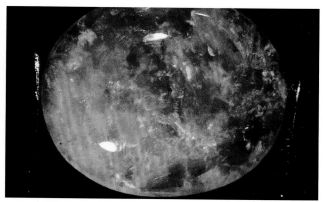

图63. 天然欧泊经过处理后的颜色：多孔材料吸收了黑色污渍，以增强色彩的闪光。对角线断裂和微小孔洞通过它们的黑色外观证明了处理效果。（放大倍数20倍）

©H. A, Hänni, SSEF

图64. 来自澳大利亚闪电岭的天然黑欧泊，所有光谱颜色都有闪光，体色较暗。重4.2克拉。

©H. A, Hänni, SSEF

图65. 合成黑欧泊（Gilson）中的"蜥蜴皮"（lizard skin）或"鸡丝"（chicken wire）图案。（放大倍数30倍）

©H. A, Hänni, SSEF

（图63）。通过不断实践，这些"处理过的"宝石很容易被辨别，因为颜色的变化实际上与天然欧泊非常不同。欧泊的其他仿制品包括玻璃［特别是由美国约翰·斯洛克姆（John Slocum）生产的那些］和合成材料，如乳胶。

附录A　光的折射和折射仪

折射仪是测试宝石的重要仪器，业余爱好者可通过一定实践来使用。折射仪的工作原理在罗伯特·韦伯斯特（Robert Webster）的著作《宝石》（*Gems*）中得到了简洁的解释，简洁到难以修改："……当光线从透明介质斜穿过并抵达较低光密度的介质时，光线被折射远离法线，并且随着入射光线的角度增加，达到折射光线掠过两种接触介质表面的出射角度。折射光线与法线成90度角的特定角度称为临界角。入射角在此基础上的任何进一步增加都会导致光线反射到介质内，即全反射。"

在折射仪中，"透明介质"是光密玻璃棱镜。将待测试宝石放置在棱镜上（使用台面或其他平面），接触流体形成良好的黏合。然后光线照射到仪器中（通常是单色光，如钠），从而通过玻璃棱镜。按照上述原理，一部分光线会进入宝石，其余的会反射回仪器内部；然后反射光照亮通过折射仪目镜观察的刻度，刻度上明暗区域之间的"阴影边缘"是宝石的折射率（RI）。在以立方晶系结晶的宝石（例如钻石、尖晶石、石榴石）和所有非结晶物质（例如玻璃）中，光会以单一光线的形式穿过。在所有其他宝石中，光线被分成两股，以不同的速度传播并具有不同的折射率（这种现象称为双折射）：在折射仪中，这被转换为两个独立的"阴影边缘"。两者之间的差异称为非对映体比（DR）或双折射（例如，蓝宝石的折射率为1.76 ~ 1.77，DR为0.008）。

在有色双折射宝石中，每条光线都会被不同程度地吸收，从而在人眼中呈现出不同的颜色；这种现象有时可以在宝石旋转时看到（例如，红色碧玺在旋转时通常会显示两种深浅的红色），被称为二色性，或更普遍的称谓即"多色性"。有时这种现象有助于识别宝石。

附录B　莫氏硬度表

众所周知，金刚石是自然界中已知最坚硬的物质。一百多年前，弗雷德里克·莫斯（Frederic Mohs）列出了宝石学家感兴趣的矿物相对硬度表。此外还存在一些被称为"硬度点"的测试宝石笨拙的辅助工具，帮助人们通过宝石划刻或被另一个宝石划伤的能力来"测试"宝石。

下方左侧列出了莫斯秤中用到的矿物莫氏表，右侧添加了一些宝石品种。记住刻度只是相对硬度的指示而非度数；据说可以展示蓝宝石和钻石（9和10）之间的差异大于蓝宝石和滑石（9和1）之间的差异，即便后两者都可以被指甲划伤。

1	滑石（talc）		
2	石膏（gypsum）		
		2½	琥珀
3	方解石（calcite）	3	珍珠
4	萤石（fluorspar）	4	珊瑚
5	磷灰石（apatite）		
		5½	含锶榍石（strontium titanite）
6	长石（feldspar）	6	蛋白石
		6½	贵橄榄石
7	石英	7	硬玉（jadeite）
		7½	绿柱石（beryl）
8	黄玉	8	金绿玉（chrysoberyl）
		8½	合成立方氧化锆（cubic stabilized zirconia，CSZ）
9	蓝宝石（sapphire）		
10	钻石		

附录C 铅玻璃和拼接宝石

铅玻璃是宝石的玻璃仿制品。铅玻璃很好地匹配了宝石的颜色，但铅玻璃在一个重要方面却落于下风——耐用性；在大多数情况下，铅玻璃比宝石软得多，有一种老式方法检测两者，即使用锉刀。但这种方法不值得推荐，因为可能会导致真石损毁。

一种更可靠、更安全的检测方法是显微镜检查：

a）几乎所有的玻璃都含有气泡，通常比在韦尔讷伊合成红宝石和蓝宝石中检测到的气泡大。有时会在玻璃内产生大量气泡，以模仿祖母绿和碧玺等宝石的复杂缺陷。

b）玻璃中的颜色通常分布在弯曲的、漩涡状条带中，使宝石内部看起来很漂亮。

c）玻璃是一种无定形、非结晶物质，因此是单折射的，在折射仪上仅显示单个阴影边缘。

d）玻璃比大多数宝石摸起来更暖和。

e）玻璃在碎裂时表现出大的壳状（贝壳状）断裂。

f）玻璃的折射率可以变化很大，但很少因与被仿制宝石足够接近而造成问题。

以上是公认最有用的测试方法。古董珠宝中经常会遇到铅玻璃，但在这种情况下，以上测试对象的表面很少会出现划痕和磨损。

拼接宝石带来的问题要大得多，并且有多种形式。为避免玻璃相对较软以及上表面易磨损和磨损所带来的问题，许多作坊开始制作"台面"或宝石顶部为硬石的"宝石"，通常是石榴石，粘在彩色玻璃底部。在1850年到第一次世界大战期间，这些"石榴石镶饰二层石"特别受欢迎，尤其是在搭配玫瑰钻石的9克拉金戒指中。在镜片下检查会发现两种材料之间的连接处，如果从侧面看，可以看到如果有光线穿过，宝石的顶部会呈现不同的颜色。此外，铝镁榴石顶部经常出现"金红石针"。有时两种材料之间的连接点位于"宝石"的腰部，在夹头中放置的地方可能看不到它。这些宝石的折射率读数当然是铝石榴石的读数，大约为1.83，可能足够接近蓝宝石和红宝石，会给粗心的业余爱好者带来问题。

其他常见的拼接宝石类型是"纯祖母绿"，其中两片淡绿柱石或水晶通过绿色染色黏合剂连接（当然在前一种情况下，折射率与祖母绿非常相似）；欧泊二层石，背面有缟玛瑙、黑色玻璃或欧泊基质；欧泊三层石（opal triplet），在欧泊顶部添加了一层塑料或玻璃；天然和合成矿物质的组合形成二层石，例如天然红宝石冠，或顶部，合成红宝石底部；以及金刚石二层石，通常带有金刚石顶部和合成刚玉底部。

附录D　宝石处理和改善

自1989年本书第一版出版以来，在改变颜色和改善许多宝石外观方面不可避免地做了诸多"改进"。详细研究这些过程显然不在本书工作范围内，尽管如此，提及主要宝石的常见处理方法可能是有用的，只要能让读者了解问题的重要程度。有色宝石证书实验室现在颁发证书时会提及是否经过处理，是否处理过程可被确定，因为许多买家愿意为未被"改良"过的宝石支付可观的溢价。

刚玉

红宝石和蓝宝石都采用了各种工艺，通过改善颜色和透明度以及创造"星光"（asterism）来提高宝石的"质量"。

技术包括辐照（主要用于黄色蓝宝石，这种处理很常见）；表面扩散；热处理，添加或不添加添加剂；用无色物质和染料填充裂隙和空腔。热处理主要用于改善蓝宝石和红宝石的颜色以及去除难看的"丝绸"纹理。在使用该技术的地方，特别是在红宝石中，玻璃状残留物可能会留在表面空腔中；即使在重新抛光后，这些残留物也可能存在。热处理通常还会导致宝石内的一些内含物膨胀，从而导致特征性的盘状裂隙。

钻石

钻石在自然界中会受到自然辐射和人为干预。从绿色到蓝色和黄色到粉红色，钻石会产生剧烈的颜色变化。现在用辐照处理非常普遍，以至于除非钻石附有实验室证明，表明颜色是天然来源，否则无法想象购买任何大小的钻石，无论钻石本身是否具有吸引力或不寻常颜色。最近，有人已经设计出采用高压高温（HPHT）的新工艺，改变或改善属于某个亚组的钻石颜色。有些难看的黑色内含物可通过激光钻孔去除，但在高倍率下，光束穿过宝石的路径清晰可见。最后，钻石的表面解理面和裂隙有时会充满高折射物质，从而改善了钻石在肉眼下的外观。

祖母绿

在过去几年里，已经有很多关于给祖母绿上油的文章。绝大多数祖母绿在抛光后的确都使用了透明有机油进行处理，这一过程很可能与祖母绿开采本身一样古老。这种处理通常是可逆的（任何将祖母绿引入超声波清洗设备的人都可能已经发现了！）。宽泛而言，无色油似乎被认为是可以接受的，特别是该过程非永久性。另一方面，对于涉及蜡或环氧树脂、着色或其他颜色的更罕见的处理则存在更大的争议，这些处理被认为有永久效力。幸运的是有些优秀的宝石学实验室会颁发证书，说明上油和其他形式的裂隙填充是否存在处理及处理程度，另外还有一些机构［例如巴塞尔的瑞士宝石学院（SSEF）］会载明所用物质的性质。

第 一 章

18世纪晚期至1820年

传承至今而毫发未改的18世纪珠宝可谓凤毛麟角。因为昂贵稀少的黄金和钻石可以重复利用，所以18世纪珠宝往往难逃回炉重熔的命运，以回收材料来制作更符合时下品位的珠宝。

但仍有少量珠宝幸免于难。这些珠宝往往采用密闭式镶嵌，如图10的烛台形（girandole）耳坠。密闭式镶嵌是指宝石底面被金属底座包裹使光线无法穿透（图2）。烛台形珠宝常见于18世纪，通常分为上下两部分，上面通常是宝石团簇或蝴蝶结造型，下部悬挂三个梨形吊坠。此时流行的还有里维埃式（rivières）项链，花簇纽扣（图29）以及以星辰、新月或花卉为母题的胸针（图20、图22）。

19世纪40年代，美国和南非相继发现黄金。19世纪70年代，从好望角远道而来的钻石首次进入市场。此前，由于黄金和宝石的匮乏，几乎所有珠宝都无法摆脱回炉重熔的命运。

如上所述，黄金和钻石的充足供应配合迅速崛起的资产阶级新贵，彻底改变了珠宝市场的面貌。19世纪后半叶，贵妇名媛们逐渐有能力购买新首饰，就无须再把首饰投入熔炉，该时期很多的珠宝因此得以母女相传，存留至今。

导致早期珠宝回炉重熔的另一个因素是法国大革命。珠宝作为旧王朝的象征与革命理想格格不入。大量法国珠宝流落海外，或被重熔，或被典当售卖，甚至连王室珠宝也遭扣押。引领珠宝时尚的法国珠宝匠们彼时的处境十分艰难。

大革命期间珠宝销声匿迹。即使有制作极少量珠宝，也往往缺乏想象力且品质低劣。幸存下来的戒指、手镯和胸针常使用廉价金属，装饰以这时期英雄的侧面像、弗里吉亚无边便帽、断头台和束棒等同时期母题。

直到大革命以后的督政府时期（1795年11月2日—1799年10月25日），元气大伤的珠宝设计才渐回正轨。该时期奢侈品供应日益繁荣，珠宝贸易开始复苏。古希腊纯美的女性雕像被认为是理想女性美的象征。该时期女性服装的布料非常轻薄，甚至经常濡湿来凸显婀娜身姿。那时女性流行穿高腰线服装，并极少佩戴首饰，目的是排除一切可能使人们的目光从女性美上移开的因素。如束腰外衣（tunic）非常流行，其灵感来自古希腊和罗马文物，最受欢迎的颜色有黄、白、丁香紫和淡草绿。

所以，为了迎合上述对理想女性美的追求，珠宝设计就偏向简单、平面及几何造型（图12）。

图1. 1800年左右制作的大型钻石珠宝很少能未经重制留存至今。这件令人心醉的钻石项链是公主玛格丽特（Princess von Thurn und Taxis）的珠宝藏品之一，装配原料可能是19世纪早期的一套镶以玫瑰形和垫形钻石的新古典主义长链。

简单的金手镯或臂环是手腕及手臂的常客。充满几何元素的长链常用风格化的心形或古希腊回纹作为装饰。这种长链佩戴方式灵活：可绕香颈数圈，或横亘在肩膀，或将链中央固定在胸前，形成两个对称或不对称的垂花饰（festoon）造型。戒指也很受欢迎，每根手指都能见到它们的身影。

最受欢迎的发型为"a la Titus""a la Grecque"和"a la Ceres"，这些名字都来自古典时期。上述发型的共同点是将头发挽至上部，露出耳朵与脖颈，于是长耳坠应运而生。这种耳坠通常由2~3部分串联而成，采用几何造型并装饰以盾饰或莨苕饰。这种耳坠由金片制作，个头大，但很轻，并有个专门的名字——"poissardes"。

经历了法国大革命的动荡后，19世纪珠宝重回时尚舞台。珠宝贸易除了服务老贵族以外，资本新贵们也成为其重要客户。此时再也无需担心佩戴珠宝是否构成反对派抑或是否代表品位低劣了。

辉煌一时的拿破仑对珠宝的影响一点不比他对社会、政治的影响来得小。他对珠宝的热爱人尽皆知，但平面化的几何造型珠宝显然不能满足这位独裁者的胃口。拿破仑之妻约瑟芬对珠宝和服饰的热爱也毫不逊色。作为当时的时尚标杆，她对时尚也产生了深刻影响。

1803年，拿破仑征集回了法国大革命时逸失的绝大多数皇室珠宝。在他作为第一执政（First Consul）访问比利时时，美轮美奂的皇室珠宝又一次出现在了第一夫人——约瑟芬的身上。不久，拿破仑称帝，史称拿破仑一世。为了迎接加冕礼，拿破仑委任丰西耶和尼托对皇室珠宝重新设计、镶嵌，而约瑟芬皇后的品位主导了这项工作。这些波旁王朝的珍宝被重新制作成月桂花环、梳子和其他头饰以及手镯等。

在宫廷和国事场合，奢华的珠宝套装重新流行起来。在珠宝设计上也体现了拿破仑对古典时期的热爱。这时的珠宝常饰以回纹、莨苕饰、棕榈饰、涡旋饰、月桂叶、拱形和鹰（古罗马时期流行母题，常见于鹰旗）。常用的宝石有红宝石、祖母绿、蓝宝石、珍珠和钻石。虽然制作工艺精妙绝伦，对宝石的选用也精益求精，但这些珠宝依旧未摆脱平面特征，并缺乏创新。

拿破仑对古典时期的热爱也掀起了浮雕首饰的复兴。1796年拿破仑远征意大利，法国贵族对浮雕首饰和阴刻宝石（或凹雕宝石，intaglio）的热情日益高涨，大量的浮雕首饰从意大利流入法国。这其中许多都是古希腊罗马时期的文物，也不乏后世作品。拿破仑被它们优雅的外表和完美的工艺深深吸引，也为自己制作了数枚浮雕。同时，在他的赞助下，巴黎还成立了一所专门传授宝石雕刻技艺的学校。石质浮雕通常采用各种半宝石，如玛瑙、红玉髓、碧石等，有时也会采用宝石，如祖母绿。不同材质的浮雕满足了不同阶层的需求。浮雕首饰的价格跨度也是其在社会各阶层迅速流行起来的原因之一。

阴刻宝石和浮雕也常镶嵌到珠宝中，如冠冕、项链、手链和耳坠，镶嵌方式通常采用黄金底托，有时外围一圈种子珍珠边框。镶嵌后的浮雕之间用金链连接起来，搭配礼服（demi-toilette）时效果尤佳（图19、图37、图43、图44和图46）。

意大利出产工艺最精良的浮雕首饰和阴刻宝石，其地位与绘画、雕塑相当。最著名的雕刻家当属贝内德托·皮斯图西（Benedette Pistrussi，1784—1855年）。皮斯图西在他的作品备受追捧之时来到了伦敦，不久就成了皇家铸币厂的首席雕刻师，索维林硬币即出自他之手。宝石雕刻技艺与硬币和徽章冲压模具的雕刻有相似之处，所以皮斯图西在皇家铸币厂可谓如鱼得水。

皮斯图西也效仿众多同行，在自己的作品上署名。但他很快发现这并不能防止无良商人将他的作品当做古代浮雕进行售卖，因为这些商人会设法将他的署名抹掉。后来他在作品不显眼的地方刻上希腊字母"λ"（lambda）以辨明正身（见《币章雕刻师人名辞典》第587页，弗雷尔作，1904年，伦敦），但上述情况仍时有发生。其他19世纪早期的雕刻家还有朱塞佩·吉罗梅塔（Giuseppe Girometti，1780—1851年，效力于罗马主教铸币厂，图37）、路易吉·皮克勒尔（Luigi Pichler，1773—1854年）、尼科洛·阿马斯蒂尼（Nicolo Amastini，1780—1851年）、尼科洛·贝里尼（Nicola Berini，1770年出生，卒年不详）、菲利波·雷加（Filippo Rega，1761—1833年）以及马尔尚（Marchant，1755—1812年，英国出生，罗马学艺）。注意这些珠宝家常在晚期的阴刻宝石作品上刻上名字，尤其是皮克勒尔，习惯用希腊字母署名。

浮雕繁荣的背后是造假技术的突飞猛进，甚至仿造同时代作品的技艺都快要成为一门艺术了。将玛瑙浸入腐蚀性溶液中做旧和褪色，之后将玛瑙人为损坏并将其破碎的表面镀金封底，纵横的裂纹使其具有年代感。

除了上述作假技艺高超的仿品外，玻璃或陶瓷的低端仿制品也层出不穷。这种仿制品易于识别，一是因为表面没有工痕，二是仔细观察会看到气泡。很多玻璃仿品都是原品翻模而成，所以签名自然也被复制下来。另一种更复杂的仿制品分为两层，人像部分是白色不透明玻璃，底面则采用深色玻璃来模仿缟玛瑙或红玉髓（图45）。这类仿品的破绽在于两层玻璃接缝处会有黏结痕迹，底面过于光滑均匀且不见工痕。

罗马的微砌马赛克画是由极小的不透明多彩玻璃片拼接而成，之后镶嵌在贝母或深蓝/黑色的玻璃底面上。这类珠宝的流行程度可与浮雕首饰媲美。最流行的题材当属古罗马建筑、风景和动物，特别是各种鸟类及乡村游乐会（fête champêtre，图18）。这种珠宝的浮雕宝石和阴刻宝石都采用相似的镶嵌方式，其链条细工十分精美，19世纪前20年开始流行。这股风潮持续了整个19世纪，并随时下流行的珠宝风格而变换相应主题。

如同拿破仑远征意大利使浮雕首饰再度复兴，拿破仑时期其他标志性事件也对珠宝设计产生了不可估量的影响。1798年拿破仑远征埃及将古埃及文明的装饰母题引入法国，如斯芬克斯、金字塔、棕榈饰和纸莎草等。这些母题被广泛用于设计领域，当然也包括珠宝。

当普鲁士反抗拿破仑入侵时，柏林铁首饰成为珠宝史中铭记这场战争的不灭记号。1813—1814年，因为前线需要大量资金，政府号召爱国的普鲁士女性捐出珠宝支援战事。作为交换，她们得到的是铁首饰，其上常刻有"我以黄金换黑铁，1813"（Gold gab Ich Für Eisen，1813）。柏林铁首饰做工精巧，常用镂空设计表现花卉或新古典主义的各种母题，表面采用黑色涂层（图18）。很快，铁首饰就不只是德国的专利了。战争过后，法国也开始生产新古典主义风格的铁首饰。装饰以浮雕搭扣的黄金编织手镯及以金链相连的浮雕项链也成为铁首饰的灵感源泉。柏林铁首饰一直流行至19世纪中叶，并不断寻求突破以满足时下流行的品味。

19世纪早期另一种用于制作珠宝的特别材料是钢。钢珠被切磨出多个切面，有的甚至多达15个切面，使其如钻石般闪耀，以装饰低端珠宝。这项技术源于18世纪的英国，但很快就传遍欧洲（图6）。

常作为钻石替代品的还有白铁矿。这种材料具有高金属光泽，大多来自瑞士。

为了反抗过于严肃拘谨的新古典主义风格珠宝，情感类珠宝在法国生根发芽了。这类珠宝通常是个头不大的相片盒，密镶珍珠或钻石，往往还设计一个专门容纳头发的小空间（图34）。另一种流行的情感类珠宝是用珠宝名的首字母拼出人名或各种爱的讯息（图35）。

情感和哀悼类珠宝在19世纪的英国尤为流行。因为服丧是当时家庭和社会生活中的重要组成部分。两种珠宝经常发生交叉，以装有头发的珠宝为例，有可能是为怀念一位已逝亲人，也有可能是爱情的见证。19世纪前20年，这两种珠宝通常以戒指的形式出现，常以弧面切割的水晶戒面覆于头发上。当时的胸针可以用丝带戴在脖子或手腕上，通常也会有一个专门装头发的小空间，制作时常以珍珠、石榴石为边框或整体使用煤精。在服丧的最初阶段，只可佩戴黑色珠宝，如煤精和柏林铁首饰，但钻石和珍珠可例外。

19世纪前20年，钻石珠宝在英国非常常见，富有的贵族总是期望拥有更多宝石。此时的珠宝设计充满了法国味，一是因为法国珠宝盛名已久，英国珠宝匠对法国同行的风吹草动十分敏感；二是法国大革命期间，流亡英国的法国贵族带来了大量珠宝，同时陆续售卖这些珠宝以维持生计。

直到18世纪末，珠宝仍采用密闭式镶嵌。这种镶嵌方式之所以生命力顽强，是因为当时彩宝来源匮乏，该方式可以在底座和宝石间增加有色箔片来增强或调节珠宝中的宝石颜色，使其均匀统一（图2、图7）。其缺点也很明显，就是极大削弱了宝石的光泽和火彩。18世纪末的珠宝匠们意识到了光线对钻石的重要性，逐渐开始采用开放式的底托镶嵌。从那时开始，明亮式切工的钻石无一例外都采用开放式镶嵌，但小颗粒或玫瑰切工钻石及其他彩宝之后一段时间仍使用密闭式镶嵌。一众具备过渡特征的珠宝在该时期出现，常见形式为采用开放式镶嵌的大钻石和采用密闭式镶嵌的小钻石（图15）。

图2. 三件18世纪钻石珠宝。注意后视图，图中显示钻石镶嵌在银质底座中。这种珠宝在断代时需非常谨慎：因图中设计直到19世纪在欧洲某些地方仍在使用，特别是伊比利亚半岛。

    19世纪期间，除了极少数例外，钻石通常被镶嵌在金银结合的底座中，白银可增加钻石白度，黄金则使珠宝经久耐用，并防止白银氧化后弄脏皮肤或衣物。

梳子

    梳子常作为整套珠宝中的一件佩戴在头顶或后脑。矩形的梳体通常装饰以绸带、折线或拱形母题，并镶以珍珠和宝石。

    用宝石或浮雕镶嵌并点缀以卷曲饰的金属或玳瑁材质的西班牙梳子在该时期非常常见（图5）。另一种梳子则结合了黄金花丝工艺，其上常装饰以一串珊

图3. 种子珍珠、钻石、珐琅黄金冠冕，约1800年。这件作品重现了希腊化时期风格。錾刻的橡树叶子和中央的战利品母题是典型的帝国风格母题。

瑚或琥珀珠子。

冠冕

拿破仑时期的典型的冠冕样式是钻石月桂叶花环，点缀以模仿果实的红宝石。其他造型则是叶环或稀疏的镂空设计，并经常悬挂梨形珍珠和水滴形宝石（briolettes，多切面的水滴状吊坠）。希腊化时代的设计此时也非常流行。这种设计由两侧向中央隆起，呈三角形（图3、图4）。

戴在前额的发带（bandeau）常作为冠冕的替代品，并镶嵌以浮雕或宝石团簇。发带可单独佩戴或搭配一把配套的梳子。另外，钻石里维埃式项链也常与发型精心搭配。

图4. 钻石冠冕，1800—1825年，Thurn und Taxis 藏品。弧形冠冕是法国宫廷常见样式，19世纪早期风靡欧洲。这种形制在1814—1815年波旁王朝复辟时仍很流行。同样流行的还有成对并带有逗号状端饰的涡旋饰。

图5. 镀金珊瑚冠冕，约1810—1820年。这件作品最初可能固定在梳子上。螺旋形的金线、錾刻工艺的玫瑰饰及底部装饰皆为该时期典型特征。

图6. 18和19世纪早期切面钢珠首饰。图中央的胸针揭示了切面钢珠是如何铆固的。

套装

    宝石和半宝石都被广泛地用于制作各种珠宝套装与准套装，所以有的套装使用海蓝宝石、粉红或黄色托帕石（图8），有的使用紫水晶、橄榄石、红玉髓和石榴石（图7），甚至还有水草或条纹玛瑙供不太富裕的人群选择。

    巴黎珠宝匠常采用精湛的卡内蒂尔（cannetille）工艺镶嵌这些宝石。Cannetille来自一种蕾丝的名字，并常点缀以树叶、玫瑰饰和芒刺饰。这种工艺迅速传至英国，并一直流行到19世纪40年代。在英国，托帕石和紫水晶是最受欢迎的宝石。

图7. 石榴石黄金准套装，18世纪晚期。密闭式镶嵌，内衬箔片增强色彩。该时期流传下来的成套珠宝十分罕见，注意石榴石的玫瑰型切工。

图8. 托帕石、钻石准套装，1800—1825年。注意看平面的叶饰、托帕石周围的小颗钻石以及18世纪的耳饰设计。

1805—1810年流行佩戴大量珠宝。该时期不仅宫廷和正式场合的宝石套装很常见，黄金饰品也大为丰富：一只手佩戴多枚戒指，长链绕颈数圈或横亘在肩膀，以及佩戴梨形耳坠、装饰性梳子或同时佩戴多只手镯都是当时的普遍做法。

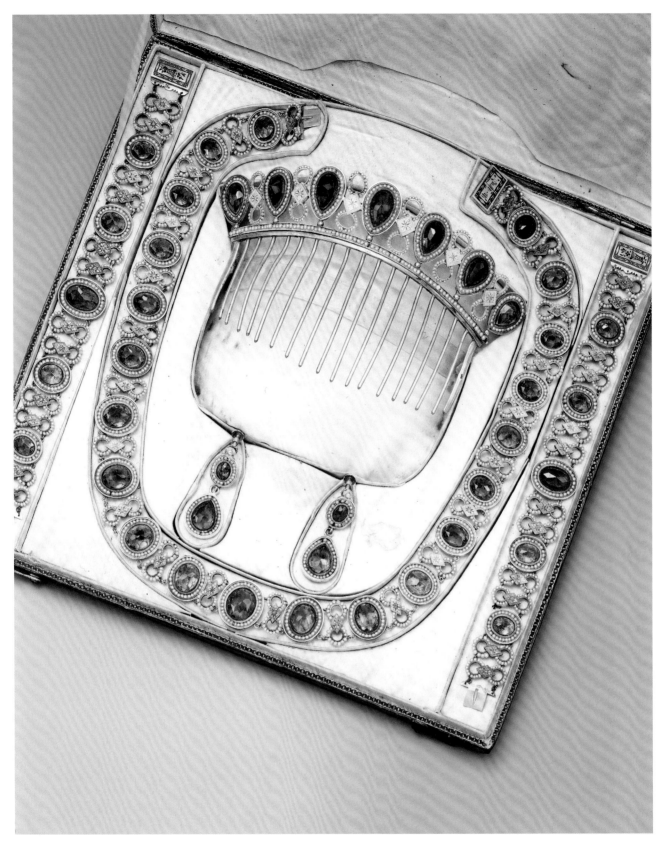

图9. 贴箔石榴石、极小的种子珍珠和薄金片的珠宝组合表现出1800年左右的特色。其固有价值相对较低，因而该珠宝除了耳饰固定配件的改动外，仍然保留原型。原装珠宝盒很好地保护了这些脆弱的珠宝材料，尤其是薄薄的黄金叶状饰片。

耳坠

　　该时期耳坠较长，由1~3个几何元素串联而成并常镶以浮雕。"波萨德"（Poissarde）耳坠的挂钩与耳坠同长（图12）。

　　对于重要场合，梨形耳坠出镜率较高。贵妇们或佩戴简单优雅的水滴形珍珠耳坠，或佩戴梨形钻石长耳坠（图11、图15）。

图10. 一对银质石榴石耳坠，18世纪晚期，产自西班牙或葡萄牙。耳坠采用18世纪后半叶典型的烛台设计。19世纪该设计几度复兴。宝石背面衬箔片以增强色彩。

图11. 一对钻石耳坠，18世纪晚期。底座为银。1820年以后，玫瑰切割钻石在英法珠宝设计中已较少运用。即便有，也是用在边框处的小颗粒钻石上。

图12. 一对铅玻璃和种子珍珠黄金耳坠，约1800年。薄金片、种子珍珠的运用及平面化的设计是18、19世纪之交时的特点。母题可能来自法国。

图13. 白银玻璃质耳环，18世纪，罕见但独特。注意流行的乳白色玻璃。

图14. 一对钙铝榴石黄金耳坠，加泰罗尼亚，可能为19世纪早期。这种不同寻常的设计只存在于西班牙东北部，尤其是巴塞罗那。因该珠宝生产时段长达三个世纪，其制作日期难以追溯。许多该类珠宝出奇地长且沉重，需要特殊的底座支撑珠宝重量。这类珠宝常围绕耳朵佩戴。

图15. 一对钻石耳坠，约1800—1820年。过渡时期中有的珠宝中的钻石采用开放式镶嵌，有的仍采用旧式的密闭式镶嵌。后者的镶嵌座通常全为银，而前者则是底面为金，爪部为银。有时一件珠宝中会同时出现上述两种镶嵌方式，正如此例。

图16. 华美的钻石里维埃式项链，约1820年，乔治四世送给伊丽莎白（科宁厄姆夫人）的礼物。她在当时共收到价值约八万英镑的珠宝。开放式镶嵌，底面为金，爪部为银。

图17. 钻石里维埃式项链，19世纪早期。此时仍采用密闭式镶嵌使这条项链与众不同。椭圆形搭扣常见于1800—1825年。

项链

　　该时期项链主体常装饰以多块浮雕（图19）、阴刻宝石、微砌马赛克画或宝石（即里维埃式项链），彼此之间由或简单或精巧的金链连接。如前所述，长链在18世纪也非常流行，有时还会镶以浮雕。

　　在正式场合，钻石里维埃式项链常成对佩戴（图16、图17）。此时钻石项链中的连节常呈椭圆形或长方祖母绿形，并镶以明亮式或玫瑰式切工钻石。长短不一的多层钻石"en sclavage"项链也于此时出现。

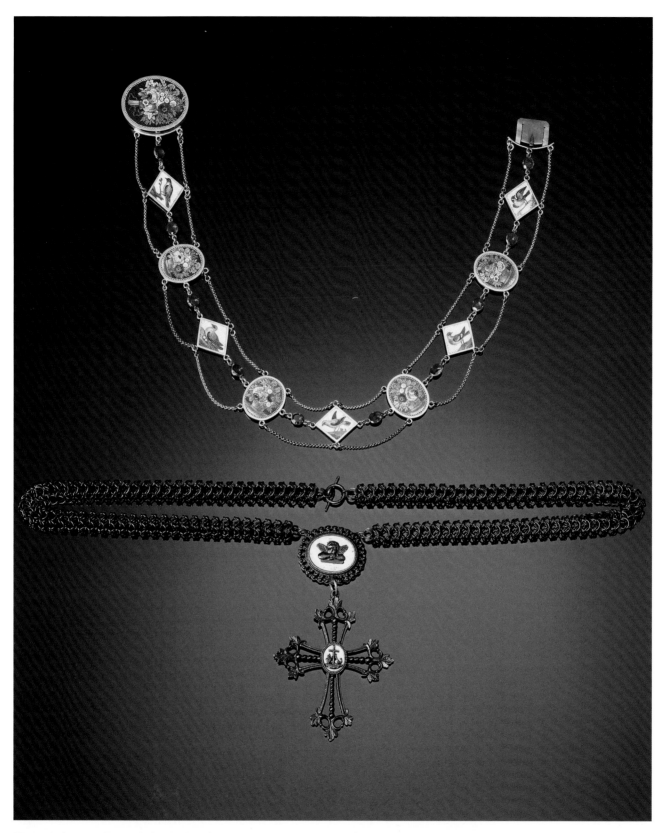

图18. 上方：罗马微砌马赛克画黄金项链，19世纪早期。注意玻璃片精细的尺寸，这是早期微砌马赛克画的特征。下方：柏林铁项链。注意黝黑涂层和高超铁艺。十字形吊坠中间装饰有十字形、船锚和心形，象征信、望、爱。1804年开始生产于柏林的铁首饰一直流行到19世纪40年代（见53—54页）。

图19. 贝壳和玛瑙浮雕黄金项链，约1800年。注意浮雕边框的錾刻花纹及浮雕间精巧的金链。浮雕
主题属新古典主义。

图20. 星辰钻石胸针，18世纪晚期。银质密闭式镶嵌。旭日、星辰、新月都是18世纪晚期至19世纪早期的典型设计，19世纪60年代和90年代两度复兴。

图21. 黄水晶和钻石胸针，胜利纪念物母题，约1800年。注意玫瑰形钻石中间镶着的黄水晶，颜色不同寻常，可能由紫水晶加热而成。

胸针

旭日、星辰、新月是18世纪晚期最典型的胸针样式，并一直流行至19世纪20年代。该时期的钻石胸针多为密闭式镶嵌，设计平面化（图20、图22）。

另一种在18世纪备受欢迎的设计被称为塞维涅（Sévigné）胸针或称蝴蝶结胸针，该设计一直流行至1825年前后，大多镶嵌钻石，少数使用有色宝石（图27）。

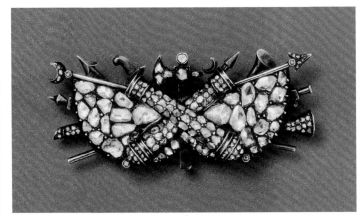

图22. 新月钻石胸针，18世纪晚期。新月常使人联想到月亮之神、狩猎之神狄安娜。注意钻石较原始的切割方式，底座为银。

图23. 稀有华美的胜利纪念物胸针，约1800年，可能与拿破仑战争有关。

图24. 皇家蓝珐琅黄金胸针，约1800年。这类胸针常见于丧饰。

图25. 钻石胸针，约1800年。月桂叶花环是拿破仑时期常见母题。注意早期的明亮式切工。

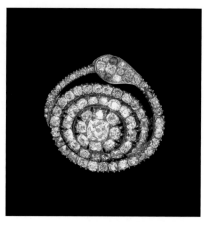

图26. 钻石蛇形胸针，19世纪前25年间。19世纪40年代蛇作为设计母题重现珠宝界，常用于情感和哀悼类珠宝。

图27. 蝴蝶结钻石胸针，18世纪晚期。平面化设计和正面可见镶嵌间隙露出的金属是该时期典型特征。这件作品虽然典型但称不上精湛。

图28. 一对花簇钻石珠宝，约1800年。其配套胸针固定配件制作时间较晚。其初始制作目的很可能是将其作为男女皆可用的纽扣。

图29. 一对花簇钻石珠宝，18世纪晚期。这类花簇珠宝最初可能用作纽扣，之后被改为胸针或戒指。铅玻璃也是常见材料。

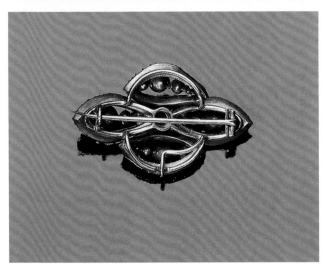

图30. 两件钻石胸针，18世纪晚期。四叶草形胸针可能改自另一枚花卉胸针或项链中的几节。后视图清楚地显示了银质密闭式镶嵌。两件胸针中的别针都属后加，四叶草形胸针背面的黄金框架是为将各元素连接起来。这类胸针最初可能用以装饰裙子。

　　榄尖形（马眼形）或多边形皇家蓝珐琅配镶钻装饰母题的胸针出镜率也很高。常见的母题有骨灰瓮、人名缩写或花束。这些胸针通常还装饰以玫瑰或垫形切工钻石边框（图24）。

　　该时期还出现了与拿破仑战争主题相关的胸针，如胜利纪念物，通常配以玫瑰或垫形切工钻石，有时也会采用有色宝石（图21、图23）。

　　简单的花卉或射线状胸针也是18世纪晚期的宠儿，并流行至1810年前后（图30）。

　　拿破仑对古典时期的热爱也反映到胸针设计上——月桂叶花环是该时期偏爱的样式，此类珠宝遵循古典时期的抽象艺术设计，而非随后几十年间流行的自然主义风格（图25）。

图31. 钻石马耳他十字形，约1800年。十字形四周锐利的角度有18世纪星辰胸针的影子。十字形四条臂末端的四颗小钻石是该时期常见设计，也是断代的重要依据。

图32. 钻石拉丁十字形，约1800年。以小颗粒钻石边框衬托大颗粒钻石的做法在该时期十分普遍。

吊坠

该时期吊坠以十字形居多，镶以半宝石，并常配有项链（图32）。

马耳他十字形胸针或吊坠在英国十分流行。该设计最早可追溯到17、18世纪之交，但直到19世纪30至40年代才真正被广泛使用。该母题在维多利亚时代晚期和爱德华时期曾两度复兴（图31）。

有的吊坠正面镶嵌微型画，背面装有头发来寄托哀思（图34）。

图33.（右图）钻石七弦琴吊坠，约1810—1820年。该七弦琴与新古典主义息息相关。这件珠宝十分高贵典雅。

图34. 微型画吊坠，黄金镶对切珍珠，约1810年。画面的不对称构图和种子珍珠边框都是该时期特征。吊坠背面装有头发。

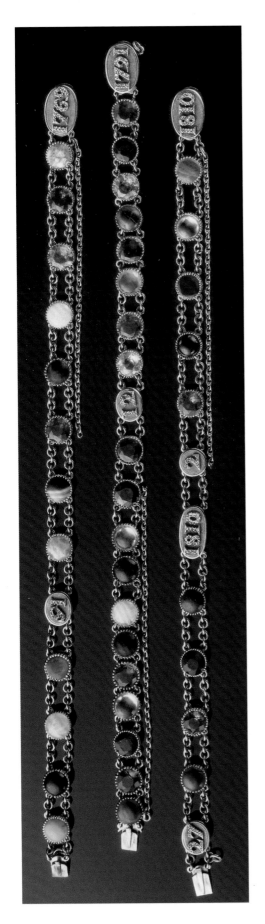

手镯

　　19世纪早期流行黄金编织宽手镯搭配累丝工艺饰扣。此时也有两款手链备受青睐：一款以多个宝石（普通宝石、浮雕宝石或阴刻宝石）或罗马微砌马赛克画串成，并用一束工艺精致的金链连接。另一款用多束不同样式的金链串成，并镶以单个宝石（普通宝石、浮雕宝石或阴刻宝石）作为手镯的中心部分及扣环（图35）。

　　钻石和彩色贵宝石链节手镯通常呈现非常简约的几何设计（图36）。

　　人们常大量佩戴手镯而非成对佩戴，这种风尚一直流行至1860年。

图35.（左图）三条黄金彩宝离合诗手链，为纪念玛丽·路易莎（Marie Louise，拿破仑第二任妻子，奥地利公主）和拿破仑定制。其中一条拼有"拿破仑的生日"（Napoleon，15 Aout，1769），另一条拼有"玛丽·路易莎的生日"（Marie Louise，12 Decembre，1791），第三条拼有"二人在贡比涅邂逅及在巴黎结婚的日期"（27 Mars 1810-2 Avril 1810）。上述字母皆取自宝石名称的字母。这三条手链极为珍贵。亨利·韦韦尔的《十九世纪法国珠宝》（1906年，巴黎）第一卷第56页中提到这三条手链由玛丽·路易莎定制。

图36.（右图）钻石手镯，19世纪前25年间。注意简约的几何设计。大部分钻石仍采用密闭式镶嵌，表明其制作日期应是1820年前。

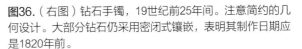

戒指

1800—1820年最流行的戒指是半圈镶嵌宝石戒指，通常镶1～2排宝石。戒臂通常是由两根或以上金线并排焊接而成，并常饰以叶饰。其他戒指通常采用花簇或马眼设计（图38）。浮雕和微砌马赛克画也常作为戒面出现（图37、图41、图42和图43）

椭圆形皇家蓝珐琅戒指也很常见，通常中央装饰有各种镶钻母题（图39、图40）。受体量和功能限制，戒指的外形在19世纪变化不大。

图37.

图38.

图39.

图40.

图41.

图42.

图43.

图37. 缟玛瑙浮雕黄金戒指，约1820年，署名吉罗梅蒂，仿古设计。朱塞佩·吉罗梅蒂（Giuseppe Girometti, 1780—1851年）不仅是著名的宝石、徽章雕刻家，也是一位雕塑家。

图38. 左侧为红宝石钻石戒指，右侧为钻石戒指，约1800年，虽然后者也可能制作于1820年左右。红宝石采用密闭式镶嵌，内衬箔片增强色彩。注意钻石不规则的切割和过大底面。三叶草形的戒臂非常典型。

图39. 钻石珐琅戒指，约1800年。该时期常见蓝色珐琅，中央经常镶有钻石首字母缩写。注意与19世纪晚期到20世纪早期该风格的复兴加以区分。

图40. 钻石珐琅哀悼戒指，1790—1820年。很多这样的戒指内侧刻有铭文，为精确断代提供了依据。骨灰瓮是18世纪新古典主义风格哀悼珠宝中的常见母题。这件作品是其中的珍品。

图41. 古罗马时期奇异生物面具浮雕戒指，1800—1825年镶嵌。这件作品是典型的将古代珠宝用于当时流行的新古典主义设计的例子。

图42. 条纹玛瑙格里卢斯（gryllus）浮雕戒指，约1800—1820年。该主题比较常见，无疑是参考了古代原型。格里卢斯是古罗马时期人头和兽头合一的怪物，神秘学和占星术认为这种生物可以起到驱邪的作用（见《雕刻宝石之书》C. W. King作，1866年，伦敦）。

图43. 仿古玛瑙浮雕黄金戒指，约1800—1820年。这种碟型镶嵌被称为罗马式镶嵌，常用于镶嵌戒指上的浮雕。

图44. 重要的玉髓浮雕吊坠，约1800年。挂环很可能是后加的。

图45. 双层铅玻璃浮雕黄金胸针，约1810年。侧视图中两层玻璃间黏结痕迹明显。由于对浮雕珠宝的狂热，这种仿品也风靡一时。该作品色彩过于强烈，易于与玛瑙区分，但有的作品比较难以区分。

图46. 红玉髓维斯帕先侧面像浮雕胸针，约1800年。浮雕与底座很可能制作于同时期。

腰带扣

位于腰带中央的腰带扣凸显了该时期流行的高腰线，通常是圆形或椭圆形，镶嵌以浮雕、珍珠、托帕石和紫水晶或仅由黄金制作。有时腰带扣仅作装饰而无实用功能。

图47. 不同寻常的镶钻硬石火漆印，约1800年。该火漆印是19世纪下半叶浮雕饰品的流行先兆。

第 二 章

1820年至1840年

1820年，无论时尚抑或珠宝设计都发生了深刻变化。同年，女性服饰的腰线终于回归自然位置。虽然拿破仑一世于1815年下台，但直到1820年，拿破仑喜爱的古典风格对珠宝的影响才真正消失殆尽。

此时，自然主义风格在英吉利海峡两岸生根发芽。受此影响，拿破仑时期风格化的叶片、花朵开始趋向具象化。1830年以后，表现玫瑰、牵牛花、倒挂金钟、矢车菊、麦穗等植物的自然主义风格珠宝随处可见（图72、图73、图74）。

绝代艳后玛丽·安东尼特（Marie Antoinette）对珠宝的影响依旧延续到该时期。那些比较保守的珠宝匠们依旧支持这种怀旧风格，不断沿袭和诠释前人设计，并开始采用开放式镶嵌（open setting，即宝石底面是暴露的）。他们制作的珠宝通常采用18世纪常见母题，比如卷曲饰（scrollwork）和烛台造型（girandole，图69）。通常，在拿破仑时期风格化与后来完全模仿自然的浪漫主义过渡时期间的珠宝设计给人感受最明显的是两种风格的相互交融，比如风格化的花朵常伴以复杂的卷曲饰（图68、图71）。

图48. 这套珠宝采用了粉、黄、绿三色黄金（粉色添加铜、黄色近乎纯金、绿色添加银），表现了细小的树叶、花朵和芒刺等母题，属19世纪20年代常见样式。托帕石色彩和净度高度统一，故罕见地采用了开放式镶嵌。19世纪20年代彩色宝石的来源并不丰富，所以此时珠宝通常采用密闭式镶嵌（closed setting，即宝石底面是封闭的）。这种方式的好处是可以在宝石与底座之间加入彩色的金属箔片来调节不同宝石间的色差，使宝石颜色均匀统一。此外，图中金红相间的摩洛哥珠宝盒也常见于1800—1820年。

欧洲在多年战乱后（拿破仑战争，1803—1815年），贵金属和宝石变得稀缺，价格也很高昂。在法国，钻石的稀缺导致银质底托镶嵌的大量运用，这种镶嵌方式的底座比较臃肿，但使钻石更显大，并可以减少整套珠宝中的钻石用量。

总之，此时的珠宝旨在用最低的成本，达到最华丽的视觉效果。所以，无论是出于自愿或是被迫，很多半宝石在此时也开始流行。产自巴西的紫水晶、托帕石、海蓝宝石、金绿宝石都非常受欢迎，并通常镶嵌在卡内蒂尔（cannetile）工艺的底座中。此时宝石多采用团簇设计（clusters）和密闭式镶嵌，以便用有色箔片增强宝石色彩。该时期的金工非常精巧，大量使用了累丝工艺（gold wire）、累珠工艺（granulation）、卷须饰（tendril）、卷曲饰（scroll）以及芒刺饰（burr），其中常点缀以用各色黄金冲压成型的精巧的树叶或贝壳（图53、图59）。

卡内蒂尔珠宝在英法两国几乎同时开始流行，19世纪30年代达到顶峰。累丝工艺在欧洲已有数百年历史，其来源可能是英法的珠宝匠从葡萄牙的民间珠宝中汲取的灵感。此外，贵金属累丝工艺也是北非和地中海沿岸珠宝匠的必备技能，对这类珠宝的兴趣、好奇以及日益方便的旅行都促成了卡内蒂尔珠宝的流行。到1840年，耗工费时的卡内蒂尔工艺被黄金冲压工艺（repoussé）代替。冲压工艺制成的金质底座在19世纪30年代早期即开始用于镶嵌各类半宝石。这种工艺的发明得益于英国工业革命，相比之前的卡内蒂尔工艺，采用机器对黄金冲压成型无疑是更加经济实惠的方式（图86）。

19世纪30年代自然风格珠宝的另一特点是彩金的运用。黄金中加入较高比例的铜会使黄金产生红色调，银则会产生绿色调。红、绿、黄三种颜色结合磨砂或高光的表面处理方式以及绿松石和石榴石绚丽的色彩，常用在自然主义风格的胸针、戒指及腰带扣的制作中。

时间转到1835年，巴黎一位天才珠宝匠爱德华·马尔尚（Edouard Marchant，约1791—1867年）生产的名为"库尔斯"（cuirs）的黄金饰品大为流行，通常用作胸针或贝壳浮雕等的边框，或是作为手镯的中心部分。这种珠宝工艺使用高超技术将薄金片切割、卷曲来模仿真皮暴晒后的卷曲形态，之后再在表面錾刻各种装饰性花纹（图80、图88）。到1840年，法国珠宝匠及其英国同行都开始大量生产"库尔·劳莱"（cuir roule）珠宝，特别是浮雕的卷曲饰边框。同时，悬挂胸针或吊坠并以绸带作为母题的挂钩表面开始变得更加华丽。

1825—1850年，珐琅工艺开始复兴，并被广泛用于珠宝。瑞士的日内瓦迅速成为画珐琅（painted enamel）中心。这种画珐琅是在小块的铜片上绘制着当地美丽的风景和穿着传统服装的女孩，背面则是瑞士各行政区的名称。这些珐琅片被镶嵌在卡内蒂尔工艺的手镯中，并饰以各种小块的彩色宝石。有时金质底座也会采用冲压成型工艺（图70、图84和图89）。当时的人喜欢采用高超的珐琅技术重现伟大的艺术品：文艺复兴时期的绘画提供了源源不断的灵感，拉斐尔的"椅上圣母"（La Madonna della Seggiola）在当时备受欢迎。

图49. 母子肖像，作者A. J. B
Hesse。1828年。100厘米×80
厘米。

　　同时，沉寂已久的填充珐琅技术（champleve enamel）开始在整个欧洲大
地复苏。受此影响，腰带扣、项链和手镯表面也常采用卷轴形和植物装饰并以
黑色珐琅填充最优（图52）。

　　经镜面细条纹（guilloché/engine-trurned，镜面细条纹：金属表面有规律
而细密的纹路）处理的贵金属底面敷以透明珐琅也成为此时一种流行的装饰形
式。此时最流行的珐琅颜色是皇家蓝，其次是鲜绿色。镜面细条纹的几何图案
则通常呈螺旋、放射或同心圆形。

　　1830年开始，浪漫主义及其对中世纪和文艺复兴的回响充斥着文学和艺
术领域。受此风潮影响，珠宝上运用了中世纪和文艺复兴时期装饰母题。
1840年，哥特建筑的装饰母题或文艺复兴时期的奇异生物（grotesque/fantastic

creatures）开始出现在手镯和吊坠中。19世纪30年代晚期到19世纪40年代早期，法国珠宝巨匠弗罗门特·默里斯（Froment-Meurice）创造了一种前无古人的珠宝样式——将微缩雕塑融入珠宝，其灵感来自意大利和法国文艺复兴艺术。这种样式成为往后十年其他珠宝匠纷纷效法的对象。磨砂的黄金和氧化的白银，珊瑚和青金石是该风格偏爱的材料。弗罗门特·默里斯的珠宝通常采用哥特建筑作为背景，前景则取自文艺复兴时期的人物肖像，这种混合风格在当时轰动一时。

与浪漫主义珠宝一同复兴的还有表达情感和象征意义的珠宝。拿破仑时期对宝石象征意义的偏好以及使用合适的宝石英文名称首字母拼写出铭文的做法又重新回到大众视野。在欧洲，特别是英国，用不同宝石拼成的"致意"（Regard）（"Regard"是Ruby、Emerald、Garnet、Amethyst、Ruby和Diamond排列而成，取各自英文名称首字母）和"挚爱"（Dearest）的戒指和胸针风靡一时（图75）。珠宝的背后常用小隔间来装几绺头发。胸针、垂饰的背部或戒圈内侧常刻上或隐晦或直爽的文字，用以表达爱意、书写字谜或铭刻箴言。

花语也常被用来传达隐秘的信息，通常浪漫主义风格珠宝中的花卉都具有一定意义，通常表达友谊、爱情，如常春藤和勿忘我（图62）。十字形、船锚和心形的组合则代表了信、望、爱。19世纪30年代早期其他常见母题有蛇口中守护巢穴的鸟，或嘴中携着一颗心、衔着橄榄枝或一束勿忘我的飞鸟等，这些母题此后又流行了约20年。

19世纪20年代早期，纪念珠宝中又新增了一类戒指。这类戒指以平整的黑色珐琅带为戒圈，镶以金边并镂刻上丰富的花卉母题。十年后，勿忘我成为哀悼珠宝界的新流行母题，此类珠宝要么雕刻进缟玛瑙饰板里，要么以黑色珐琅或缟玛瑙为底镶以对切珍珠。成绺的头发常镶在同心环形钻石或珍珠垂饰中央，或是黄金和宝石镶嵌饰盒背部，成为此时纪念珠宝的经典特色（图61、图62）。

钢质切面珠宝（Cut-steel）此时仍颇受欢迎。1819—1830年，法国和英国都生产了大量的该类珠宝的套装、各式装饰品及小配件。这些珠宝均以高抛光切面的小颗粒钢珠进行装饰。

1819年，昂古莱姆公爵夫人（Duchess of Angouleme）掀起了珊瑚珠宝热潮。珊瑚制作的整套珠宝、珠子或用珊瑚枝雕刻成的珠宝成为未来30年时尚女性珠宝盒中不可缺少的宠儿。

紧随19世纪20年代早期腰线下降的潮流，1829年巴黎时装设计师们又引入了另一种引发服装廓形剧变的创新：羊腿袖（gigot/leg-of-mutton sleeve），袖子上部的尺寸通常会显得巨大，并在手腕处逐渐变细，使上部轮廓形成明显的三角形。头部成为珠宝商、发型师和女帽商们的竞技场：当时的发型成为了脏辫（false locks），真鸟羽以及宝石羽毛（gem-set aigrette）的集合体。低胸裙为项链留足了空间。手腕和前臂则仍是手镯的天下，常成对佩戴在女士手套上。

图50. 富丽堂皇的钻石冠冕或考罗奈斯花冠，约1830年。注意饱满的原始自然主义叶状卷曲饰和卓绝显赫的尺寸。长角阶梯形的明亮切割式宝石清晰可见。如此大型且贵重的冠冕只有极少数留存至今。

发饰

19世纪30年代早期，美人们的发间常饰以各类钻石珠宝。这些珠宝一般采用羽毛（aigrette）、麦穗、梳上鸟造型，并结合真鸟羽和脏辫发型（图72）。这种华丽铺张但常常缺乏品位的风格并没有延续太久，1835年到1836年，发型开始变得简洁，前额的头发也梳了起来，一种新的珠宝应运而生，那就是额饰（ferronniere，名称来自达芬奇的作品"La Belle Ferroniere"）。额饰最早流行于15世纪晚期的意大利，通常是一根丝绳中央悬挂一个小吊坠并戴于前额。19世纪的额饰则常以钻石链代替丝绳。这种珠宝存世极少，对它们的了解基本来自绘画和出版物上的线描画。昙花一现后，绝大多数的额饰被改成了手镯或项链。

19世纪30年代末期，流行将头发在中间分开，成为包裹脸颊的两部分。为适应这种新发型，一种新珠宝诞生了：这是一种与之前王冠型不同的冠冕。该冠冕可以分为三部分：冠冕两侧装饰以华丽的花卉母题，中间连接处类似发带但更轻，拢在发际线以上。这种冠冕迎合了潮流，取得了极大成功，流行了十多年。

图51. 黄金镶石榴石套装，约1820年。宝石采用密闭式镶嵌。花朵和树叶的母题常见于19世纪20年代早期。此时的珠宝很多通常还配以原盒。相比之下，此后的石榴石珠宝主要产自波西米亚，通常是旅游纪念品，黄金纯度低，工艺粗糙。

珠宝套装

1820—1840年的珠宝设计紧跟时尚和技术创新的脚步。19世纪20年代镶嵌着半宝石的金质卡内蒂尔套装有时也会镶嵌红宝石和祖母绿等贵重宝石（尤其是英国），有趣的是却唯独没有蓝宝石的身影。除了卡内蒂尔珠宝外，这些套装通常也会饰以机器冲压成型的金质树叶、花卉和卷曲饰（图53）。此外，该时期的整套珠宝除了项链、手镯、吊–耳坠（pendant-earrings，指吊坠、耳坠两用）外通常还会包含一件十字形吊坠。1840年，由金片冲压成型的卷曲饰珠宝取代了之前流行的卡内蒂尔珠宝。虽然这类珠宝只用了很少的黄金，但视觉效果却非常华丽。

罗马马赛克珠宝套装一如过往十年一般流行，但此时更加精美的金丝工艺镶嵌代替了以往简约的黄金底镶（图54）。

耳坠

19世纪20至30年代最流行的耳坠呈梨形。这种耳坠整体修长，分为两部分，最上端通常是圆形，镶嵌着单颗宝石或团簇形的宝石。

此时流行露肩并把头发盘起来，所以耳朵和脖子之间的大片区域为大耳坠提供了绝佳的展示场所。

图52. 黄金镶嵌各色宝石，准套装（demi-parure，通常由项链、胸针和耳坠组成），约1830年，可能出产于意大利北部。宝石品质不高，故采用密闭式镶嵌并增加有色箔片的方式来增强色彩。黑色的填充珐琅配植物装饰是意大利北部的常见样式。

图53. 黄金、红宝石和钻石准套装，约1830年。卡内蒂尔珠宝装饰是19世纪30年代珠宝的标志。注意项链上的装饰和吊坠与胸针的烛台形（girandole）设计，具有1800—1825年风格。

图54. 黄金、微砌马赛克和绿松石套装，约1820年。这件珠宝的累丝工艺是19世纪30年代流行的卡内蒂尔珠宝的雏形。微砌马赛克画的主题非同寻常，来自commedia dell'arte（意大利语，一种源自16世纪意大利的戏剧形式）以及民间服饰。

图55. 黄金掐丝工艺镶嵌绿松石和对切珍珠项链，约1830年。项链中的那颗松石是因为吸收了皮肤的油脂而变色。下方是紫水晶里维埃式项链（riviere，法语，意为"河、江"，一种乔治时期常见的项链形式，由简单连接的多块宝石组成），约1825—1850年。这种简洁的设计贯穿了整个19世纪。

项链

19世纪20年代，将宝石简单连接的里维埃式项链极为流行。这种项链通常镶有钻石或半宝石，如托帕石、紫水晶和黄水晶，并常搭配十字形吊坠和一对梨形耳坠（图55）。宝石通常采用底托镶嵌，底座大而厚重，这点在此类钻石项链中尤为明显，可以使宝石更显大。珍珠或黄金长链，配以平面盾型、浮雕、珐琅或宝石为装饰，也是此时时尚的宠儿。

1820—1830年，珠宝匠们也制作了大量的石榴石项链。这些项链通常采用花簇或花环装饰（garlands of leaves，这种装饰源自古希腊罗马时期），密闭式镶嵌。石榴石通常为圆形、梨形或卵形，后面常衬以亮粉色箔片来改善其暗淡的棕红色。这些项链仍经常保存在原盒里，通常与之配套的还有手镯、胸针和耳坠（图51）。

图56. 钻石项链，可拆成一对手链，约1820—1830年。最大钻石周围的四颗钻石可能重新琢磨或替换过，这点从钻石的轮廓和相比周围更大的顶面可以看出来。

图57. 石榴石和钻石十字形，采用鸢尾花母题（fleury），约1840年。

图58. 卡内蒂尔工艺宝石胸针/吊坠，约1830年。十字形的臂由玉髓雕成，中央是靠箔片增强色彩的粉色托帕石和祖母绿。这类十字形有的还配套有水滴形的耳坠。

图59. 粉色托帕石黄金掐丝吊坠，约1830年。这件吊坠是卡内蒂尔的典范，托帕石经过热处理并镶嵌在有色箔片中来增强色彩。

19世纪30年代，低胸裙作为晚礼服，其露肩设计促使横亘肩膀的长链流行。这种项链通常装饰以钻石或其他彩色宝石，采用团簇或花环装饰（festoon），通常还悬挂以珍珠吊坠（图56）。

长链的佩戴方式也多种多样：绕成几圈佩戴在脖子上，或横亘在肩膀上，或者将链中间固定在胸前，从而形成两个对称或不对称的花环装饰造型。这种项链是由金片冲压成的部件组合而成，并常镶嵌以小块宝石，虽然看起来厚重，但实际很轻。作为展示杰出金工的舞台，腰带扣一般呈桶状，并镶嵌以各色宝石。

此时常见以女士的纤纤细手为原型的搭扣，在手套、手镯和宝石戒指的渲染下，这些搭扣显得精美绝伦（图145）。

该时期晚期，以蛇为母题的项链首次出现在法国，但蛇形珠宝直到19世纪40年代才真正风靡起来。

吊坠

此时的吊坠通常悬挂在金链或丝带上，或作为里维埃式项链的补充。最流行的样式是各种十字形——拉丁、希腊或马耳他十字形等。这些十字形或由硬石雕刻并镶嵌以宝石，或由石榴石（carbuncle）雕刻而成（图57），或者干脆由黄金制成。在英国，马耳他十字形尤其受欢迎，并常镶以钻石（图63），或者直接由红玉髓等玛瑙雕刻而成（图58）。卡内蒂尔工艺或镶宝石的拉丁十字形吊坠（图59）通常是成套的，伴有项链、吊-耳坠（pendant-earrings）和手镯。

图61. 钻石吊坠，哀悼珠宝，约1820—1830年。吊坠采用开放式镶嵌，并使用了基本的明亮式切割。钻石的颜色不统一是因为钻石来源的稀缺，这也有助于切割时留存最大体量的钻石。

图62. 紫水晶、金绿宝石和绿松石黄金吊坠，约1825年。吊坠中央的勿忘我显示这件珠宝具有表达情感诉求的功能（背面是装头发的小隔间）。吊坠四周掐丝的芒刺装饰显示了这件珠宝的年代。

图60. 粉色托帕石和钻石吊坠，约1830年。四周的小枝形植物装饰已经表现出19世纪中期的轻快感。水滴形的托帕石表现出早期解理性状。两块托帕石都经过热处理。

图63. 钻石马耳他十字形吊坠，约1825年。注意大颗粒钻石的底托镶嵌方式，底座为黄金，爪部为银。

其他流行的形式还有从18世纪承袭而来的烛台形吊坠。这类吊坠通常是在钻石的植物装饰边框中镶以彩色宝石和半宝石（图60），并常折叠成胸针。

表达情感和哀思的吊坠在英国非常流行。常见的形式是珐琅或宝石的金质相片盒，其上通常饰以具有象征意义的母题，如勿忘我。吊坠背后常见用以保存头发的小隔间（图62）。

图64. 威廉四世之妻阿德莱德皇后（1792—1849年）肖像，作者威廉·比奇爵士（Sir William Beechey），约1830—1837年。图中描绘了19世纪20年代开始流行的长链，一般由金丝编制而成。

胸针

19世纪30年代最受欢迎的胸针样式是各种花束和枝叶，通常密镶以钻石，更经济的方式是用彩金镶嵌各种半宝石（图73、图74和图77）。1835年前后，手工錾刻工艺的镂刻黄金的命运如同卡内蒂尔一样，也被冲压技术所代替。

这个时期的自然主义和浪漫主义的美妙邂逅诞生了以鸟为母题的胸针，通常采用彩金制作并镶以宝石和半宝石，鸟嘴中常衔有橄榄枝或勿忘我花束。

该时期对于珐琅的热衷体现在使用画珐琅上，将文艺复兴时期大师们的杰作绘制在椭圆薄片上，其边框则通常采用金质"库尔·劳莱"装饰。马耳他十字形吊坠也常作为胸针。这类十字形吊坠通常是金镶钻，或由玉髓雕刻而成，中央装饰以黄金掐丝工艺的花卉母题和各色宝石。与前者相比，硬石雕刻的马耳他十字形较廉价，所以通常还配以一对梨形耳坠（图58和图63）。

图65. 祖母绿钻石胸针，约1825年，曾属于诺色伯兰公爵（Duke of Northumberland）。上方圆形的祖母绿显示了17世纪早期的莫卧儿王朝风格，可能由罗伯特·克莱芙（Robert Clive，1725—1774年）从印度带回，由当时的御用珠宝公司伦德尔，Brigde&Rundell公司完成镶嵌。1824—1826年及1828—1829年，第三诺森伯兰公爵与该公司有过密切合作。这件珠宝很有可能就是该公司在1829年3月17日记录中的那件：在赛维涅（sévigné）胸针上镶嵌着一枚大号的祖母绿，上面刻有公爵夫人的两颗钻石——80英镑。很有意思的是，虽然这块祖母绿来自印度，但原产地却是哥伦比亚。

图66. 羽毛形钻石胸针，约1820年。涡旋状的羽毛是当时这类珠宝的共同特点。大颗粒的钻石很可能来自印度（当时巴西是除印度以外的唯一产地）。

图67. 钻石胸针，约1820年。最初可能是腰带扣，这种设计风格通常称为"勃兰登堡"（Brandebourg）。对比图66可以协助追溯该珠宝的起源。

图68. 钻石胸针，佩戴于胸衣，约1830—1840年。注意其中的植物卷曲饰。这件胸针后来于20世纪30年代镀铑来模仿铂金。这在当时很流行，意在转移人们对饰品价值的关注。

图69. 钻石胸针，佩戴于胸衣，约1830年。对大颗粒玫瑰形切割钻石的运用使其古香古色。胸针主体下方的三个吊坠构成烛台形（girandole），这是19世纪30年代典型样式。因为吊坠部分总是被改成耳坠，所以这种胸针存世很少。

图70. 日内瓦画珐琅绿松石胸针，约1830年。色彩绚丽，造型饱满的卷曲饰边框非常经典。放大后的图片清晰展示了珐琅的破损，这种破损极难修复。无论如何，这都极大影响了它的价值，所以一定要小心珐琅珠宝上的任何破损。对于漆器而言，修复工作通常用针尖儿在放大镜下完成（漆器比珐琅软）。胸针背面有测试黄金纯度时留下的刮痕，注意背面的别针也被修复过，所以这件胸针整体品相很差，难以出售。

图71. 镶齿松石（odontolite）、绿松石和钻石胸针，约1840年。这是目前发现的唯一使用齿松石的珠宝。齿松石是一种猛犸牙化石，很容易与绿松石混淆，珠宝匠在镶嵌时可能也犯了同样的错误。这件胸针因使用齿松石而增值不少。

19世纪30年代中期流行各色宝石围成一圈的涡旋状"Regard"胸针。

此时还流行将三枚花卉母题的钻石胸针垂直排列佩戴在胸衣上。

此外，大体积的花卉母题的涡旋状胸针也非常流行。这类胸针下还经常挂有三个小吊坠，从而形成烛台形（图68、图69和图71）。更经济的胸针则由冲压成型工艺配以半宝石制成（图79）。

19世纪30年代，中央镶嵌大颗粒宝石、四周围以钻石的胸针样式形态更简单但同样成功（图76、图78）。

图72. 各种乔治晚期的钻石胸针及发饰。

图73. 钻石花束胸针，约1830—1840年。虽然花朵是安装在弹簧上可以随着佩戴者走动而轻轻颤动，但叶片和花朵拘谨的样式显示了这件胸针可能制作于更早时期。注意叶片中大小不一的钻石的镶嵌方式。19世纪末，钻石供应更加充裕，钻石的大小可以随着镶嵌底座的需要而加以变化。

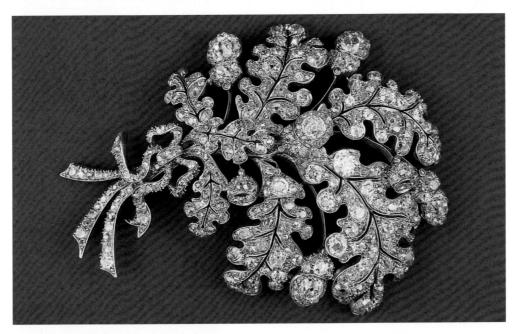

图74. 橡树母题钻石胸针，约1830年。注意对树叶的逼真还原，这种自然主义的表现手法是1825—1850年的风格，而早期的此类胸针造型比较僵硬拘谨。

图75. "Regard"宝石金质胸针，约1825年。"Regard"由Ruby，Emerald，Garnet，Amethyst，Ruby和Diamond的首字母组成。

图76. 粉色尖晶石和钻石胸针，约1825—1830年。尖晶石四周精巧的"树枝状"（rinceau）卷曲饰为胸针注入一抹轻巧，并与钻石达到体量上的平衡。注意尖晶石是镶嵌在黄金中的，而白钻则镶在银质底座中来增强其反光。

图77. 珐琅和钻石蝴蝶结胸针，约1840年。注意珠宝上的扭锁状的玑镂（Guilloche）珐琅。胸针左侧珐琅破损处展示了黄金底面所用工艺。

图78. 蓝宝石和钻石胸针/手镯中心部分，约1840年。玫瑰切割钻石的边框包围着中央的弧面切割蓝宝石，常见于俄国。

图79. 紫水晶金质胸针，约1840年。可能是卡内蒂尔珠宝向冲压工艺的过渡产品。三条模仿花彩装饰的金链也是该时期的特点之一。

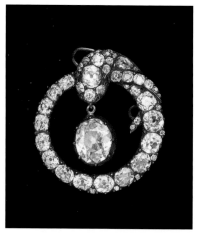

图80. 胸针中的人物处理成立体，其中的金线更加强了这种立体效果，常见于18世纪晚期的哀悼戒指及胸针，画面中的人物常由细碎的头发粘贴而成。注意四周的"库尔·劳莱"的边框。

图81. 蛇形钻石胸针，约1820—1840年。大钻石间穿插镶嵌的小钻石也是这个时期的特点之一。注意弧面切割的红宝石蛇眼。

手镯

该时期女性甚至会在两手同时佩戴2~3对手镯。

19世纪20年代早期，"a la Jeanette"手镯出现，这种手镯由丝带和黄金搭扣组成。

19世纪20年代晚期到19世纪30年代，采用金丝编制的宽手镯开始流行。这类手镯上椭圆或方形的搭扣常饰以卡内蒂尔珠宝，并装饰以彩色宝石（图87）。

19世纪30年代同样见证了画珐琅手镯的流行热潮。日内瓦珐琅片中描绘身着传统服饰的年轻女孩，且通常被镶嵌在卷曲饰或植物、花朵装饰的铰接式手镯中（图84、图89）。多彩的填充珐琅手镯同样深受喜爱（图86）。

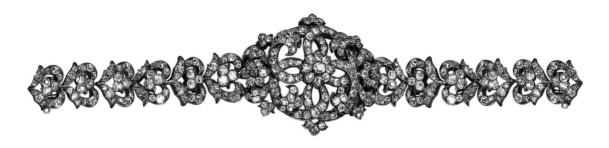

图82. 钻石手链，约1840年。注意心形重复的链接和涡旋形的中心。

该时期末流行将手镯设计成宽绸带形式，并饰以蓝色玑镂珐琅，搭扣则一般镶嵌珍珠或石榴石。

该时期的钻石彩色贵宝石手镯中央部分采用叶状卷曲饰设计搭配椭圆形母题，有时可以拆下作为胸针，手镯带则使用卷曲饰、S形或心形链节（图82、图91）。

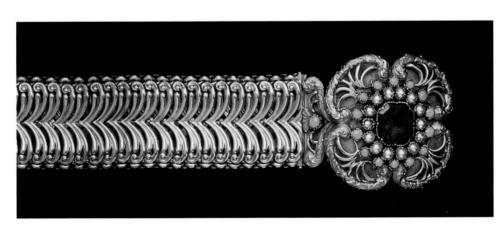

图83. 黄金宝石手链，约1825年。绿松石、珍珠和石榴石的斑斓色彩在19世纪20至30年代受到追捧。而手镯上磨砂与高光间的对比则将时间凝固在19世纪20年代。手链部分的精巧结构是亮点。

图84. 珐琅和宝石黄金手链，瑞士，约1830年。这是19世纪30年代瑞士行政区（cantonal）手镯的典型代表，瑞士每个行政区的纹章也镶嵌在头像下方。

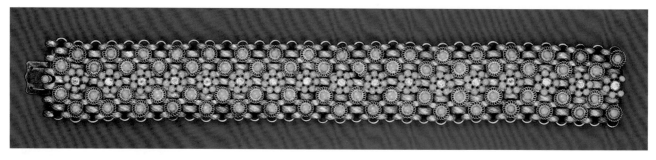

图85. 绿松石和钻石黄金手链，约1830年。绿松石与钻石结合成勿忘我的形状，所以这件珠宝应该用于承载情感或寄托哀思。

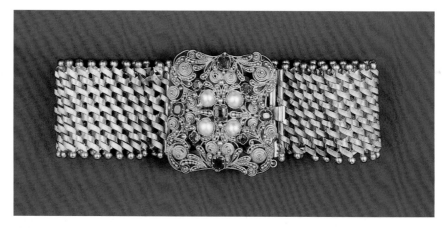

图87. 卡内蒂尔工艺镶红宝石、祖母绿和对切珍珠黄金手链。编织形手链是19世纪30年代的特色之一。

图86. 橄榄石黄金手链，约1835—1840年。此时橄榄石很受欢迎，品质最优的橄榄石来自圣约翰岛和红海。卷曲饰可能是机器制作后组装在珠宝上的。

图88. 金质镶对切珍珠和祖母绿手镯，约1840年，可能制作于法国。手镯刻有1841字样，注意手镯肩部的"库尔·劳莱"装饰。

图89. 珐琅和宝石黄金手链，瑞士，约1830年。这类手镯1840年以后日渐稀少。穿不同传统服饰的女孩所在的行政区用蓝色的珐琅底釉写在了手镯背面。

图90. 罗马微砌马赛克画黄金手链，约1830年。1820年以后，罗马开始大量生产这种微砌马赛克画来满足迅速发展的旅游市场。绝大多数正如此例，取材自罗马的城市景观（Vedute di Roma）。到了19世纪末，这种工艺日薄西山，日渐粗糙。注意马赛克画下的棕色金星玻璃。

图91. 稀有的钙铝榴石（hessonite）和钻石手链，约1840年。钙铝榴石在该时期非常流行，更显钻石卷曲饰之奢华。

图92. 钙铝榴石黄金手链，约1830年。注意珠状的宝石团簇。

图93. 卡内蒂尔和珐琅工艺黄金钻石戒指，约1830年。钻石采用密闭式镶嵌。

图94. 蓝宝石和钻石团簇戒指，约1820—1830年。因为蓝宝石品质较高，所以采用了开放式镶嵌。注意戒臂的錾刻。

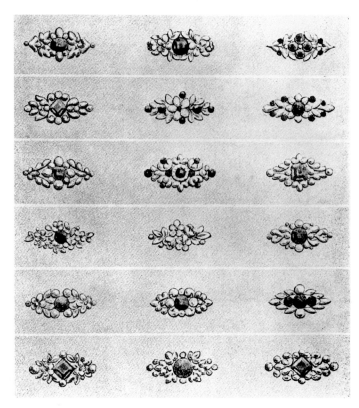

自然主义风格戒指设计，J. P. 罗宾，约1850年。选自亨利·韦韦尔的《十九世纪法国珠宝》，巴黎，1908年。

戒指

戒指沿袭了花簇的设计，一般采用卡内蒂尔及累珠工艺并镶嵌宝石，或五石半环式设计。（图93、图94）。

19世纪30年代，半环的"Regard"戒指最为流行。

腰带扣

19世纪30年代，宽腰带风靡一时。垂直的椭圆形腰带扣通常采用廉价金属或镶嵌以切面钢珠，有的也会使用黄金，通常饰以填充珐琅。

领针

该时期的男士珠宝中领针独领风骚，造型更是别出心裁。最典型的母题通常是各种动物头、蛇或鸟。这种珠宝所用材料也相当广泛，珐琅、缟玛瑙、绿松石、红玉髓、钻石和其他各种宝石与錾刻的黄金共同表现出自然主义的设计。

搭扣设计，约1830年，选自亨利·韦韦尔的《十九世纪法国珠宝》，巴黎，1908年。

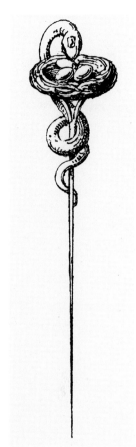

领针设计，针头饰以一条缠着鸟巢的蛇，约1830年。选自亨利·韦韦尔的《十九世纪法国珠宝》，巴黎，1908年。此后二十年蛇成为最受欢迎的珠宝设计母题之一。

火漆印

19世纪20至30年代，火漆印是最重要的绅士珠宝之一。最早的火漆印设计用十分简单的线条，印座（指镶嵌印石的金属座，图95）远没有后来那样充满奇思妙想：竖琴或马镫，卷轴或栏杆造型。19世纪30年代，火漆印变得更加华丽，印座通常会使用彩金，并錾刻花卉。其他装饰母题也备受欢迎，如狗、鸟或鹿头。

印石通常由血石、红玉髓、黄水晶、紫水晶、烟晶或其他玉髓制成，上面刻有家族徽章或盾形纹章。偶尔也会采用其他宝石，如蓝宝石。

工艺最精湛的火漆印由22克拉黄金镶嵌宝石制成。最廉价的则由普通金属制成，镀金使其更加美观，印章则镶上彩色玻璃，徽章或盾形纹章上通常刻有一句铭文。市面上大多数火漆印则是各类水晶、红玉髓或血石镶嵌在黄金框架中。

19世纪30年代，可翻转火漆印（swivel seal）同样流行，这类火漆印通常采用半宝石制作，由三个面组成，每个面都刻有不同内容，使用时三个面可以通过固定在印石上的轴自由转换。轴与金质框架形成马镫形。

图95. 三色金嗅瓶/火漆印，约1825—1830年。火漆印的造型独特，使其成为一件不可多得的珍品。篮子的底部镶嵌着印石，打开印石则会发现这是一件嗅瓶。

第 三 章

1840年至1860年

19世纪中期，迅速富裕起来的中产阶级迫切希望过上贵族生活，他们对珠宝的需求极为旺盛。加利福尼亚和澳大利亚相继发现金矿，为珠宝行业免去了原料匮乏的后顾之忧。上述因素共同作用，使19世纪下半叶珠宝行业百花齐放，硕果累累。

在英国，维多利亚女王引领着时尚的风向。她佩戴的珠宝很快就会被观察敏锐的贵族们纷纷效仿，继而在全社会流行开来。这是一个珠光宝气的时代，人们崇尚佩戴大量珠宝，而私密的情感类珠宝也风头正劲。

在法国，拿破仑三世享有盛名的社交活动为珠宝行业的繁荣提供了必要的舞台，这与之前路易·飞利浦统治下的法国泾渭分明。为了刺激法国工商业，他资助法国公司参加了1851年在水晶宫开幕的伦敦世博会，法国珠宝作为参展品类之一获得了巨大成功。世博会上，法国珠宝匠们接到了多如雪片的订单，这是对他们辛勤付出最好的嘉奖。路易·飞利浦最钟爱的珠宝匠勒莫尼耶（Lemonnier）凭借其为西班牙王后制作的两套珠宝获得了最高奖。获奖珠宝的灵感来于自然，设计平衡合理。勒莫尼耶素以高雅品位和设计的协调统一著称。与他一起大放异彩的巴黎珠宝匠还有达夫里克（Dafrique）、鲁弗纳（Rouvenat）、莫雷尔（Morrel）、鲁多菲（Rudophi）及弗罗门特·默里斯（Froment-Meurice）。

19世纪40年代，自然界、文艺复兴与中世纪仍是珠宝设计的重要灵感来源。1851年世博会上，法国珠宝匠弗罗门特·默里斯（Froment-Meurice，1802—1855年）的雕塑艺术珠宝连最苛刻的批评家都一见倾心。弗罗门特·默里斯设计的中世纪雕塑艺术珠宝很快传入英国。罗伯特·菲利普斯（Robert Phillips）是最先开始生产该风格珠宝的英国珠宝商。奇幻和原创性使这类珠宝独一无二。人像、天使、纹章和建筑元素都被游刃有余地结合在一起，并配以植物或带状饰，组成了一幅幅优雅的叙事画面（图137）。

该时期，受浪漫主义影响，对自然的热爱风靡珠宝设计，一系列几可乱真的花束、藤蔓和浆果珠宝应运而生。不仅如此，当时人们对园艺学也表现出了极大热情，收集新品种花卉成为上至王公权贵、下至市井小民的普遍爱好，旺盛的需求下，新的花卉品种被源源不断地引入欧洲。19世纪早期盛极一时的"花语"到此时仍方兴未艾，直到19世纪后期才渐渐淡出历史舞台。

19世纪40年代的钻石花束胸针或头饰常以流苏状的"钻石瀑布"来模仿花朵上散落的水滴或种子，这种做法一直流行到1855年前后（图113）。19世纪中

"Mme. Moitessier"，安格尔摄，1856年。英国伦敦国家美术馆。

期，机床加工金属表面敷以透明的皇家蓝和鲜绿色珐琅珠宝也与自然主义关系密切（图118）。该时期钻石花束常采用弹簧装置，莲步轻移时会微微震颤，摇曳生姿。这种技艺有一个优雅的法语名字：颤抖珠宝（en tremblant）。

1855年巴黎世博会，梅莱里奥（Mellerio）、鲁弗纳（Rouvenat）等一众巴黎珠宝匠再次大放异彩。他们制作的蓝/绿珐琅钻石花环和花束珠宝精美绝伦。

在英国维多利亚时代早期，蛇是最受欢迎的装饰母题。虽说古代开始就流行以蛇为设计母题，但最鼎盛的流行时段应数19世纪40年代。作为象征智慧和永恒的古老符号，蛇自古以来就对人类有着一种神奇的吸引力，且人类对爬行动物近乎本能的恐惧也为这种生物平添神秘感（图108、图109、图138~图142）。

另一种具有时代特征的珠宝称为珍妮特风格十字形（croix-a-la Jeanette），造型是心形悬挂拉丁十字形，属于一种法国民间珠宝。伦敦和巴黎的珠宝匠们根据客户的要求将该设计进行过变更，但其整体形状得以保留。十字形常用石榴石雕刻而成或饰以青/蓝色珐琅及镶钻植物装饰。这种十字形的名字似乎来源于法国人在圣约翰日（St. John's Day）互赠这种吊坠的传统。

1830—1847年法国占领阿尔及利亚期间，摩尔风格（Moorish）服饰，如土耳其长袍（kaftans）、阿拉伯呢斗篷（burnouses）等裹挟着北非干燥的空气席卷法国，激发了法国人对异域文化的极大热情，时尚的马达又一次轰鸣起来。珠宝匠们用高超的技艺将摩尔风格服装中的结、带、扭绞索、垂饰和流苏等元素制作成胸针、耳坠或手镯的中心部分。此外，19世纪50年代时期，纵横交错的镶宝石黄金绸缎珠宝风靡一时，该类珠宝有时还会覆以皇家蓝珐琅或结合钻石花束（图114、图115）。对于不太富裕的人们，镶铅玻璃的镀金珠宝更加经济。

19世纪40年代，巴黎珠宝匠爱德华·马尔尚（Edouard Marchant，约1791—1867年）将阿尔及利亚结（Algerian knot）引入珠宝设计，该设计流行了近十年，19世纪50年代晚期该设计又得以复兴。

该时期珠宝艺术的另一灵感来源是亚述文明。1848年，奥斯丁·亨利·莱亚德（Austen Henry Layard，1817—1894年，英国考古学家、外交家。）出版了《尼尼微及其遗址》（*Niniveh and Its Remains*）引发了大众对于这个古老文明的向往。不久以后，亚述风格珠宝如雨后春笋一般出现。在所有亚述文明的装饰中，英国人尤其偏爱莲花，这种装饰在珠宝设计领域流行了很长时间。对亚述风格珠宝的热爱也预示了19世纪60年代考古复兴珠宝的大热。

除钻石外，该时期最流行的宝石是弧面切工石榴石（carbuncle）和绿松石。弧面切割石榴石常饰以镶钻叶饰或金质卷曲饰模仿各类浆果（图119、图128和图147）。绿松石不仅常见于蛇形珠宝（图108），也经常密镶于花卉胸针、心形吊坠和相片盒上。

时尚是一场经典的轮回，珠宝亦不例外。19世纪50年代，浮雕珠宝又回归大众视野。与拿破仑时期相比，该时期的浮雕珠宝设计更大胆、更硕大并偏爱

图96. 这件精美绝伦且具有重要历史意义的冠冕由加布里埃尔·莱蒙尼尔（Gabriel Lemonnier）出品，拿破仑三世为迎娶第19代泰巴女伯爵欧仁妮·德·蒙蒂若（Eugenie de Guzman），委托巴黎首屈一指的珠宝匠制作了大量珠宝，该珠宝便是其中之一。该珠宝设计既结合了当时经典的自然主义风格，也遵循了皇室珠宝的正统严肃的气韵。其珍珠源自拿破仑一世的第二任皇后，即大公夫人玛丽·露易丝（Marie Louise）的珠宝套装，该珠宝套装于1810年组装，并于1820年完全重制后赠与安古莱姆公爵夫人（Duchess of Angouleme）。拿破仑帝国覆灭后，这件法国皇冠珠宝于1887年在巴黎公开拍卖，尤里尤斯·雅各比（Julius Jaccobi）拍下该冠冕，而后在1890年又流经阿尔伯特王子（Prince Albert）之手，并作为结婚礼物赠与另外一名奥地利女大公——玛格丽特（Margarette）。1992年，该冠冕又在日内瓦苏富比拍卖行拍卖，如今在卢浮宫内展出。

图97. 瓦尔德米勒（Ferdinand Georg Waldmuller，奥地利人，1793—1865年）。《身着粉裙的年轻女子肖像》，约1830年，66厘米×53.5厘米。

高浮雕。缟玛瑙、玉髓和紫水晶都是该时期常用石材。意大利匠人仍是这项技艺的执牛耳者，索里尼（Saulini）家族更是其中的佼佼者。

浮雕所用贝壳（通常是两种冠螺，Cassus furus，上层白色，底层粉红色；Cassus Madagascariensis，上层白色，底层棕色）产自非洲和西印度群岛的热带海域。希腊神话为该时期浮雕提供了源源不断的灵感：战神阿瑞斯、智慧女神雅典娜、狩猎和月亮女神狄安娜、酒神巴克斯、众神之王宙斯、美杜莎、海格力士和谷神克瑞斯。从19世纪中期开始，浮雕珠宝中女性形象出现频率开始高过男性，可能与女性地位上升有关（图124）。

19世纪40年代，意大利开始生产哈比利斯（habillés）浮雕。这种浮雕技术的创新之处在于将宝石镶嵌在浮雕上来表现女性形象所佩戴的各种珠宝。该技术被法国珠宝匠达夫里克（Dafrique）发扬光大，他以制作"cameés animés"（意为栩栩如生的浮雕）闻名于世，他雕刻的镶红宝石和玫瑰切工钻石的黑人女孩硬石浮雕堪称杰作。这种技艺流行于19世纪下半叶（图211）。

图98. 令人屏息的绿松石钻石套装，包括带有可拆卸蝴蝶结中心饰品的项链、一对绚丽夺目的手镯以及五件蝴蝶结胸针，其中大号一件、中号两件以及小号两件。19世纪40年代时绿松石珠宝极其流行，其中许多珠宝深受自然主义风格启发，造型包括蛇、鸟或风格化花枝等。

1845—1865年，珊瑚尤其受欢迎，设计也多种多样：或制作成圆珠，或雕刻成花束，或直接以珊瑚枝的形式佩戴，同样流行的还有珊瑚浮雕。珊瑚雕刻中心位于意大利的热那亚（Genoa）和那不勒斯（Naples）（图101、图105）。当时最流行的珊瑚颜色是深红色和淡粉色（粉色珊瑚，又称天使肌珊瑚）。

米珠（seed pearl，种子珍珠）盛行于19世纪40年代到50年代早期，主要产自马德拉斯（Madras，现称金奈，南印度东岸港口城市）和中国。该类珠宝的底座一般以贝母雕成镂空卷曲饰（open scrolls）和叶饰，再使用白色马尾将米珠固定。这些珠宝非常脆弱，修复起来困难重重，所以完好无损流传至今的价格十分高昂（图102）。

维多利亚时期的关键词之一是猎奇，很多奇奇怪怪的材料也被用于制作珠宝，如泥炭栎（bog oak，爱尔兰特产，沼泽中半石化的植物遗骸）、角（horn）、菊石（fossil ammonite）、木化石（petrified wood）、花岗岩（granite）、贝壳猫眼（opercula，是指猫眼蝾螺的口盖。猫眼蝾螺最大特征是完全石灰化的口盖，口盖圆凸为亮深绿色有如猫眼，产于远东海域，图122）、大理岩（marble）和蓝萤石（Blue John，一种带有蓝紫色色带的萤石）。上述材料经雕刻、打磨后镶嵌于手镯和胸针。受维多利亚女王苏格兰情结的影响，镶黄水晶和玛瑙的银质苏格兰珠宝非常流行。

随着长途旅行愈发便捷，很多富裕家庭都选择出国度假。意大利是最热门的旅游胜地，很多作为旅游纪念品的中低价位珠宝应运而生。罗马微砌马赛克画、佛罗伦萨硬石镶嵌画（Florentine mosaics，与玻璃制成的微砌马赛克画不同，这类珠宝用硬石制作，通常是各色硬石切割成特定形状后镶嵌在黑色硬石底面上，图146）以及贝壳、硬石和维苏威火山岩（lava）制成的浮雕珠宝都是意大利的"拳头产品"。美人是火山岩浮雕的常见题材。这些浮雕被镶嵌在简洁的黄金或镀金底座中，再用金链连成手链或项链。虽然火山岩色泽暗哑（灰、棕、白、绿等），但这一点也无损于其受欢迎程度。除此之外，意大利北部和瑞士生产的画珐琅也常被镶嵌到胸针、项链或手镯的中心部分（图103、图116）。

1840年左右黄金改色工艺开始在英国流行。该技术是将黄金浸入酸溶液，腐蚀掉其中其他金属成分，从而使其表面生成一层暖黄色薄膜，并呈现令人愉悦的磨砂质感。

19世纪40年代，以伯明翰为中心，中低档珠宝的制作过程已基本采用机械来提高效率。伯明翰不仅生产镶半宝石的黄金珠宝，也生产镶铅玻璃的镀金珠宝（图121）。电镀技术的发明（1841年）大大加快了镀金速度，使其成本更为低廉。绝大部分的珠宝由手动压床搭配立式螺杆将黄金冲压成型，还有一小部分珠宝用"负重击打冲压"的方式制作，该方式是使用下落的重物锤击金片使其成型。值得注意的一点是，这些机械都是需要人力驱动的。直到19世纪60年代早期，蒸汽机才开始陆续进入金匠的作坊中。

1854年英国通过法案使9k、12k和15k金合法化。一大批低含金量的珠宝涌入市场，其价格甚至可以与镀金珠宝媲美。

哀悼和情感类珠宝正值盛期：19世纪40至50年代，英国出产做工最精良的头发制作的珠宝。这些珠宝或出自珠宝匠之手，或出自当时闲暇有情致女性的巧手。除了编制纹外，最受欢迎的题材是威尔士亲王（Pricess of Wales）羽饰以及以哀伤妇人、拂面杨柳或离去船只为主题的风景画。克里米亚战争（1853—1856年）和印度民族起义（1857—1859年）带走了大批年轻生命，因此此时哀悼珠宝司空见惯。

煤精珠宝常用于初期哀悼，最常见形式为切面圆珠项链或形态各异的环连接而成的项链等。当时有一种常见的煤精珠宝仿品，号称"法国煤精"，这种材料其实是一种黑色玻璃（另有深红色一说，产自波西米亚，衬以黑色箔片加深色彩）。黑色玻璃与煤精区别显著，玻璃更重，入手更凉。后来也常用黑电木来制作哀悼珠宝，这种材料是一种早期橡胶。

蜂腰裙、宽裙、低胸裙和紧身胸衣是19世纪40年代晚期到50年代早期的女性服装，充满特色。胸部成为此时展示珠宝的中心地带：大型胸饰常与鲜花一同佩戴。该时期发型流行中分，并完全遮住耳朵，所以在近十年时间里，耳坠几近消失。1851年伦敦世博会上各色珠宝争奇斗艳，但鲜有耳坠的身影。

冠冕和发饰

19世纪30年代出现的由三部分组成的围绕脸颊而非额头的冠冕此时仍很流行（图100）。19世纪中期，这种冠冕两侧开始用钻石流苏装饰，用以模仿雨露或散落的植物种子。其他常见造型还包括玫瑰花束、浆果及麦穗等（图99）。

图99. 镶钻冠冕，19世纪中叶，枝叶和浆果母题。

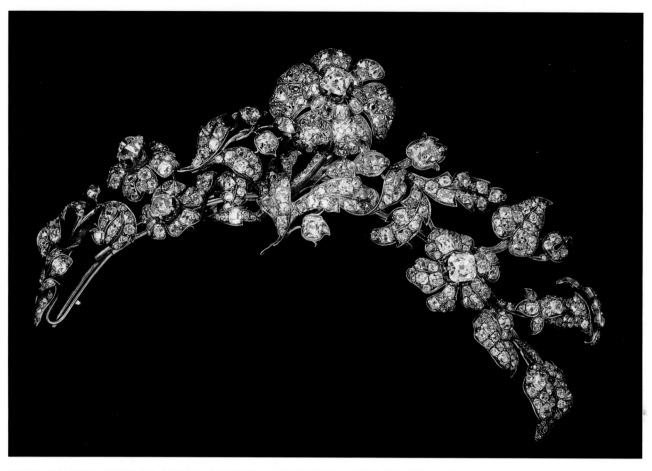

图100. 镶钻发饰，19世纪中叶典型的自然主义风格。该发饰可拆成三枚胸针（该时期只作为冠冕使用的冠冕非常少见）。发饰中镶嵌的钻石切工朴拙，说明这些钻石很可能是来自更早期首饰。

直立设计梳子，约1840年，以及一款头饰设计，约1845年，选自亨利·韦韦尔的《19世纪法国珠宝设计》，巴黎，1908年。

图101. 一套珊瑚珠宝，19世纪中叶，可能产自那不勒斯。该时期那不勒斯湾及其邻近海域出产大量这种颜色的珊瑚。如今，由于污染和过度捕捞，地中海已难觅红珊瑚的身影。

19世纪40年代，中世纪和文艺复兴是珠宝设计重要的灵感来源。受此影响，哥特式建筑元素也往往融入冠冕设计。19世纪50年代，完全由珊瑚枝制作的冠冕盛极一时。该时期末，饰以钻石星辰的冠冕首次出现。发饰品类繁多，如饰针、羽饰等，也有其他珠宝兼做发饰的情况，如胸针、项链或多层珍珠等。羽饰和发针常搭配鲜花、树叶、浆果造型，珠宝在发间熠熠生辉。镶了钻石、珍珠或有色宝石的箭和星辰发饰也备受欢迎。

梳子

19世纪40年代流行将头发拢至脑后，并以梳子固定，这使装饰性发梳极为流行。这类梳子常饰以珊瑚珠、浮雕、珍珠或钻石等。

套装

19世纪中期最具特色的珠宝套装包括：随形珊瑚雕件（图101）、珊瑚枝、珊瑚浮雕套装；花卉主题的米珠套装（图102）；镶半宝石珐琅黄金卷曲饰套装（图103）；钻石和有色宝石，特别是红宝石套装；火山岩浮雕套装；微砌马赛克画、佛罗伦萨硬石镶嵌画套装；简单的象牙雕刻套装等。

图102. 种子珍珠套装，约1850年，原盒，保存完好（不然修复费用会非常昂贵）。注意珠宝对于花卉设计的使用。这类珠宝很少有仿品。后视图清楚地展示了这类珠宝复杂的工艺，包括贝母的切割和马尾的运用。

图103. 一套镶宝石珐琅黄金珠宝，瑞士或意大利北部，约1840年。注意冲压成型的卷曲饰、绚丽的珐琅和绿松石的运用。镶嵌的小片画珐琅的主题表现了甜蜜的情感。

图104. 两对金质耳坠，大小和设计都是19世纪50年代早期经典造型。

19世纪40至50年代时，准套装的需求也非常旺盛。这类珠宝通常采用黄金冲压成型并镶半宝石。准套装一般是2～3件珠宝的组合装：项链配耳坠、胸针配耳坠以及项链配胸针等。

耳坠

19世纪40年代的耳坠较长（图102）。但因发型缘故，该时期的女性较少佩戴耳坠。19世纪50年代以后流行将头发挽至耳后，耳坠又重新焕发活力，但自此以后其体量逐渐减小。

新月形的克里奥尔耳环（Creole earrings）流行于19世纪50年代早期，但最常见的样式仍是以小球面或细长珠子装饰的扁平耳环。这些耳环常辅以黄金錾刻的树叶、镶宝石的花蕾或浆果等（图104）。珊瑚雕刻花件常用作长耳坠（图101），但最昂贵的钻石耳坠仍保持了传统的花卉设计。

图105. 数件红珊瑚珠宝，19世纪中叶。这些珠宝展示了红珊瑚在珠宝中的各种表现形式（如切面水滴形珠、圆珠、珊瑚枝和珊瑚雕件等）。

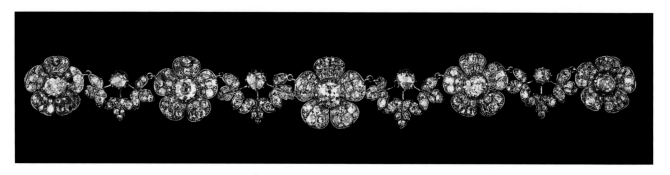

图106. 五瓣花饰花头项链，19世纪中期。相间的玫瑰花型钻石比较少见。

项链

　　该时期项链较短，贴合脖颈，常采用花卉设计（图106）。19世纪40年代，项链常设计成蛇形，蛇身采用金质鳞片状链接，蛇头常饰以皇家蓝珐琅，蛇眼则是弧面切割红宝石。在价格相对低廉的版本中，蛇身镶弧面切割绿松石，蛇头则完全用绿松石，再配上红宝石蛇眼。在其他样式的项链中，蛇身同样采用金质鳞片链接，而蛇头则镶嵌各种有色宝石。这些蛇形项链栩栩如生，嘴部常叼有心形吊坠或相片盒（图108、图109）。

　　其他类型的项链包括珍珠或金链相连的宝石花簇，或数个由金链相连的装饰华丽的镶彩色宝石的水滴形吊坠。

　　还有的设计是两条金链中间以镶宝石的垫形母题装饰连接，并在其下形成垂花饰（图107）。

　　珊瑚和火山岩材质的浮雕珠宝项链广受欢迎，同样流行的还有珊瑚珠和珍珠项链。早期的里维埃式宝石项链此时仍在生产，紫水晶是这种项链最常用的宝石。

　　配珠宝滑饰的天鹅绒丝带项链或配以饰扣的项圈（choker）此时也非常流行。黄金项链的功能多样，如在其上悬挂怀表或单独佩戴并常以手形搭扣装饰等（图145）。

图107. 镶石榴石黄金项链，约1850—1855年。弧面切割的铁铝榴石流行于19世纪中期。该项链采用了"库尔·劳莱"卷曲饰。项链下方的流苏表明该时期珠宝设计受到北非装饰艺术的影响。

图108. 镶绿松石、红宝石、钻石蛇形黄金项链，约1845年。该项链是类似设计中的优秀作品。图片下部的一些绿松石因吸收皮肤油脂已由蓝转绿。

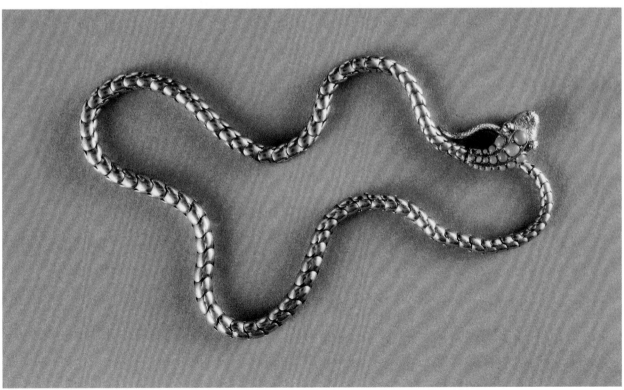

图109/110. 两条蛇形黄金项链，19世纪40年代。蛇身采用鳞片状链接，蛇头镶嵌宝石。虽然这种鳞片状链接的修复费用高昂，但这类蛇形项链仍较为常见。

图111.（上图及对页图）蛇形珠宝的现代仿制品，与图108中的项链有异曲同工之妙。从两张图的对比中可看出后者宝石底座比较粗糙。前者均镶满绿松石。这件耳环的固定装置明显是战后的风格。

图112. 钻石胸饰，19世纪40年代。三朵由花蕾和枝叶勾勒出的硕大花簇以及五段铰接式蔓生藤蔓
表现了当时极具代表性的花卉枝叶流苏（en pampille）母题。诸如此例的大型胸饰饰品常分为两部
分，其中五个流苏都可供拆卸。

图114. 镶钻珐琅胸针，约1850年。设计成缠绕圆环的绸缎。金质绸缎上饰以蓝色珐琅和镶钻枝状图案。

图113. 钻石胸饰，约1850—1855年。设计糅合了北非阿尔及利亚结以及自然主义的花、叶母题。主体下悬挂钻石流苏。

图115. 镶珍珠、钻石珐琅黄金胸针，约1850年。该胸针与图114类似，但造价低于前者。与图114不同的还有蝴蝶结上使用了錾刻工艺，而非蓝色珐琅。

胸针

　　该时期胸针较大，多呈椭圆或菱形，并包含1～3个吊坠或流苏（图113和图123），通常会焊接吊环，从而可使其当吊坠佩戴。19世纪50年代晚期，胸针个头逐渐缩小。

　　19世纪40至50年代流行硕大的钻石花束胸针或胸饰。这些花束的叶子常饰以绿色珐琅（图118和图119），花朵常使用弹簧装置与底座连接或饰以钻石珍珠流苏。成本相对低廉的胸针常采用金质枝叶环绕着中央宝石的设计。

　　19世纪40至50年代另一种经典设计是阿尔及利亚结。这种设计融合了缎带、流苏、锁链等元素，并常镶嵌各种半宝石，如紫水晶、海蓝宝石和石榴石等（图121）。

　　19世纪中期其他流行设计包括盘绕的蛇形（图121）、枝叶和花卉（图120）、镶绿松石和钻石的蝴蝶结（图115）、饰以皇家蓝珐琅的金质环形或绸缎，并饰以镶钻叶饰（图114）。19世纪50年代最受欢迎的设计还有采用花丝工艺的金质环形和绸缎设计，并常镶以石榴石。

图116. 两枚日内瓦珐琅胸针，制作者梅西尔（Mercier），主题皆为"紫罗兰"（Les violettes），约1850年。两件胸针反面皆有珐琅烧制的签名。两枚胸针的边框皆取材自然，常春藤是该时期常用母题，这类边框也常用其他金属镀金而成。

　　　　材质价格低廉的胸针常被设计成盾形、带扣和十字形等，并镶以苏格兰砾石（Scottish pebble），或用象牙、珊瑚和泥炭栎雕刻而成。浮雕、微砌马赛克画和日内瓦画珐琅也常镶嵌在胸针中，并饰以叶饰边框（图116和图125）。

图117. 一套三欧泊钻石胸针。其中叶状卷曲饰设计以及镶于巨大压缩底座的硕大的钻石是当时的代表性特色。诸如此类的胸针经常与其他珠宝组合成更大型的单一胸饰。

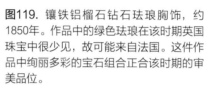

图118. 绿色珐琅钻石牵牛花胸针，约1850年，可能产自法国。该时期对植物栩栩如生的表现无出其右。

图119. 镶铁铝榴石钻石珐琅胸饰，约1850年。作品中的绿色珐琅在该时期英国珠宝中很少见，故可能来自法国。这件作品中绚丽多彩的宝石组合正合该时期的审美品位。

图120. 镶粉色海螺珠钻石胸针，玫瑰花苞造型，约1850年。粉色海螺珠非常稀有且珍贵，并容易与粉色珊瑚混淆。19世纪中期，海螺珠满足了当时的人的猎奇喜好，并常镶嵌在领带饰针上。

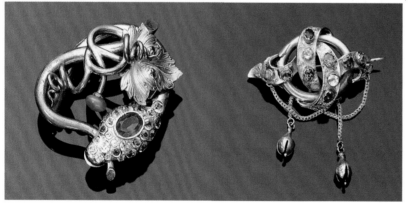

图121. 两枚镶铅玻璃镀金胸针，19世纪中期典型饰品。这两枚胸针虽然都使用了仿制材料，但技艺高超，难辨其伪。

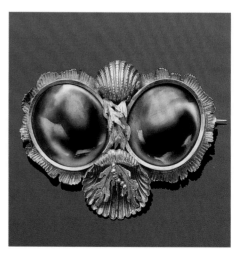

图122. 少见的镶贝壳猫眼（operculum/shell cat's eye）黄金胸针，19世纪中叶。这件作品的黄金底座采用了贝壳和海草母题，海洋蝾螺（Turbo Petholatus）常见于远东海域，且常被当地人用以制作珠宝。维多利亚时代英国人认为这种珠宝不过是廉价饰品，实际上此类珠宝十分稀有。这件胸针的设计十分巧妙地用海草和贝壳装饰映射出材料的发源地。

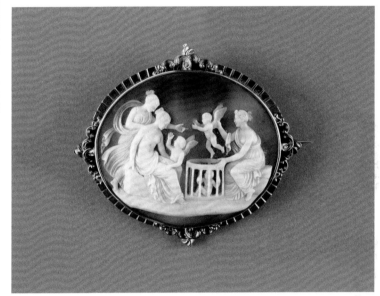

图123. 镶祖母绿钻石黄金胸针，约1845年。注意上半部分呈菱形，下半部分为水滴形。

图124. 贝壳浮雕黄金胸针，约1850—1860年。浮雕采用了该时期常见主题。该浮雕精湛的技艺让人联想到索里尼家族作品。

图125. 日内瓦画珐琅黄金胸针，约1850年。注意边框常春藤母题，该母题在维多利亚时期常用于情感类珠宝。

吊坠

　　19世纪40年代最受欢迎的吊坠形式为珍妮特风格十字形，造型是心形悬挂拉丁十字形，有时还会设计一条蛇盘桓其上。这类吊坠常采用珐琅工艺并镶以珍珠、绿松石、红宝石等。用整块石榴石雕刻而成的十字形更是引人注目。

　　装饰以蓝色珐琅或镶钻的马耳他十字形也是该时期常见吊坠形式。

　　19世纪40年代的相片盒通常为圆形、个头较小，50年代变为椭圆形、个头更大。这类相片盒常悬挂在金链和丝带上，内部常有装头发的小空间并刻有铭文。前盖常采用錾刻工艺或珐琅镶宝石拼成的昆虫和花卉等装饰。

　　自然主义设计并镶弧面切工石榴石和钻石的吊坠也很流行。寄托情感诉求的相片盒和吊坠常被设计成镶宝石和珐琅的心形（图127）。

图126.（上图）镶钻石珐琅吊坠，19世纪中期。甜美的主题与贺卡交相呼应。

图127.（左图）镶钻石蓝色珐琅相片盒吊坠以及蓝色珐琅项链，19世纪中期。相片盒上镶钻石花卉。注意蓝色透明珐琅下金属表面的花纹。五片花瓣指示该花可能是勿忘我。

图128.（右图）镶铁铝榴石钻石吊坠，设计成浆果簇，约1850年。

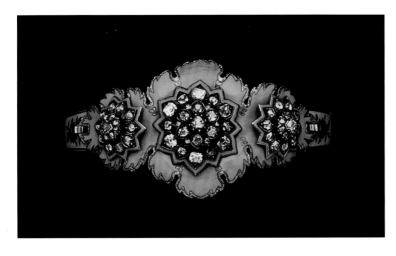

图129. 镶钻石蓝色珐琅黄金手镯，约1855年。手镯中央部分可单独取下用作胸针。星辰状的花簇母题预示了19世纪60年代流行的样式。

手镯

手镯是该时期最常见的珠宝，常成对出现，白天通常直接佩戴，夜间则戴在手套上或手套与手肘之间的裸露处。有时手镯甚至是当时女性全身唯一佩戴的珠宝。

19世纪40年代，蛇形手镯是当时的典型设计。造价相对低廉的蛇形手镯采用鳞片状链接，镶绿松石，以蛇头为搭扣，其上常饰以珐琅或宝石。最昂贵的则使用铰链进行连接，饰以皇家蓝珐琅并采用弹簧装置，所以即使不用搭扣，这种手镯也能牢固地戴在手腕上。蛇头和铰链处则常饰以钻石，有时也会采用匈牙利欧泊（Hungarian opal），蛇眼则几乎无一例外使用弧面切工红宝石或石榴石。需要注意的是，铰链式蛇形手镯也有密镶绿松石的例子（图138～图142）。

1840—1860年，用丝带、刺绣、串珠、头发或金丝编织的手镯常配装饰性搭扣。这些搭扣或镶以珍珠或钻石边框的微缩画和浮雕，或在中央镶大颗宝石，周围辅以叶饰、带状饰或卷曲饰等，或采用简单的矩形设计。

多幅微缩画依次排开的情感类手镯也比较常见（图133）。

图130. 吊袜带手镯（jarretiere）通常用来代指外形好似搭配皮带扣的皮带的手镯。这类手镯在19世纪中叶十分流行，但诸如此例镶嵌了大量钻石的却十分罕见，大多数都是无宝石镶嵌以及根据当代晚期设计进行重制。

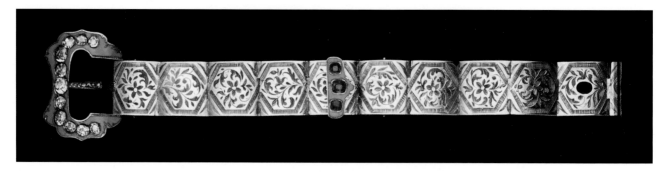

图131. 镶红宝石钻石蓝色珐琅带扣式手链（Garter bracelet），约1855年。手镯上自然风格的装饰具有印度传统的简浦尔（Japuir）珐琅珠宝韵味，可能是根据英国殖民者从印度带回的珠宝创作。

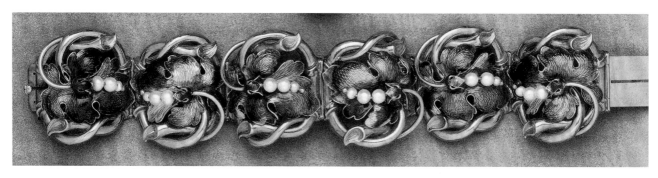

图132. 镶珍珠多彩珐琅黄金手链，设计成硕果累累的藤蔓样式，约1850—1855年，保存完好。虽然该手链产自英国，但自然风格的珐琅手镯是19世纪中叶法国人的发明。这类手镯在佩戴时，其上珐琅容易损坏。

图133. 黄金手镯，镶以微型肖像画，背面用玻璃隔层固定了头发，约1850年。此时摄影技术还未成熟，诸如这种微型画是人们记录人物和地点的唯一选择。

图134. 珐琅珍珠镶钻黄金手镯，约1850年。该手镯由数部分以铰链连接。该手镯在珐琅工艺上辅以镶钻叶饰。手镯中心成功地表现出绸带被一枚饰针和一个环固定的情景（类似作品见图114）。

图135. 镶钻石祖母绿画珐琅黄金手镯，约1850年。手镯正面包括丘比特之弓和丘比特之箭，以及心形画珐琅。繁缛的绸缎设计是该时期特点（类似作品见图134）

　　19世纪40年代早期，可伸缩黄金手镯出现。该设计最简单的形式是将链接打孔后穿以弹力绳，更复杂的是采用镶宝石的弹簧结构链接（图141）。可伸缩手镯一经推出就大受欢迎，因其伸缩特性，该种手镯可适应任何腕围或戴在手臂的任何位置。

　　该时期另一种经典手镯被称为吊袜带手镯［jarretiere/garter，嘉德勋章外围即是吊袜带样式。有时这类手镯又被称为嘉德手镯（garter bracelet）］。这种手镯采用带扣设计，常饰以宝石或珐琅（图131）。搭扣中伸出来的缎带的自由端（即带扣外长出的部分）常以钻石镶边。

　　19世纪50年代，一种新颖的前臂手镯出现了，这种手镯通常较宽，饰以宝石或珐琅。

　　1850年前后出现了灵活链接手镯，其中间部分常可拆下作为吊坠。其他19世纪中期的手镯有的采用金质卷曲饰链接，中间是镶宝石涡卷饰（cartouche，图136）；有的则设计成宽绸缎形，中央搭配阿尔及利亚结。

图136. 镶红宝石橄榄石黄金手镯，手镯链接上的錾刻花纹非常经典。橄榄石、红宝石和黄金的搭配艳丽大胆并极为成功。

图137. 银质微缩雕塑镶种子珍珠和弧面切工石榴石珐琅黄金手镯，法国，弗罗门特·默里斯作品，约1850—1855年。两侧银质微缩雕塑分别代表绘画和雕塑女神。这件作品展示了弗罗门特·默里斯高超的金工技艺。

19世纪中期对弧面切割铁铝榴石极为偏爱，镶嵌这类宝石的手镯常辅以黄金或镶钻卷曲饰（图144）。

宽窄不同的绸缎类手镯此时也风头正劲。这些手镯中间常饰以宝石团簇，尤以石榴石、绿松石和珍珠居多。阿尔及利亚结也是这类手镯常见母题（图134、图135）。

19世纪40年代，弗罗门特·默里斯的哥特式风格的雕塑艺术手镯尤其引人注目。这类手镯常将哥特建筑中的尖拱与骑士、天使和纹章等元素进行融合，自成一家（图137）。

该时期的镶钻珍珠珐琅手镯的造型较之前更加简单，设计也偏向传统，常采用环形、卷曲或S形链接，中央则采用更加华丽的装饰性母题。

19世纪中叶，自然主义风格的珐琅和宝石手镯需求旺盛。这些手镯常设计成数排花簇、浆果或藤蔓，中央采用更加华丽的花卉装饰（图129、图132）。

图138. 蓝色珐琅镶钻石黄金蛇形手镯，约1845年。蛇身四部分铰接在一起，并装饰以蓝色珐琅。保存至今完好无损的该类手镯非常罕见。一般情况下珐琅会开片，弹簧装饰也已过度使用失去弹性，修复将是一项耗资高昂的工程，除非请专业匠人来完成，否则会损害其价值。注意这类手镯普遍采用的红宝石眼睛。

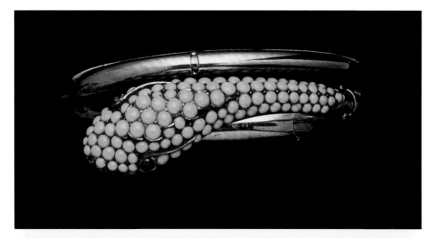

图139. 镶绿松石和石榴石蛇形黄金手镯，约1845年。蛇身采用弹簧装饰，铰接在一起。与图138相比，这件要廉价一些，但这恰恰说明了蛇形母题的风靡程度。这种价格区间可以保证蛇形珠宝被各收入水平的人所拥有。因为造价的缘故，蛇的眼睛是石榴石而非红宝石。

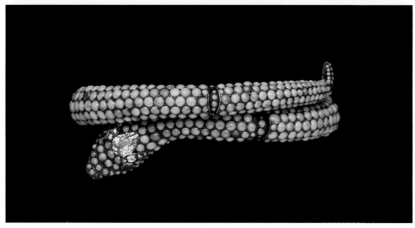

图140. 镶钻绿松石金质蛇形手镯，约1845年。这件手镯品质超高。注意手镯的铰接处也如蛇身一般镶满了绿松石。

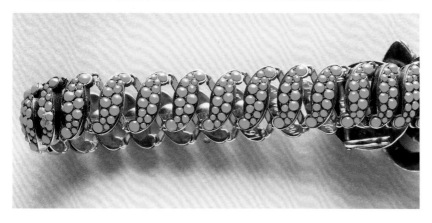

图141. 罕见的镶绿松石黄金手镯，1841年。这件珠宝是常见蛇形母题（图139）的变形。细节图显示手镯后部和侧部以铰接形式连接成可伸缩样式。可伸缩手镯出现于19世纪40年代。

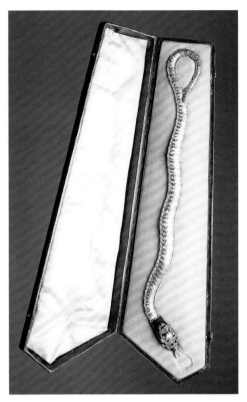

图142. 镶钻黄金珐琅手镯，约1840年。手镯的隐藏式搭扣设计精巧。仍保留棺形原盒的蛇形手镯寥寥无几。蛇嘴中衔着的水滴形钻石显然是后加，因为此时更常见的样式是更大的镶宝石吊坠。

图143. 另一款19世纪40年代中叶流行的蛇形手镯。其网状金工代替了更为传统的鳞片状链节。蛇头上的数颗硕大钻石与大颗红宝石相结合的情况十分罕见。

图144. 镶铁铝榴石钻石手镯，约1845年。这件作品的设计专利标志显示该设计注册于1843年。该时期流行将雕刻成型的大颗铁铝榴石镶嵌入高抛光的金属底座中。金属光芒透过宝石若隐若现。

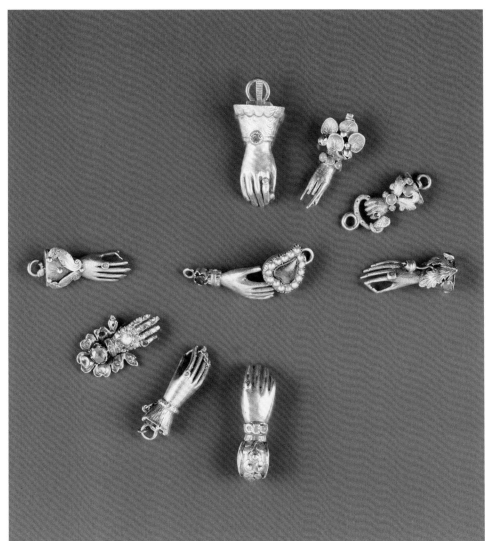

图145. 数个镶宝石手形项链扣，约1840年。这些项链扣细节丰富，在方寸之间表现出了手链、戒指等装饰，让人着迷。这种项链扣常与长链搭配使用，流行于1830—1840年。

图146. 罗马微砌马赛克画系列，大多数源自19世纪中叶。图中展示了珠宝的常见主题。通常来说，追溯这些饰片的制作日期的唯一途径是这些珠宝所镶嵌的底板，因为罗马至今仍在生产相关主题的饰片。

戒指

　　对蛇形珠宝的狂热也反映到戒指设计上。常见的戒指样式包括镶宝石蛇眼的蛇形戒指。以中世纪和文艺复兴为灵感来源的雕塑艺术珠宝也生机勃发。半圈戒指仍是常见样式，常镶红宝石、蓝宝石、祖母绿、珊瑚和钻石等。19世纪50年代最受欢迎的订婚戒指为镶对切珍珠的半圈戒指。团簇戒指此时受自然主义风格影响（图147），常设计成花簇的样式。该时期浪漫主义风格的戒指出现，表现形式是珊瑚雕成的握花束的纤纤细手。1860年前后，带扣样式的戒指出现。此时的丧礼戒常外围一圈头发，或饰以黑色珐琅。

图147. 镶铁铝榴石钻石戒指，设计成浆果，19世纪中期。

图148. 各种各样的镶珐琅宝石黄金心形挂锁扣和吊坠。该母题在19世纪经久不衰，且本系列可追溯至1835至1855年间。

第 四 章

1860年至1880年

对于生活在1860—1880年的女性来说，最深切的感受是着装越来越不方便了。裙撑一天大过一天，最后远超合理维度，而束胸却越来越紧。秀发此时被梳成发髻拢至脑后再蜿蜒垂下。女性热衷于佩戴大量珠宝，或许是耳坠缺席时尚的时间太久，此时已成为炙手可热的饰品。珠宝贸易在英、法两国都生机勃勃。

1851年，拿破仑三世登基，法国又迎来了一位新的君主。欧仁妮皇后（1826—1920年）引领着当时服装与珠宝品味的风向。值得一提的是，欧仁妮皇后对18世纪末的绝代艳后玛丽·安托瓦内特出奇地着迷。受此影响，欧仁妮皇后也非常偏爱18世纪的流行服饰。她复兴了18世纪的裙撑，并委任当时的御用珠宝匠巴普斯特（Bapst）将皇室珠宝重新镶嵌成路易十六时期的样式。同时，欧仁妮皇后对祖母绿情有独钟，使其成为当时法国除钻石外最受欢迎的宝石。

第二帝国时期见证了拿破仑时期设计和装饰的复兴。繁复的卷曲饰冠冕常装饰以水滴形的钻石、珍珠和祖母绿。浮雕珠宝又迎来春天，意大利匠人仍是这项技艺无可争辩的王者，但来自德国伊达尔·奥伯斯坦（Idar Oberstein）的竞争者们的实力也不容小觑。玛瑙是浮雕最常用的材料。绝大多数情况下，为了获得高对比度的色彩，这些玛瑙都会进行改色处理。这种改色工艺有数百年历史，做法是将玛瑙浸入糖溶液中熬煮，其中相对疏松的部分会被浸透，之后将其投入火中灼烧，被浸透的部分就会变为黑色或深棕色（糖加热后会碳化，变为黑色，此时火候把握十分关键，温度太低玛瑙改色不彻底，温度太高玛瑙就会开裂、变性，成为暗哑的石头），而致密的部分仍保持白色，从而形成高对比色彩。而对于增强红、绿玉髓等的色彩，常用手段则是各种金属盐（图210、图212～图214）。

该时期不只是18世纪的服饰和珠宝艺术得以复兴，19世纪50年代的珠宝匠们还再度复兴了中世纪和文艺复兴时期的珠宝艺术，并使该风格一直延续至19世纪70年代。19世纪60年代的珠宝设计又因古希腊和伊特鲁里亚文明的加入而更缤纷多彩，于是，珠宝历史中的璀璨明珠——考古复兴风格珠宝诞生了。该风格的先驱者是罗马的珠宝巨匠福特纳多·皮奥·卡斯泰拉尼（Fortunate Pio Castellani，1794—1865年，下文称老卡斯泰拉尼）。事实上，老卡斯泰拉尼早期主要模仿英、法两国流行的珠宝，但如今这些作品已遗失在历史长河里无法辨认，因为它们既无鲜明特色，也无作者署名。

老卡斯泰拉尼痴迷于古希腊和伊特鲁里亚的灿烂文明，他与两个儿子，

"莱昂诺拉·迪曼图亚（Leonora di Mantua）"，V. C. 普林赛普（Prinsep）摄。默西塞德国家博物馆和画廊。

阿里桑德罗（Alessandro，1823—1883年）、奥古斯托（Augusto，1829—1914年）共同开创了珠宝史上的考古复兴风格。到19世纪50年代，卡斯泰拉尼的工坊已然成为当时英国游客访问罗马时的名胜之一。卡斯泰拉尼工坊不生产当时大众追捧的钻石珠宝，而几乎只生产黄金珠宝。他们将古典时期的各种装饰母题运用其中，如贝壳、玫瑰饰、骨灰瓮、双耳瓶、公羊头等。当时珠宝匠们普遍认为文物中的金工技艺乏善可陈，对于他们而言，这些文物的唯一价值就是灵感来源而已。与他们不同，卡斯泰拉尼家族对于古代文物一直抱有一种开放的学习态度。他们仔细研究了古代伊特鲁里亚金工技艺后试图再现一种已经失传的工艺——累珠工艺。经过艰苦卓绝的努力，他们最终取得了成功。尽管该工艺与原工艺仍存在些许差异。伊特鲁里亚人的累珠工艺是将细小的金珠细密工整地焊接在金属表面上，有的金珠甚至小到似乎一口气就能吹跑。该工艺难点不是制作这些细小的金珠，而在于怎么将它们焊接在平面上而不破坏其形状。1870年，阿尔弗雷多·卡斯泰拉尼（Alfredo Castellani）在对一个位于亚平宁山脉（Appennines）中的边远村落的金工工艺进行研究之后，宣布揭开了累珠工艺的神秘面纱。但事实上，卡斯泰拉尼家族只是发明了一种类似工艺，虽然这种工艺使他们大体达到了古代累珠工艺的艺术效果，但却始终缺乏一分精细和轻巧。直到20世纪30年代早期，这种古老的工艺才被完全解密。利特迪尔（H. A. P Littledale）认为伊特鲁里亚人使用的是一种称为"胶质硬钎焊"（colloidal hard soldering）的焊接工艺。该工艺使用一种掺有铜盐的有机胶水将金珠粘在金属上，然后进行加热，高温将胶水灼烧殆尽，析出的铜在金属表面起到焊药的作用将金珠固定。

卡斯泰拉尼家族的作品以出土文物为原型，如1836年意大利切尔韦泰里（Cerveteri）地区瑞格利尼格拉西（Regolini Galassi）墓中出土的文物以及武尔奇（Vulci）、丘西（Chiusi）、奥维托（Orvieto）和塔尔奎尼亚（Tarquinia）的考古发掘等。米洛斯（Melos）、罗德岛（Rhodes）和克诺索斯（Knossos）的发现也起了关键作用。此外，卡斯泰拉尼家族还获准研究著名的坎帕纳（Campana）收藏，该收藏是卡瓦利耶·坎帕纳（Cavalier Campana）的毕生心血，包含了数百件珍贵的古希腊、罗马和伊特鲁里亚珠宝，如项链、王冠、胸针、长耳坠、戒指和手镯等。这些珠宝常以细密工整的累珠和花丝工艺进行装饰（图152、图191、图237、图252、图253、图255和图264）。

卡斯泰拉尼家族与卡瓦利耶·坎帕纳私交甚笃，亦师亦友，在其收藏过程中常予以指导。同时，卡斯泰拉尼家族还对这些古董进行翻模存档，所以后来坎帕纳收藏被拿破仑三世购买后，卡斯泰拉尼仍能复制其中的珠宝。

一种常被古伊特鲁里亚人佩戴的护身符布拉（bulla），经过重新设计，成为当时女性钟爱的吊坠形式之一（图192）。希腊风格的胸针、手镯和流苏项链也成为炙手可热的珠宝类型。卡斯泰拉尼的作品涉猎广泛，除伊特鲁里亚风格的珠宝外，还制作了大量拜占庭风格的微砌马赛克画胸针，上面常带希腊或拉丁语的宗教铭文（图193、图194）。圣甲虫（图264）、橡树和月桂叶冠冕等也属卡斯泰拉尼工坊的制作范围（图152）。

卡斯泰拉尼制作的珠宝几乎都焊有工坊标志——交叉的双C。目前为止，所知的卡斯泰拉尼工坊标志共有三种，第一种是双C位于椭圆形边框中央；第二种就是简单双C；第三种最为罕见，为ACC，可能是用在阿里桑德罗·卡斯泰拉尼的作品上（图193、图197）。

对古代文物的热情影响了英、法、意大利的珠宝设计达20年之久，这股热潮直到19世纪80年代才逐渐降温。

除了辉煌的卡斯泰拉尼家族外，另一位制作该风格珠宝的匠人贾钦托·梅利洛（Giacinto Melillo，1846—1915年）也声名斐然。他负责卡斯泰拉尼家族的那不勒斯工坊，一直到1870年阿里桑德罗回到罗马。阿里桑德罗因为支持意大利复兴运动，于1859年遭流放，禁止进入罗马。梅利洛制作的珠宝与卡斯泰拉尼的作品极为相似，灵感也来源于坎帕纳收藏和庞贝（Pompeii）及赫库兰尼姆（Herculanneum）的考古发掘。其大部分作品都没有署名，只有一小部分上有GM字样。直到20世纪初，梅利洛都一直有制作该风格的珠宝（图302、图404）。

另一位著名珠宝匠是埃内斯托·皮埃雷（Ernesto Pierret，1824—1870年），生于法国，1857年定居罗马。他的风格与卡斯泰拉尼类似，但相比后者，他更少沿袭前人设计。他的珠宝中广泛应用微砌马赛克、凹雕及古代硬币（图254）。他常为作品署名，要么是全名，要么是盾形边框中印有缩写EP。

最后值得一提的两位罗马珠宝匠是安东尼奥·卡利（Antonio Carli，1830—1870年）和安东尼奥·奇维洛蒂（Antonio Civilotti，1798—1870年）。前者从1857年开始生产考古复兴风格珠宝，后者于19世纪60年代活跃于罗马。

卡瓦利耶·坎帕纳于1859年被拘捕，收藏则全部充公。这些琳琅满目的壮丽收藏最终在1860年被拿破仑三世购买，并迅速引发了当时社会对古典文明的狂热。远在卢浮宫1862年正式展览这些收藏时，新希腊风格的珠宝就已经面世了。

法国珠宝巨匠尤金·丰特奈（Eugene Frotenay，1823—1887）深深为这些宝物着迷，并迫不及待地学习卡斯泰拉尼的作品。为此，他细心钻研了坎帕纳及其他私人收藏。他并非简单地生搬硬套，而是别出心裁地开创了一种高雅脱俗的新风格。他制作的珠宝精巧细腻，前无古人。

卡斯泰拉尼家族参加了1862年的伦敦世博会，并取得极大成功。来自伦敦的罗伯特·菲利普斯（Robert Phillips，1810—1881年）（图179）和约翰·布罗格登（John Brogden，活跃于1842—1885年）也展示了考古复兴风格珠宝。

希腊和伊特鲁里亚文明对珠宝的影响远不止设计，还包括金工技艺。錾刻工艺在这些珠宝中难觅踪影，取而代之的是镜面与磨砂面的细腻对比以及细密工整的花丝和累珠工艺。

该时期还流行将古代硬币融入珠宝设计。1860—1870年，分散在罗马和

该珠宝由Hunt&Roskell公司销售，有卡洛·朱利亚诺的标志。

在手镯扣环上打上卡洛·朱利亚诺的标志。　　　　　　在吊坠背部打上卡洛·朱利亚诺的标志。

那不勒斯的卡斯泰拉尼两兄弟、罗马的皮埃雷、巴黎的朱尔斯·维泽（Jules Wiese）都曾制作过这类珠宝。通常这类珠宝设计比较简单，价格也不高（图197、图198）。

19世纪40年代早期，哥特式和新文艺复兴风格就已经造就了弗雷德里克·腓利比（Frederic Philippi）和弗罗门特·莫里斯两位大师（图236），但直到19世纪60年代，杰出的珠宝匠卡洛·朱利亚诺（Carlo Giuliano）才将这一风格推向顶峰。

那不勒斯人卡洛·朱利亚诺（约1831—1895）早年在罗马学艺，很可能就是在卡斯泰拉尼的工坊中制作考古复兴风格珠宝。约1860年，他来到伦敦，并在弗里斯街开始了他的珠宝生意，此时他主要为伦敦各大珠宝商供货，如Hunt&Roskell公司、罗伯特·菲利普斯和汉考克等。这些珠宝商将刻有CG标记的朱利亚诺的作品装入印有自家商标的珠宝盒中进行销售（上图）。朱利亚诺的事业逐渐获得成功，1874年终于在皮克迪利街115号开办了自己的门店。1895年朱利亚诺去世后，他的两个儿子卡洛·约瑟夫（Carlo Joseph Giuliano）和亚瑟（Arthur Giuliano）将这家店经营到1912年，之后搬去了骑士桥。1914年第一次世界大战爆发，他们的家族生意被迫终止了。

虽然卡洛·朱利亚诺制作的考古复兴风格珠宝工艺精湛，但最令人称道的还数其新文艺复兴风格珠宝（图221、图258）。他深入研究16世纪的意大利艺术，并取其精华与时下流行品位融合，创造出了一种别具一格的珠宝艺术。只在个别情况下，他才会复制文艺复兴时期珠宝。他设计并制作的菱形吊坠备受欢迎。这种吊坠采用了镂空设计，装饰以卷曲饰和各色珐琅及宝石（图218、图219、图220）。同样出名的还有他制作的手镯（图259）及悬挂有精巧吊坠的多层珍珠项链（图219）。

朱利亚诺的珠宝配色简单明快，通常是白色配蓝或黑色珐琅（图256）。相比光彩熠熠的切面宝石，他更偏爱温和内敛的弧面切割（图257）。时尚的车轮滚滚向前，新文艺复兴风格珠宝绚烂过后悄然落幕，朱利亚诺亦脱身而出，其

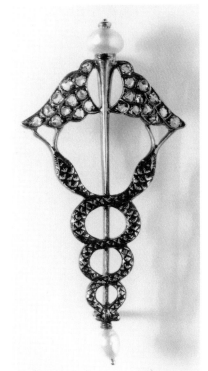

黄金、珍珠、珐琅和钻石胸针，约1880年，墨丘利节杖（caduceus）设计，刻有伪造的CG标志。该标记打在朱利亚诺珠宝的经典铰合部位置。这件珠宝品质优异，可对比本页背面真品珠宝的标志。

黄金、珐琅和祖母绿胸针，约1870年，刻有伪造的CG标志。其珐琅和宝石镶嵌的品质都非常低劣。

珠宝越来越不依赖于文艺复兴时期的艺术，但该风格对他的影响一直没有完全消失。直到20世纪早期，他制作的珠宝依旧享有极高声誉（图297）。

朱利亚诺的两个儿子，卡洛·约瑟夫和亚瑟传承了他们父亲的珠宝风格，但造型更加轻巧，并表现出对浅色系和自然主义的浓厚兴趣（图296、图298、图301、图398和图410）。

19世纪60至80年代中期，一股埃及热潮席卷珠宝设计，朱利亚诺也制作过一些镶有费昂斯（faience，一种蓝绿色早期玻璃）、圣甲虫的胸针和法老题材的珠宝套装（图160）。朱利亚诺两个儿子后期作品的珐琅和宝石配色上受新艺术风格影响（图298），但该风格最终未成为朱利亚诺家族的主打风格。

朱利亚诺家族也常为作品署名。卡洛·朱利亚诺早期的考古复兴风格珠宝常署CG，样式与卡斯泰拉尼家族的双C类似。从1863年开始，该署名加上了椭圆形边框（见138页）。卡洛去世后，他的两个儿子用椭圆形边框署上了新名

手镯扣环上的C&AG标志。

吊坠环上的C&AG标志。

C&AG，该商标一直使用至店铺关闭（见140页）。

约翰·布罗格登（活跃于1842—1855年）、罗伯特·菲利普斯、埃内斯托·皮埃雷（1836—1909年）以及Child&Child公司是19世纪60至80年代的伦敦珠宝匠中制作新文艺复兴风格珠宝的杰出代表。

19世纪70年代，受新文艺复兴风格影响，英国诞生了霍尔拜因风格珠宝（Holbeinesque），该风格珠宝常呈椭圆形，中间镶嵌一颗椭圆形宝石，通常是弧面切割铁铝榴石，并饰以钻石或橄榄石以及多彩的内填珐琅，下坠菱形小吊坠（图223）。

在法国，新文艺复兴风格珠宝中常见格里芬或其他奇幻生物，采用錾刻工艺并覆以多彩珐琅（图224）。法国珠宝匠吕西安·法莱兹（Lucien Falize，1838—1897年）、范尼莱斯（Fannières）兄弟、奥古斯特（Auguste，1819—1901年）、约瑟夫（Joseph，1820—1897年）以及朱尔斯·维泽（Jules Wiese，1818—1890年）都是其中的佼佼者。

廉价的新文艺复兴风格珠宝常产自奥地利。维也纳盛产镀金镶半宝石或铅玻璃的珐琅珠宝，设计简单，做工粗糙。这些珠宝使用铸造工艺取代了耗工费时的錾刻，只在后期用錾子稍加整形，更廉价的珠宝甚至会使用有色亮光漆（图182）代替珐琅。最常见的主题是圣乔治屠龙。

该时期的关键词之一就是"复兴"。爱尔兰同样也掀起了一股复古风潮，大量复制了铁器时代的圆形胸针。苏格兰珠宝则常采用本地出产的石材，尤以碧石居多。北欧则盛行维京风格珠宝，大量北欧风格的胸针、手镯上常密布复杂的动物纹样和古文字铭文。

珠宝是1867年巴黎世博会的亮点之一。与考古复兴风格、新文艺复兴风格和路易十六的新古典主义风格珠宝一同展出的还有大量自然主义风格珠宝。除此之外，令人耳目一新的还有埃及风格珠宝。对埃及风格珠宝的偏爱为装饰艺术提供了源源不断的埃及风格母题，一方面得益于即将竣工的苏伊士运河，另一方面源于考古学家奥古斯特·玛丽特（Auguste Mariette）出版的关于尼罗河谷的发掘报告。巴黎的弗罗门特·莫里斯、麦兰瑞和宝诗龙相继生产了一系列埃及风格珠宝，其中最受欢迎的设计是覆以不透明绿、红、蓝色珐琅的猎鹰、展翅圣甲虫和纸莎草等。费昂斯和硬石雕刻的圣甲虫常出现在胸针或手镯上。极少一部分圣甲虫是古埃及文物，大多是后期复制品。朱利亚诺收集了大量圣甲虫，并将它们用在胸针上（图160、图161、图190、图242）。

在英国，约翰·布罗格登和罗伯特·菲利普斯也制作过埃及风格珠宝。有时埃及风格珠宝会使用罗马的微砌马赛克工艺表现如斯芬克斯、纸莎草、圣甲虫或各种几何图案等（图238）。

图149. 考古复兴风格黄金项链和一对配套耳环，19世纪70年代。尽管这套非凡的珠宝没有署名，但其风格酷似那不勒斯吉亚辛托·梅利洛（Giacinto Melillo）的作品。该项链的设计完美重现了公元前5世纪的伊特鲁里亚珠宝，光彩夺目，目前收藏于那不勒斯考古博物馆。

自然主义风格珠宝在珠宝匠奥斯卡·马桑（Oscar Massin，生于1829年，1892年退休）的手中登峰造极。他完善了弹簧震颤技术和钻石流苏的装饰效果，他的作品成为欧洲珠宝匠们竞相学习的模板（图204）。19世纪50年代时期，他制作的圆形花朵和尖形叶子此时已更逼近自然，枝叶穿插也更加精确得当。花卉和枝叶成功地与蝴蝶结、羽毛、麦穗和钻石流苏等母题结合。他力图用宝石将镶嵌底座完全遮盖，是"托座错觉"（monture illusion）技术的先锋之一。同样为自然主义珠宝的执牛耳者，利昂·鲁弗纳（Leon Rouvenat，1809—1874年）在1867年巴黎世博会展示的钻石丁香花束为其赢得极高声誉。该花束为胸针、头饰两用，被欧仁妮皇后收藏。

19世纪70年代，无色宝石大热，最受欢迎的毫无争议是钻石，该风潮在未来20年势头不减，到19世纪90年代，有色宝石几乎成为过时的象征。1867年南非发现了钻石矿，钻石供应量增加，导致钻石价格下跌，这也是该时期钻石流行的主要诱因之一。此外，19世纪70年代，银质珠宝又开始流行，一方面银质珠宝可以衬托钻石光泽，另一方面，美国发现的银矿使白银价格大跌。

19世纪60至70年代的珠宝设计还受军事和政治影响。1860年，英法联军焚烧了举世闻名的清朝皇家园林圆明园，掠夺了大量珍宝。欧仁·丰特奈（Fontenay）对这些珍宝重新进行了设计，使其更符合西方人的口味。

法国入侵墨西哥使蜂鸟制作的头饰和胸针广为流行。但是墨西哥和南美艺术却并没有被英国和欧洲大陆挑剔的贵妇名媛们接受。

19世纪50年代，日本结束闭关锁国，对西方开放。1868年幕府被推翻，明治维新开始。欧洲观众之前知之甚少的日本艺术开始对珠宝设计产生深远影响。

亚历克西斯·法莱兹（Alexis Falize，1811—1898）是第一批将和风融入珠宝设计的珠宝匠之一。这位才华横溢的珠宝匠在1860—1865年复兴了里摩日珐琅（Limoges enamel）后，决定学习东方的景泰蓝珐琅（cloisonne enamel）技艺。通过与珐琅师塔尔（Tard）的合作，亚历·克西斯制作了大量珐琅珠宝，风格包括波斯风、印度风，以及最重要的日本风格（图163、图215）。其子吕西安·法莱兹（Lucien，1839—1897年）继承了他的珐琅工艺，但主要生产矩形或圆形的景泰蓝珐琅片，无论是色彩还是构图上都深受日本风格影响（图234）。

19世纪70年代中期，日本的银铜合金及赤铜工艺被西方珠宝匠竞相效仿。该工艺原本是用来装饰日本武士所用刀具和盔甲的，为银合金（shibuichi）或铜合金（shakudo）上镶嵌金、银图案。这种工艺常制成风景、竹子、蝴蝶、鸟类的扇形或矩形金属片并镶嵌于黄金胸针、手镯或耳坠上（图260）。

图150. 这条项链与配套耳环源自19世纪70年代，其上有描绘神话场景的浮雕，十分罕见。这类珠宝可追溯至1800年左右，19世纪仍有少数制品，有些甚至可能源自文艺复兴时期。其底座的花叶环、飞舞的丝带与路易斯十六世风格的贝壳等结合起来的考古复兴风格母题，流露出法国风的韵味。

意大利复兴运动使意大利生产的珠宝在欧洲流行起来。最显著的例子是19世纪60年代早期日益流行的珊瑚珠宝。当时地中海盛产珊瑚，那不勒斯附近的托雷德尔格雷科（Torre del Greco）是著名的珊瑚雕刻中心（这里也是意大利除罗马外浮雕珠宝的制作中心之一）。珊瑚在技艺纯熟的雕刻者手中变为一件件或考古复兴风格或自然主义风格的珠宝或浮雕（图154、图155）。浮雕题材主要源自古典，但意大利"建国三杰"——马志尼（Mazzini）、撒丁王国的首相加富尔（Cavour）和号称"两个世界的英雄"加里波第（Garibaldi）也是此时浮雕珠宝的常见主题。他们的肖像更常见于火山岩浮雕，与之一同出现的还有意大利的伟大诗人但丁（Dante）、彼特拉克（Petrach）和薄伽丘（Boccaccio）（图153）。

19世纪60至70年代，充满想象力的新宝石切割方式不断涌现，此时发生的转变是，无论是贵重宝石或半宝石，都要切割成特定形状为设计服务，而非设计去适应宝石。固定尺寸切磨的珊瑚和绿松石常被用在同心圆类的设计中（图245）。波西米亚石榴石采用玫瑰切工，聚合在一颗弧面切割石榴石周围组成星形；多块石榴石有时还会被切割成花瓣状，组合成花卉；也有的被切割成环状作为手链中的一环（图250）。

同心圆设计采用不同宝石或让宝石与珐琅交替出现以丰富珠宝色彩变化。这些设计不仅色彩对比突出，有时不同圆环还会呈现出不同质感（图183、图184、图243、图246）。

罗马的微砌马赛克画、佛罗伦萨的硬石镶嵌画以及苏格兰镶本土石材的珠宝此时也大受欢迎（图206、图207）。

弧面切割的石榴石或紫水晶中央常镶嵌珍珠或钻石的星形、花卉或昆虫装饰（图185、图265）。将小颗粒宝石嵌入底石的做法也非常普遍（图211）。彩金散发的柔和光晕、钻石冷冽的光芒与镜面黄金的抛光效果结合在一起相得益彰。吊坠和胸针常装饰以标志性的流苏边或水滴坠饰（图186、图230、图239）。

19世纪上半叶，镶嵌金、银装饰的玳瑁珠宝是当时常见类型之一，但直到60年代这种珠宝才大为流行。该技艺最早是17世纪涌入英国的法国雨格诺教徒带来的。在制作过程中，玳瑁被切割为所需形状，并趁热将金、银装饰用小钉或金银线固定在上面。玳瑁在冷却过程中收缩，从而将金属片牢牢把住。19世纪60年代之前，这种珠宝只能依靠纯手工制造，其装饰也倾向于自然主题。19世纪70年代早期在伯明翰开始使用机器辅助生产该类珠宝，此时多采用几何图案而非自然装饰图案。机器的引入使该类珠宝的质量不可避免地下降了，但价格也更低了。

19世纪60至70年代的亮点之一还包括各种猎奇珠宝。19世纪60年代中期，一些新鲜奇特的题材占据着珠宝设计：风车、天平盘、花篮、各种动物、锤子、灯笼、喷壶以及其他许多日用品都被设计成耳坠。这股风潮曾风靡一时，但又迅速没落。

发源自英国的运动题材（sporting）珠宝很快风靡欧洲。最早的该题材珠宝主要与马术相关，如马蹄铁形的胸针等，但不久其他母题也被囊括其中，如马鞭、骑士帽、缰绳、马刺、狐狸、猎犬、马镫、高尔夫球杆等。这类珠宝一直流行到19世纪末（图357～图360、图366、图389和图427）。

英国与印度一直保持密切的商业联系，19世纪70年代，印度珠宝开始逐渐流行起来（图157）。印度的特产如镶虎爪的项链和吊坠被广泛佩戴。大量的德里生产的印度统治者的微缩画也被镶入珠宝。亮绿色的帕塔布加珐琅珠宝也广受欢迎。这类珠宝在玻璃底面上镶嵌镂空的黄金装饰，主题包括神话故事、狩猎场景或各种花卉、鸟类、大象、老虎等（图159）。

上色或反凹雕是19世纪60年代珠宝的又一亮点，并一直流行到"一战"爆发。这种工艺是将水晶打磨成半圆形，并在底面凹雕各种图案，最后着色并用贝母密封，常见主题包括马、犬和各种狩猎场景等（图390）。这类珠宝常用作男士服装扣、饰针和袖扣等。花卉或人名缩写的主题则常见于女性胸针和吊坠（图233）。埃内斯特·威廉·普拉迪耶（Ernest William Pradier，1855年出生）和其子埃内斯特·莫里斯（Ernest Marius，1881年出生）是这项技艺的杰出代表（图389）。当时其廉价的仿制品有粗灰泥玻璃凹雕画或半球形玻璃底面粘彩色画。

19世纪60年代，星辰是最常见的珠宝设计母题之一。该时期几乎所有的相片盒、胸针和手镯都会镶嵌珍珠、钻石或珐琅的星形装饰。有时珠宝匠甚至会在弧面切割的石榴石和紫水晶上刻出星形，里面镶入钻石或珍珠。镶珍珠或钻石的星形胸针和头饰此时也非常流行（图162、图173、图174、图186、图217和图239）。19世纪60年代的星形珠宝通常设计简单平面化，与19世纪末立体复杂的星形珠宝形成鲜明对比，易于辨认。

昆虫珠宝的热潮肇始于19世纪60年代早期。此时，镶宝石的蝴蝶、蜜蜂、蜻蜓、锹虫、蜘蛛、苍蝇和黄蜂都是当时女性的心头之爱。昆虫珠宝的佩戴位置比较随意，比如束胸、袖子、肩膀、发间、头纱和女帽上。1880—1900年，这股风潮持续发酵（图318、图320～图333、图335）。

19世纪60年代，蒸汽机成为珠宝工坊中的常见装备。机器可以提高产量，降低成本，但缺点也很明显，就是只能重复生产相同的设计，于是珠宝质量开始下滑也在所难免。低k数黄金和包金技术几乎取代了低端珠宝中常用的镀金技术。冲压成型的包金珠宝内常充填其他廉价金属来增加重量。机械化几乎同时席卷了美国和欧洲的珠宝工坊。在欧洲，机工珠宝的中心在德国和英国，特别是伯明翰。在阿姆斯特丹，切割钻石和有色宝石的砂轮也开始使用蒸汽机驱动，而在德国的伊达尔·奥伯斯坦，工匠开始使用水力切割玛瑙。

图151. 红宝石和钻石冠冕，约1870—1880年。

冠冕与发饰

19世纪60年代，常见冠冕风格为考古复兴风格或希腊风格金叶冠，其造型为中间顶点高、两侧低，并饰有更多精美钻石卷曲饰。其中路易斯十六世品位的卷曲饰居多，常带有珍珠、钻石或祖母绿坠饰（图151、图152）。

19世纪70年代末，用细小钻石长钉制成的俄罗斯冠冕崭露头角。随着该设计的发展，其母题更为精妙绝伦、辐射状更为醒目，并在世纪末最后20年间热度不减（图280）。

发簪常与饰针一同佩戴。最精美的款式常为钻石星形、鸟类、花头、旭日、新月、蝴蝶和蜂鸟形状，而最简单的款式则是由黑玉、黄金花丝或龟甲织物组成的宝珠。

梳子

梳子是该时期的传统头饰，可当作王冠戴在前额，或是当作发髻戴在脑后。梳子顶部常为黄金或珊瑚宝珠，镶以宝石或涂经典希腊风几何图案珐琅，并铰接在龟甲梳齿上。

完全用龟甲雕刻的西班牙梳子也十分流行。19世纪70年代时，有些黄金束发带状梳子装饰得十分华丽，长度超过了整个前额。

图152. 卡斯泰拉尼出品的黄金冠冕，约1870年，双C标志。

图153. 火山岩浮雕珠宝，约1860年。维苏威火山岩浮雕流行于1850年前后，主题常采用古典神话
人物或著名的文学形象，有时也会采用意大利建国三杰的头像。

套装

钻石和彩色宝石珠宝套装并非随处可见,在数量上完全不敌胸针加耳坠或吊坠加耳坠等准套装(图156和图162)。

而黄金珠宝套装则有所不同,无论是考古复兴风格或是饰以小宝石或珐琅(尤其是土耳其玉色)的彩金都备受青睐(图160和图161)。

19世纪60年代有一种套装设计。项链为灵活柔韧的管状项链,饰以精美的椭圆形吊坠,配套珠宝为耳坠和手镯。这类套装仍有许多例留存至今未经重制。

也有部分套装为贝壳或珊瑚浮雕套装,或是密镶小型切磨绿松石的套装(图154和图155)。

19世纪70年代另有一类精美虎爪珠宝套装十分流行,虎爪会饰以黄金花卉母题或錾刻黄金,这类珠宝大多产自印度,尤其是加尔各答(图158)。

该时期包含胸针加耳坠或相片盒加耳坠的彩金多功能套装或准套装依旧流行,其珠宝镶以绿松石和粉色珊瑚,胸针常一饰两用,也用作吊坠。

胸针和耳坠偶尔会别在一段天鹅绒缎带上以作项圈佩戴。

图154. 珊瑚套装,约1865—1870年,很可能产自那不勒斯,配原盒。珊瑚套装能完好保存至今的十分罕见。

图155.(对页图)贝壳浮雕套装,约1860年。这种粉色贝壳常被误认为是珊瑚。浮雕的层状结构可帮助推测贝壳产地。这套饰品属于机工珠宝,用作旅游纪念品。

图156. 钻石套装，约1860年，其菱形吊坠早20～30年。这套精美绝伦的珠宝展现了早期的蝴蝶装饰母题。所有的叶子和花朵，包括那只硕大的蝴蝶都可拆卸。

图157. 黄金吊坠及项链，产自印度，很可能是马德拉斯，约1880年。旅游纪念品。

图158. 一套镶虎爪珠宝，产自印度，约1870年。此时流行将猎虎的战利品——虎爪镶嵌成首饰。金工大多在加尔各答完成。

图159. 一套帕塔布加玻璃珠宝，产自印度，约1865年。这种技艺是将融化的绿色珐琅倒入黄金底盘中，趁珐琅未完全凝固时将切割完成的镂空黄金图案按压在上面。待玻璃硬化后，再对黄金部分进行精细修整。常见的主题包括神话、狩猎，并饰以各种动植物和卷曲饰。有时会给人带来错觉，以为珐琅表面事先刻好花纹，而黄金则是切割成特定形状嵌入的。参见G. C. M伯德伍德的《南肯辛顿博物馆艺术手册》第二部分——印度艺术，第167～168页，1880年。

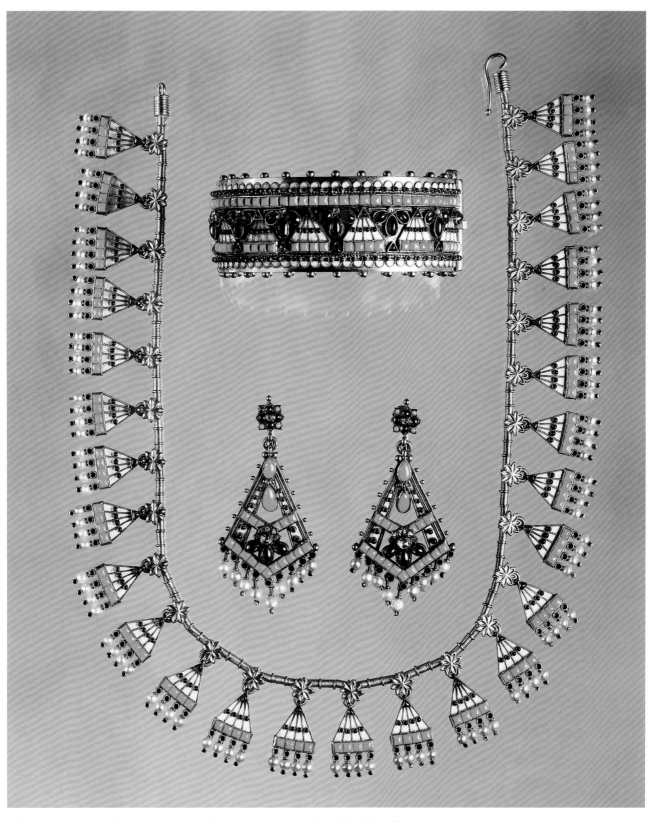

图160. 卡洛·朱利亚诺出品，镶钻、绿松石、红宝石和种子珍珠珐琅黄金准套装，约1865年，署名CG。设计混合了亚述和埃及风格。

图161. 黄金套装，约1880年。受考古复兴风格影响，此设计混合了埃及和古希腊风格。

图162. 钻石准套装，约1870年。镂空的星形母题和水滴吊坠是该时期典型特征。右侧耳坠遗失了
两颗宝石。修复时应注意使用当时切割方式的钻石，而非现代常用的明亮式切割。

图163. 法莱兹出品，黄金珐琅准套装，约1875年。该作品是典型的法莱兹风格。

图164. 一对黄金青金石长耳坠，约1870年，双耳细颈瓶设计。

耳坠

19世纪60年代和70年代时，将头发全部拢至脑后的发型、低胸晚礼服以及领口设计简洁的日间服饰更适合佩戴耳坠。该时期耳坠尺寸的大小变化无常，但在19世纪60年代晚期和70年代早期时，其尺寸一度大到几乎搭到肩膀。日间服饰常偏爱黄金或珐琅耳坠，晚间服装则独宠珍珠或贵宝石耳坠（图163、图167～图169和图172）。

此时，耳坠的形状包括球形、水滴形、箍形、流苏边椭圆形、十字形、菱形、花形和星形（图170）。考古复兴为珠宝形状提供了无尽的灵感，出现了双耳瓶、倒置颗粒水滴、玫瑰花环、格子镂空板、三叉戟、希腊钥匙等形状（图164～图167）。

19世纪70年代，耳坠造型新颖别致，灵感则源自日常生活，如昆虫、鱼、花卉、蜥蜴、花篮、鸟笼、风车、铃铛、木匠工具、风扇、钥匙、盘子等。尽管全世界都流行佩戴耳坠，但只有英国流行特别硕大或修长的耳坠。

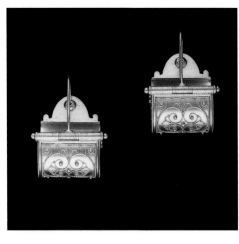

图165. 一对黄金珐琅耳环，伊特鲁里亚风格，背面细节展示了该时期经典接头。

图166. 一对黄金珍珠长耳坠，约1870年，卡洛·朱利亚诺，带CG标志，希腊风格。该设计模仿了大英博物馆收藏的公元前4世纪晚期伊奥利亚Kyme耳环。

图167. 一对黄金、珍珠和珐琅长耳坠，卡洛·朱利亚诺，约1870年，带CG标志。此例中，朱利亚诺将其珐琅技艺和伊特鲁里亚风格相结合。

图168. 一对黄金珐琅长耳坠，可能源自纽约或波士顿，约1880年。

图169. 一对镶宝石黄金珐琅长耳坠，约1870年，霍尔拜因斯克风格。长耳坠比普通耳坠更常使用此类流行设计，见图223。此类次等珠宝常镶以金绿宝石而非钻石。

图170. 1865—1875年间经典黄金耳坠系列。

图171. 一对考古复兴风格黄金耳环，约1986年。这对耳环虽是仿制品中的仿制品，但其质量之优异令人咋舌，若非出现现代螺旋接头，这件珠宝足以以假乱真。尽管考古复兴风格珠宝仿造难度高，但其售价高昂，市面上的假冒产品仍然屡见不鲜。

图172. 一对珍珠钻石耳坠，约1860年。其接头经过调换。

图173. 镶钻黄金珐琅项链，约
1865年。项链主体部分是19世
纪40年代流行的蛇形项链的蛇
身形式（图108），其下悬挂吊
坠为1865年的心形相片盒。

项链

在此时期，项链变得很短，常见款式为"巴西风"或柔韧灵活的管状链
节，且几乎都会装饰一块、三块、五块甚至更多种别出心裁的吊坠（图173和
图174）。希腊和伊特鲁里亚遗物为吊坠设计提供了源源不断的灵感源泉：骨灰
瓮、橡子、双耳瓶、面具、奖章、倒置坠饰等等。同样流行的还有圆形穹顶蓝
珐琅奖章，镶珍珠和钻石的星星（图239），饰以流苏边的石榴石以及内嵌花卉
或星形的紫水晶。以珐琅、微砌马赛克画、浮雕和凹雕装饰的项链常从埃及、
伊特鲁里亚和经典考古风等风格中汲取灵感（图176～图181）。

图174. 镶钻、珍珠黄金珐琅项链，约1865—1870年（另一种流行设计版本，见图173）。留意巴西式的项链。

　　许多人依然钟情于佩戴长金链，在女士紧胸衣上、手腕处或是脖颈上都能见到。尽管这些长金链常独立佩戴，但其主要功能是表链。

　　当时最流行的表链名为"李奥汀"（Leontine）表链，是以一位当时知名女演员的名字命名。这款表链包括一段黄金编织缎带，其一端饰以流苏、另一端连接表盘，两段链条使用镂雕或镶嵌宝石的矩形或椭圆形滑块进行结合。

　　这款表链设计与制作者为巴黎的奥古斯特·利翁（Auguste Lion，1830—1895年），其价格恰如其分，且设计多样。

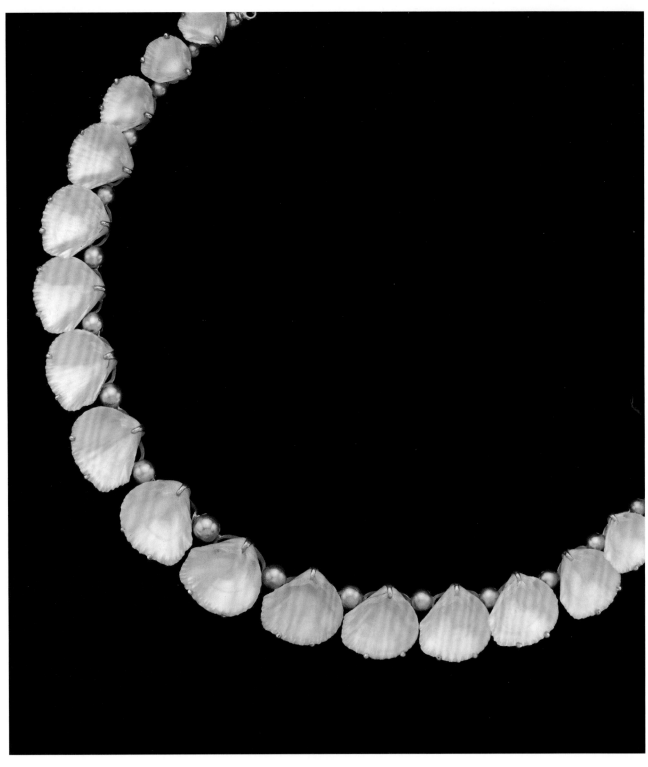

图175. 黄金贝壳项链，1875—1900年，可能出自约翰·布罗格登之手。

图176. 黄金罗马微砌马赛克画项链和耳环，约1880年。其罗马肖像插画和制作工艺的经典程度难以超越。此类罗马微砌马赛克画珠宝十分罕见。

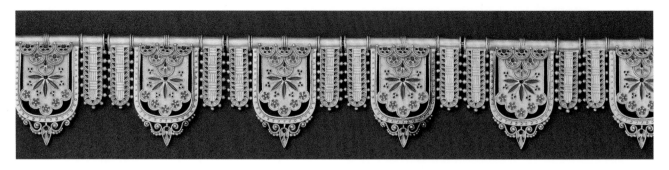

图177. 黄金景泰蓝珐琅项链，约1870年。这条优质的项链设计结合了东方和伊特鲁里亚母题，虽不常见，但依旧大获成功。

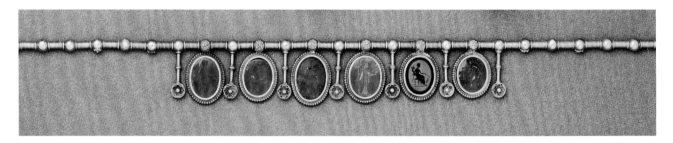

图178. 黄金硬石凹雕项链，可能出自意大利，约1865年。多数凹雕宝石较古老，可能来自公元1、2世纪。每隔50年左右，人们对古典浮雕宝石和凹雕宝石的兴趣又会被重新唤起。此处灵感应来自科学考古风而非反映拿破仑时期对古代遗物的情感态度。

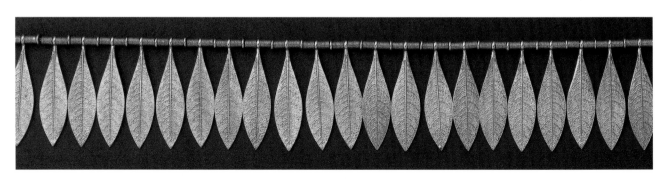

图179. 科克斯布尔街的菲利普斯公司出品的月桂叶黄金项链，约1870年。此作品是一件希腊时期（约公元前300年）文物的复制品。留意叶子精细的纹理。

图180. 黄金珐琅项链，卡尔·巴彻（Carl Bacher），澳大利亚人，1875—1900年，扣环有CB标志。希腊风格项链，公元前3世纪原作的高仿品。

图181. 镶钻硬石黄金项链，约1860年。多数浮雕为新古典主义风格，可追溯至19、20世纪之交。这些浮雕最初可能都嵌在底座内，当考古复兴珠宝燃起大众对浮雕的兴趣后，这些玉石才以这种方式重新镶嵌。然而，这条项链结合了伊特鲁里亚风格的绳状饰工艺与累珠工艺，嵌入双平面式切割钻石，是16世纪司空见惯的做法。

图182. 威尼斯产镶宝石镀金项链，约1880年，新文艺复兴风格。这种项链被大批量生产，且在搭扣处几乎都印有奥匈帝国的棺形银标。项链所用石榴石和祖母绿皆为当地出产。珐琅质量粗糙。

图183. 科克斯布尔街菲利普斯公司出品的镶缟玛瑙黄金珐琅胸针，19世纪60年代的经典胸针样式。注意菲利普斯的标志——双P加威尔士王子羽饰。

图184. 镶石榴石黄金珐琅胸针，约1865年。环形胸针中镶嵌宝石或珐琅的圆形凸起的设计流行于19世纪60年代。

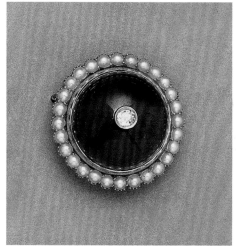

图185. 镶珍珠、铁铝榴石黄金胸针，约1860年。铁铝榴石中央镶有钻石。1860—1875年，将一种石头镶嵌入另一种石头的做法非常流行。底面宝石通常采用铁铝榴石或紫水晶。

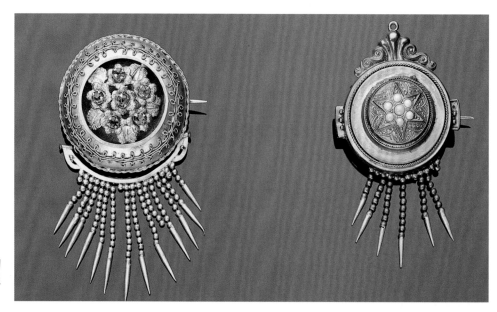

图186. 两件镶铅玻璃镀金胸针，约1870年。高超的工艺足以以假乱真。

图187. 古典风格黄金胸针，约1865年。

图188. 镀金胸针，镶以陶瓷微型画，可能源自1870年。低品质珠宝中多使用陶瓷微型画代替珐琅。

图189. 黄金胸针，伊特鲁里亚风格，约1875年，是一件几乎不太实用的饰品。

图190. 埃及风格黄金胸针，约1870—1880年。

胸针

　　1860年左右，许多胸针的设计重心从横向转为纵向，即由水平状转为直立状。这种新颖的垂直设计提升了胸针的功能性，使其还能作为吊坠或手镯中心部分使用（图196、图201、图208、图210和图244）。19世纪60年代早期精美绝伦的卷曲饰设计到了19世纪70年代演变成简约的镶椭圆宝石加中心装饰母题，并在罗经点处（东南西北方向）饰以四颗宝石，形似吊坠（图202和图208）。此设计持续流行至19世纪末。

　　此时仍有少数珠宝生产沿袭了18世纪经典的烛台造型（图201）。

　　19世纪60年代的圆形黄金胸针常在中心部分镶以绿松石、珊瑚或珐琅穹顶，或是玛瑙、石榴石或内嵌珍珠及钻石的弧面切工紫水晶（图183～图185）。彩色凹雕玉石也是此时的时尚宠儿。饰以圆形龟甲织物的胸针也是此时期的经典特色。

　　希腊、伊特鲁里亚和埃及风格对胸针设计产生了深远的影响（图187、图189～图191）。此时的胸针采用绳状饰及累珠工艺，呈椭圆形或圆形，镶微砌马赛克画、浮雕以及微型画（图192～图194、图199、图206和图207）。

　　苏格兰石材格子胸针和仿铁器时代的凯尔特圆形胸针也备受青睐。

图191. 两件卡斯泰拉尼出品的黄金胸针，约1860年，采用了相似设计。这种设计有时用在手镯上（图252、253）。

图192. 卡斯泰拉尼出品，微砌马赛克画黄金胸针，布拉造型，约1860年，背面刻有"vivas in Deo"，双C标志。卡斯泰拉尼家族对微砌马赛克画兴趣浓厚，如这件胸针。

 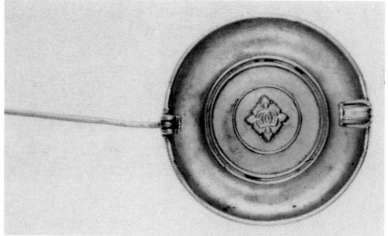

图193. 卡斯泰拉尼出品，微砌马赛克画黄金胸针，约1860年。背视图可见双C标志。代表圣灵的鸽子是卡斯泰拉尼常用母题（图192）。

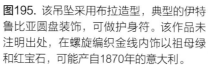

图194. 卡斯泰拉尼出品，微砌马赛克画黄金胸针，约1865年。胸针背面刻有铭文和日期1866，这为断代提供了重要依据。卡斯泰拉尼绝大多数微砌马赛克画都会用金线勾边，如这件胸针。

图195. 该吊坠采用布拉造型，典型的伊特鲁比亚圆盘装饰，可做护身符。该作品未注明出处，在螺旋编织金线内饰以祖母绿和红宝石，可能产自1870年的意大利。

此时的自然主义胸针，通常使用弹簧装置，在其上镶黄金和次等宝石，或镶钻石和彩色宝石，其形状皆为花枝、蜂鸟和孔雀羽毛（图203和图204）。

星形和昆虫胸针在19世纪60年代末开始风行，且在1880—1900年达到热度巅峰（图318、图320～图333和图335）。星形钻石胸针设计通常平面化且极度简约。实际上，昆虫胸针让珠宝商们得以再一次探索自然主义珠宝：这些珠宝无论是镶满钻石或是结合钻石和彩宝重现昆虫翅膀的色彩，都能表现得栩栩如生，仿佛出自昆虫学家之手而非一名珠宝商的产品，蝴蝶、蜜蜂、蜻蜓和蜘蛛等形态的饰品可随性布满整件胸衣、面纱或软帽。

图196. 卡斯泰拉尼出品，镶钻珍珠黄金胸针，镶以丘比特红宝石浮雕，约1860年，吊坠背面刻有双C标志。

图197. 卡斯泰拉尼出品，镶古罗马硬币黄金胸针，约1865年，硬币中人物是罗马共和国的普朗卡（L.Plautius Plancus，约公元前47年）。背视图可见另一形态双C标志。虽然设计简单，但双C标志无疑使其价格激增。

图198. 镶金币黄金珐琅胸针，约1860年，金币为古罗马金币复制品。古代硬币常见于考古复兴风格的胸针和项链。

图199. 黄金胸针，韦奇伍德（Wedgwood）饰片，约1860年。此处使用韦奇伍德饰片而非浮雕来展现精美的古典场景。

图200. 铁铝榴石钻石吊坠/胸针，约1870年。富丽堂皇的宝石组合在当时备受青睐。

图201. 红宝石钻石胸针，约1870年，烛台造型。这件珠宝的红宝石产自缅甸，几乎完全保持其天然状态，很可能是在英国统治印度时期带回英国的。

图202. 珐琅、海蓝宝石、黄金钻石胸针，约1870年。该珠宝的海蓝宝石产自巴西，其尺寸和质量难能可贵，与该胸针设计相比，有几分喧宾夺主之态。

　　19世纪70年代，运动主题胸针成为时尚女性日间服饰里不可或缺的部分，如马鞍和马镫状狩猎题材胸针、帽子和马蹄铁状骑术题材胸针、球杆和球状高尔夫题材胸针等珠宝都令人神往，直至20世纪第一个10年间仍十分盛行（图357、图359、图360和图366）。

　　封有头发微型画的纪念型胸针的风格与装饰母题依然与前几十年保持不变。

图203. 钻石胸针，孔雀羽毛设计，约1870年。宝诗龙可能为第一家在胸针上采用孔雀羽毛设计的公司。羽毛上的刺毛通常装有铰链和弹簧。该主题流行至19世纪末。

图204. 镶钻石、祖母绿、蓝宝石、红宝石胸针，设计成蝴蝶落在蔷薇上，法国，约1880年。该作品是自然主义珠宝中的精品。胸针可拆分为两件花束吊坠和一件蝴蝶胸针。

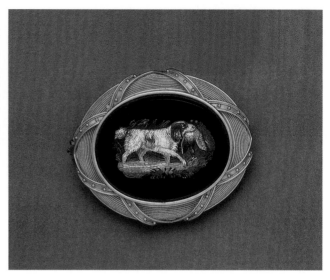

图205. 蓝宝石钻石胸针吊坠，约1870—1880年。这颗斯里兰卡蓝宝石采用经典镶钻爪部固定。

图206. 镶微砌马赛克画黄金胸针，约1870年，主题是史宾格犬捕获野禽。黄金边框做工精细，这种设计反映了大致的制作年代。

图207. 镶佛伦萨硬石镶嵌画黄金胸针，约1870年。断代只能从边框入手。

图208. 珍珠钻石胸针/吊坠，约1860年。经日久年深的磨损，珍珠的色彩光泽大不如前。坠饰可拆卸，拆卸后的珍珠团簇更适合作为胸针佩戴。

图209. 镶高浮雕贝壳胸针，约1870年。

图210. 镶钻石、珍珠、缟玛瑙浮雕胸针/吊坠，约1880年。主题是美杜莎。若没有边框，这件浮雕的断代会非常困难。

图211. 镶钻缟玛瑙"habillé"浮雕胸针，约1860年，四周镶玫瑰琢型钻石。该作品的装饰相对简单，只有浮雕人像的耳坠和冠冕部分镶嵌钻石。更华丽的例子中会采用多种材质来表现人物和衣服。

图212. 玛瑙浮雕胸针，黄金边框饰以白色珐琅，约1860年。这是该时期流行的高浮雕的典型例子。浮雕的古典主题与考古复兴边框完美结合。

图213. 玛瑙浮雕胸针，黄金边框镶钻石、珍珠，约1870年。主题是该时期常见的酒神巴克斯的女祭司（maenad），工艺精湛。

图214. 玛瑙浮雕吊坠，黄金边框镶珍珠，约1870年。主题是花神芙罗拉（Flora）。高浮雕的人像包含了数个玛瑙色层。这种立体感很强的雕刻技法流行于19世纪后半叶。

图215. 法莱兹出品，黄金珐琅镶钻带吊坠镜子，约1880年。该作品展现了塔尔与法莱兹合作时制作的精彩的景泰蓝珐琅。

图216. 卡洛·朱利亚诺出品，镶宝石黄金珐琅吊坠，约1870年，署名CG。这件富丽堂皇的吊坠采用精美的文艺复兴风格底座，其上镶蓝宝石浮雕。

图217. 镶缟玛瑙、珍珠、钻石黄金吊坠，约1870年。哀悼珠宝。

图218. 卡洛·朱利亚诺出品，镶钻黄金珐琅吊坠，约1870年，署名CG。菱形设计和黑白珐琅是朱利亚诺珠宝的两大特色。

图219. 卡洛·朱利亚诺出品，珐琅镶宝石黄金吊坠，约1870年，署名CG。这件作品采用了鸢尾花母题，菱形设计及中央棕色锆石具有朱利亚诺特色。

吊坠

作为19世纪60年代和70年代时兴的颈部饰品，吊坠多为金链、珍珠链或天鹅绒缎带。最流行的款式为霍尔拜因斯克吊坠，其形状和饰物源自文艺复兴时期，但并非霍尔拜因设计。该吊坠常包含一个中心宝石（通常为红宝石），周边环绕着花卉或叶状的彩色填充珐琅镶边，再镶以钻石或金绿石，并配有相似的菱形垂饰设计。最上等的此类珠宝常在背面雕刻卷曲饰和花卉母题（图223、图224、图226～图229）。霍尔拜因风格吊坠通常配有设计风格相近的长耳坠（图169）。

文艺复兴风格的十字形和菱形镶宝石珐琅吊坠的市场需求旺盛，且常配有和珐琅色彩相似的链条。朱利亚诺十分擅长生产此类吊坠（图218～图220）。廉价的十字形吊坠常用龟甲织物、银和煤精制作。

图220. 卡洛·朱利亚诺出品，珐琅镶钻黄金吊坠，约1880年，署名CG。该时期朱利亚诺的设计更加纤巧。

图221. 卡洛·朱利亚诺出品，珐琅珍珠黄金吊坠，约1875—1880年，署名CG，背面有盛头发的小空间。该作品不寻常之处在于深入研究使用了立体珐琅技术（即在立体表面覆以珐琅，如一些雕塑表面）。

图222. 镶珍珠钻石黄金珐琅吊坠，约1875年。此珠宝表现出明显的朱利亚诺风格，虽然未署名，但很可能出自他手。

该时期一部分最精美的黄金吊坠的主题及形状灵感都源自古典考古风格。19世纪60年代中期至70年代晚期吊坠流行用束丝和累珠、以磨砂金为材料并以印玺、圣甲虫、骨灰瓮和双耳罐为形状（图237、图241和图242）。19世纪70年代尤其盛行硕大的椭圆形黄金相片盒，常镶上宝石或覆以珐琅，并錾刻人名首字母、星星、昆虫、皮带以及蛇形带扣等（图232和图235）。直至19世纪70年代末仍能见到这种錾刻图案的银质相片盒。

悼念相片盒常用煤精雕刻，吊坠则饰以缟玛瑙和珍珠（图217）。

图223. 霍尔拜因风格吊坠，约1870年。宝石的选用及排布以及珐琅的色彩组合是该风格的经典特征。

图224. 霍尔拜因风格吊坠，约1870年。常见的珐琅此时被替换为宝石，使其更富丽堂皇。该图还包括一套法国产镶玫瑰切工钻石和珍珠珐琅准套装，约1870年，体现了法国珠宝的创新之处。使用了红色黄金，以此提供了其生产国家的推测依据。这样的套装通常价格不菲。

图225. 镶宝石多彩珐琅黄金吊坠，文艺复兴风格，宝诗龙出品，约1880年。这件非凡的珠宝的灵感源自16世纪后半叶德国生产的建筑及人形艺术珠宝。注意福尔图娜所坐的环状切割的钻石球体，以及珠宝背后涡旋饰珐琅上的署名，已放大显示（高度为7.2厘米）。

图226. 钻石黄金蓝珐琅霍尔拜因风格吊坠，约1870年。这件珐琅的色彩不同寻常。

图227. 霍尔拜因风格吊坠，约1870年。这件圆形珠宝保留了原链条和珐琅色彩，因此十分罕见。

图228. 祖母绿钻石吊坠，约1870年。尽管这件吊坠未涂珐琅，其霍尔拜因风格依然明显。

图229. 另一件霍尔拜因风格钻石珍珠黄金珐琅吊坠，约1870年。注意背部錾刻的花卉装饰。

图230. 罕见的绿松石色珐琅黄金吊坠，约1870年，改自耳坠。当时将耳坠改为吊坠的做法很普遍，通常是作为分别时的纪念物。

图231. 一件19世纪80年代钻石黄金吊坠的现代仿制品，插图分别为正反面。

图232. 三色黄金和珍珠相片盒，1875—1900年。

图233. 镶珊瑚、翠榴石黄金珐琅吊坠，中央是艾赛克斯水晶，约1870年。该吊坠具有典型的维多利亚中期特征。

图234. 亚力克西斯·法莱兹出品的一套景泰蓝吊坠，约1870年，由吕西安·法莱兹设计，塔尔烧制珐琅。这套珠宝是法莱兹工坊中的经典作品，展现了浓厚的日本风格。

图235. 镶绿松石珍珠、黄金相片盒，约1880年。注意磨砂金在当时十分流行。

图236. 镶里摩日画珐琅珍珠黄金吊坠，法国，约1865年。该吊坠与1867年巴黎世博会上埃米尔·弗罗门特·莫里斯的一件作品相似。

图237. 绿松石浮雕黄金吊坠，约1860年，卡斯泰拉尼出品。浮雕主题是歌舞女神忒耳普西科瑞（Terpsichore），吊坠背面有双C标志。

图238. 微砌马赛克画黄金吊坠，约1865年。受苏伊士运河即将通航的影响，1867年巴黎世博会展出了许多埃及风格首饰。

图239. 镶钻石、珍珠珐琅黄金吊坠和项链，约1865—1870年。留意吊坠中央的星形、四周珍珠镶嵌而成的新月形以及巴西式金链。

图240. 黄金、缟玛瑙和种子珍珠吊坠，约1865年。这件珠宝品质万里挑一，并用缟玛瑙代替了猫眼石。

图241. 黄金吊坠，布拉风格，约1860年。此时考古复兴风格正处高潮阶段。此例珠宝十分精良，其细腻的工艺展示出独到的工匠精神。

图242. 镶缟玛瑙圣甲虫黄金珐琅吊坠，约1865年。圣甲虫源自古埃及，但这件作品中的圣甲虫可以翻转，背面雕刻了女性侧面像，所以应该不是古物。黄金边框又变成了伊特鲁里亚风格。所以该作品杂糅了多种风格。

图243. 镶红宝石、钻石黄金手镯，约1860年。棋盘设计具有该时期经典特征。

图244. 黄金钻石手镯，约1860年。中央部分的钻石可拆卸并作为胸针佩戴，背部的铰接式黄金好似褶边丝绸，在此时十分常见，见图247。四叶草和棕叶饰椭圆形钻石胸针十分流行，也常有证据表明此类胸针可作手镯中心部分佩戴。

手镯

此时依然流行每只手臂佩戴2～3个手镯。用锁链或缆索连接的黄金手镯外观硕大但通常很轻，中央镶珠宝、带搭扣或配备可伸缩金带的手镯都是该时期常见的款式（图243、图244、图247～图249）。

受文艺复兴风格的影响，该时期的手镯通常是镶彩色宝石及珐琅的长形镂空黄金手镯以及雕刻珐琅黄金手镯（图258）。

受希腊和伊特鲁里亚考古风格的影响，人们制作了用精细累珠和绳状装饰的矩形金链条手镯，并在其简约的黄金边框上镶嵌古代金币、浮雕和珐琅，还用玫瑰花装饰成排的圆形浮雕（图252、图255和图264）。

钻石手镯通常被设计成带有可伸缩镂空滚动链接带的手镯（图261）。

手镯成为19世纪70年代最时尚的手饰，通常被设计成宽大的金手镯，中间镶有圆形切割宝石或覆以珐琅装饰图案，通常可拆卸，或全部錾刻弧面切工宝石（图262、图263和图265）。19世纪60年代，宽大的金手镯上通常刻着亚述或希腊风格的图案，而带有希腊风格公羊头的金手镯设计重新风靡一时。罗马微砌马赛克画通常被镶在考古复兴风格的手镯上（图267）。

此时镶半宝石、钻石和珍珠的圆环及半圆环手镯通常比1880—1900年间的类似手镯要宽，常镶嵌着几排珍珠和宝石。

图245. 镶钻石、绿松石黄金手链，约1860—1870年，盒子印有Hunt&Roskell。手镯上悬挂吊坠的设计在该时期非常罕见。留意固定尺寸切磨绿松石。

图246. 莫雷尔出品的镶红宝石、黑珍珠、钻石黄金手链，约1858年。这件作品不寻常之处在于宝石的搭配以及仅使用黄金作为镶嵌底座，这种交叉纹还将流行20年。

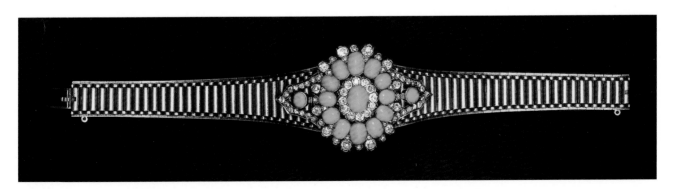

图247. 镶钻石、绿松石黄金手镯，1860—1870年。又一例褶边链节搭配可拆卸中央装饰母题珠宝。仔细观察图片会发现团簇中心的两端都有一个凹槽解脱按钮，两边按下后即可拆下。

图248. 镶宝石、珐琅黄金手镯，1865—1870年，其上镶紫水晶反向凹雕狮子。反向凹雕宝石可理解为面朝内部的浮雕宝石。宝石从反面进行雕刻因此从正面观察时宝石显得十分坚固。其珐琅边框带有霍尔拜因风格的风韵。缎带似的黄金镯面与吊袜带手镯风格类似。

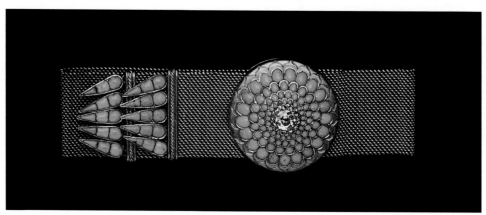

图249. 镶钻石绿松石、黄金吊袜带手镯，1865年。

图250. 镶钻铁铝榴石手链，约1865年，盒子印有Hunt&Roskell。铁铝榴石环背面装有黄金底座，可加固手链，还可反光。

图251. 微砌马赛克画黄金珠宝，卡斯泰拉尼出品，约1870年。手镯由九块像章组成，拜占庭风格。胸针里的马赛克画图案使用金线勾勒而成。卡斯泰拉尼为提高马赛克画图案的艺术性而倾尽心血，因此此类珠宝一直保持一丝不苟和整洁细腻的风采。

图252. 卡斯泰拉尼出品的黄金手镯，约1860年。手镯采用了卡斯泰拉尼标志性的千朵花工艺，这种技法也常用在胸针上，如图191。每个圆盘后面都有双C标志，根据圆盘与长形链接之间的关系推断这些圆盘最初可能是用作胸针。手镯正面损坏严重（与图253相比），极大地影响了其价值，且修复困难。

图253. 卡斯泰拉尼出品的黄金手镯，约1860年。设计与图252相似，但品相完好。

图254. 皮埃雷出品，镶硬石凹雕黄金手链，约1860年。这些凹雕制作于19世纪早期，新古典主义风格。

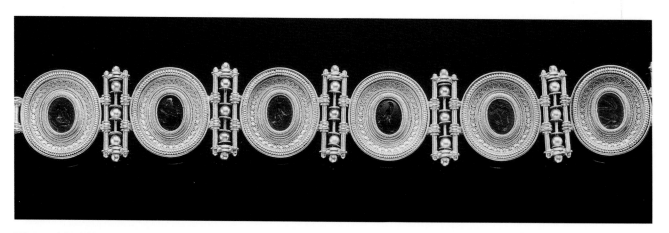

图255. 卡斯泰拉尼出品，镶珍珠红玉髓凹雕黄金手镯，约1860—1865年。手镯中所用凹雕宝石皆为古物。注意边框的绳状饰和累珠工艺。

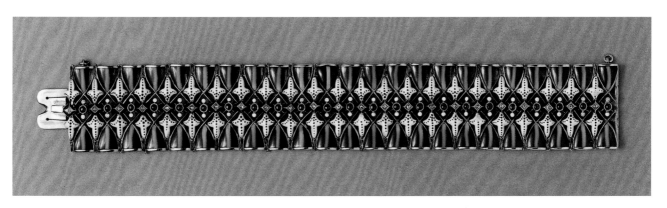

图256. 卡洛·朱利亚诺出品，珐琅镶红宝石和缟玛瑙黄金手镯，约1865年，署名CG。这件作品的黑白珐琅与缟玛瑙的黑白条带完美呼应。朱利亚诺配色简洁可见一斑，小颗粒红宝石降低了成本。

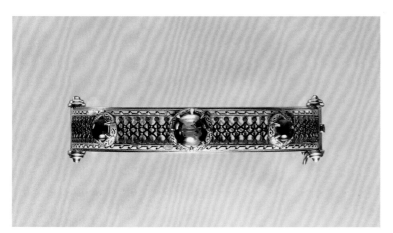

图257. 卡洛·朱利亚诺出品，珐琅镶宝石黄金铰链手镯，约1865年，署名CG。这件作品展现了朱利亚诺几乎无人能及的精细珐琅技艺。虽然宝石价格低廉，但弧面切割的绿色锆石和两旁的铁铝榴石点亮了整件作品的色彩。如果采用祖母绿和红宝石，颜色就不一定这么鲜艳了。

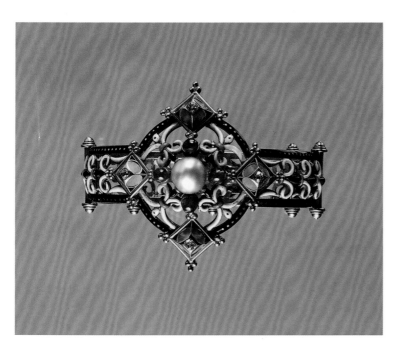

图258. 卡洛·朱利亚诺出品，珐琅镶宝石黄金手镯，约1870年，署名CG。此件珠宝设计带有明显的霍尔拜因风格，因此几乎不可能出自他人之手。尖端底座及绚丽的珐琅好似16世纪的珠宝特色，只是文艺复兴时期的珠宝原作不会有如此高的质量。

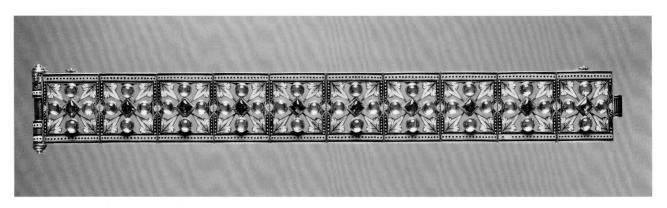

图259. 卡洛·朱利亚诺出品，珐琅镶棕色锆石和金绿宝石手镯，约1870年，署名CG。在这件珠宝中，朱利亚诺因为颜色的缘故再次使用了半宝石，注意该作品中透露出的轻微的哥特式风格，与威廉·莫里斯（唯美主义时尚的领头羊之一）的作品相呼应。

图260. 镶赤铜合金黄金手镯，约1875年。19世纪70年代中期，欧洲流行将这种金属片镶嵌在首饰中。

图261. 钻石手镯。可能来自1870—1880年。中央硕大宝石证实了与两侧宝石形成鲜明对比的新的切割工艺。

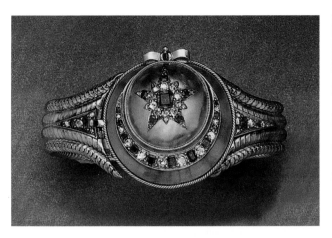

图262. 镶钻石、祖母绿黄金手镯，1870—1875年。注意叠加了一颗星形和新月的中部圆顶设计。此类珠宝很少用钻石搭配祖母绿。

图263. 镶钻石、绿松石黄金铰接手镯，约1870年。这个向外凸起的简单设计此后仍然流行了一段时间。

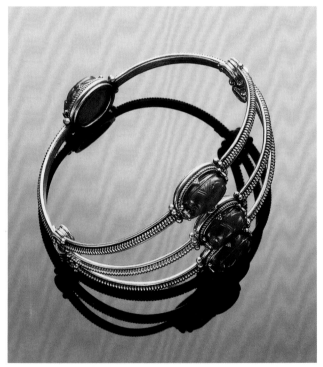

图264. 卡斯泰拉尼出品，镶红玉髓圣甲虫黄金手镯，约1860年，伊特鲁里亚风格。边框采用绳状饰和累珠工艺。

图265. 镶铁铝榴石、钻石铰接黄金手镯，约1865年。带扣和石榴石中间镶嵌星形都是该时期的典型特征。

图266. 菲利普斯出品，珐琅镶紫水晶黄金手镯，约1870年，为考古复兴风格。正面有一个紫水晶凹雕，上面刻有希腊字母的Amphoros的伪造签名。这幅凹雕画以前是斯坦尼斯拉斯·波尼亚托斯基王子（Prince Stanislas Poniatowski，1754—1838年）的宝石雕刻藏品，包括2601颗宝石，其中大约1600颗刻有希腊–罗马雕刻师的名字。尽管其真实与否众说纷纭，这些藏品仍于1839年在伦敦的佳士得拍卖。但波尼亚托斯基王子确实有一些当时最著名的宝石雕刻家为他服务，比如皮切勒、塞巴拉，可能还有吉罗梅蒂。这款手镯的侧视放大图详细展示了独特的菲利普斯标记。标记由两个背对背的P组成，并带有象征威尔士亲王的羽毛。

这类手镯可追溯至19世纪70年代，且在当时非常流行，但只有少数几件珠宝得以留存下来。其微砌马赛克画的金工质量参差不齐，而图267中的金工质量则半低不高。这幅微砌马赛克画描绘了太阳神阿波罗驾驶着太阳马车，周边是时序三女神，前方是曙光女神奥罗拉，复刻了圭多·雷尼于1612年在罗马帕拉维奇尼宫费尔南多的壁画。

图267. 黄金罗马微砌马赛克画铰接手镯，约1880年。损坏的马赛克修复成本高昂，但有可能会提高其品质。

图268. 镶宝石的黄金戒指系列，半环形、玫瑰花型、带状、扣带以及船形设计，1870—1880年。许多宝石采用吉普赛式镶嵌和星形装饰。

戒指

戒指仍盛行镶以简约宝石花头团簇或设计成半环形。后者的衍生设计包括金带搭配一排船形水雷型母题尺寸渐变宝石，或是用星形镶嵌镶以三颗钻石或彩色宝石（图268）。单一宝石戒指设计常为宽金带，中心区域用玫瑰花型爪脚固定宝石。

1875年，吉普赛戒指成为市面上的新款戒指：该戒指的宝石深嵌于金带中，深至宝石顶面与指环金属表面平齐（图268）。这种镶嵌方式不仅能保护宝石，还能掩饰垫层宝石或复合宝石。普通黄金戒指常设计为缠绕手指三四周的蛇形，有时会镶以宝石蛇眼（图269、图270）。

纪念戒指常设计为普通金带并缠绕一缕头发，或是饰以对切珍珠和黑色珐琅（图271）。

图269. 蓝宝石黄金钻戒，1879年，蛇形设计。

图270. 镶红宝石、钻石、黄金戒指，约1870年，交错蛇形设计。蛇形戒指直至19世纪末依旧流行。

图271. 黑色珐琅镶珍珠钻石黄金戒指，纪念珠宝，1870—1880年。

第 五 章

1880年至1900年

19世纪末,欧洲各国的珠宝作坊中引入了各种机器,大幅提高了产能,但也导致出现珠宝设计千篇一律以及珠宝质量日益下滑的问题,人们开始怀念手工作坊生产珠宝的日子。珠宝艺术发展出现停滞、缺乏创新,简单粗糙且含金量很低的黄金相片盒、手镯等充斥着珠宝市场。一种反对工业化生产、主张恢复手工艺的声音逐渐出现,并逐渐演变成一场声讨工业生产的革命。

19世纪80年代初,时尚女性对于徘徊在复古风潮中的珠宝已经感到审美疲劳,创造性和率性(spontaneity)几乎在珠宝设计中绝迹了。

在英国,对维多利亚时代过度铺张的装饰和诸多保守束缚的反抗带来了更激烈和复杂的变革。崇尚唯美主义时尚的女性几乎摒弃了所有首饰,只佩戴琥珀或其他随形宝石制作的简单珠串。印度珠宝此时也极为流行,其迷人的手工痕迹、不对称设计和不切割的宝石都与英国机工珠宝泾渭分明,满足了英国社会对手工感的追求。采用冲压工艺制成的金、银伽内什(Ganesha,象头神)或其他描绘印度众神的珠宝也极富特色(图157)。

与之前不同,该时期的珠宝小巧精致,不以炫耀为目的,这种趋势是如此强烈,以致有段时间在白天的装束中看不到钻石的身影。夜幕降临后,社交活动也拉开序幕,女性依旧佩戴珠宝,但却无之前的浮华。佩戴一件高品质珠宝而非几件平庸珠宝的观念已深入人心。

由于1887—1890年间女性很少佩戴珠宝,珠宝匠们纷纷为生计发愁。19世纪90年代以后,珠宝贸易逐渐复苏,但过去的鼎盛已不复存在。

与传统决裂并回归艺术的强烈愿望使人们对珠宝设计的重视超过了材质的固有价值。法国的新艺术风格珠宝就是该时期的典范。新艺术运动的先驱们在装饰上突出表现曲线、有机形态,而装饰的灵感基本来源于自然形态。该风格珠宝有高度艺术化的自然主题、线条韵味丰富、唯美的女性主题,这些主题都使该风格成为珠宝历史中一颗璀璨的明珠。

新艺术风格珠宝出现在1895—1910年,堪称昙花一现,但其对后世珠宝设计影响深远,时至今日依然被很多艺术家和设计师视为历久弥新的灵感缪斯。沿历史的长河溯流而上就会发现该风格的源头深深根植于19世纪。艺术呈现的自然元素充满灵性,备受新艺术大师们的偏爱,而对自然主义的热爱在19世纪珠宝中也并不鲜见。但新艺术大师们摒弃了19世纪自然主义珠宝的写实性,天马行空的想象力和对自然的生动解读开始占据越来越重要的位置,艺术家在"师法自然"的过程中寻找一种抽象形式,赋予自然形式一种有机的象征情调,

朱尔斯·路易斯·马查德
(Jules Louis Machard),
1891年,"晚会开幕前",
苏富比拍卖行。

图272. 钻石项链，19世纪晚期。正如该时期多数项链，添加支撑配件后，本项链也可当作冠冕佩戴。此外，项链的七个卷曲饰母题都可拆卸，并分别配有特制配件，可作胸针佩戴。

以动感的线条作为形式美的基础。

在珠宝方面，奥斯卡·马森（Oscar Massin）对植物珠宝的精益求精，日本艺术对自然的抽象和华丽流畅的线条都对新艺术风格的诞生起了决定性作用。

新艺术风格珠宝偏爱的题材与19世纪自然主义风格珠宝近似，如花卉、昆虫和蛇等，不同的是该风格珠宝展现了天马行空的想象力和创造力。19世纪60年代逼真的昆虫珠宝融入各种奇幻元素后变成了各种奇异生物。蝴蝶、蜻蜓、蝉、蜘蛛在新艺术大师们的手中栩栩如生，展现了前所未有的生动与美丽（图299）。蜿蜒而色彩鲜艳的蛇象征着生命、永生和性。充满异域风情的花卉也大受欢迎，兰花、百合、含羞草、菊花、蒲公英、向日葵、罂粟和槲寄生等都是

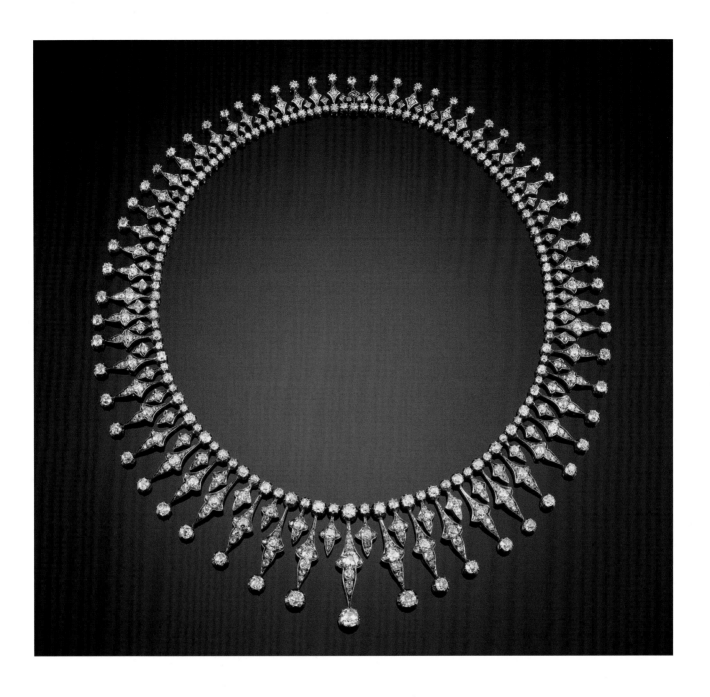

珠宝中的常见题材。新艺术珠宝中植物和花卉，海草和动物流畅华美的线条让人联想到生与死的轮回（图285、图305、图421、图426）。

　　而花不再仅仅使用盛开的花苞为母题，种子、花蕾和凋谢的花也同样适用，以象征生命的萌芽、全盛及凋零。孔雀及其羽毛、天鹅和燕子母题因其象征作用和优雅外形也在接下来的新艺术时期和色彩斑斓的珐琅珠宝中反复出现（图282和图303）。

　　新艺术风格珠宝最具革命性的特点是引入女性元素。数百年来，除了浮雕、凹雕宝石和微缩画外，女性元素在珠宝设计中从未得到如此重视。没有哪个时代的珠宝设计对女性的描绘如此开放、生动、唯美而又细致入微。除了精

图273. 钻 石 项 链，约1890年。该时期流行这种玲珑精妙的矛尖形母题，该母题可一饰两用，把项链翻转并架上合适框架便可作为冠冕佩戴。

致细腻的肖像，新艺术大师们更是将女性身体通过各种材质进行表现，这成为新艺术风格独特的标志。世纪末女性的社会地位得以提高，她们一改维多利亚时代的保守束缚和谨小慎微，将珠宝设计引领入一个全新的境界（图400、图424）。

新艺术风格珠宝的设计以自然为灵感来融合材料与装饰母题，其不仅在造型构思上有全新突破，宝石与材质的选择也堪称独树一帜。该时期闪耀的奢华之美不再仅仅依靠名贵稀有的宝石，而是首先考虑如何最大程度地彰显设计精髓，于是牛角、欧泊、珐琅、月光石、帕特·德·维尔（paté de verre，一种玻璃）、红绿玉髓、玛瑙、珍珠等各种材质的设计都极富创意，最终让珠宝呈现出化腐朽为神奇的独特风采（图283、图285、图290和图411）。

新艺术大师们尤其偏爱珐琅，甚至开发了一种新的珐琅技艺——透窗珐琅（Plique-a-jour enamel）来达到他们要的艺术效果。虽然1568年伟大的金匠本韦努托·塞利尼（Benvenuto Cellini，1500—1571年，意大利金匠、雕塑家）提到拜占庭时期的珠宝匠可能已经掌握了这项工艺，但将其发扬光大的还是新艺术大师们。该工艺与景泰蓝有相似之处，不同的是没有金属封底、透光，呈现出类似教堂玻璃的艺术效果，故又名透窗珐琅（图385、图387、图411）。

新艺术时期最伟大的珠宝艺术家无疑是勒内·莱俪（Rene Lalique，1860—1945年），时至今日，他的作品仍被奉为新艺术风格珠宝的典范，影响了无数后世的艺术家。莱俪早期作品以迎合当时流行品位为主（此时主要是设计珠宝，而非亲自制作），由宝诗龙、卡地亚和韦韦尔等各大珠宝商制成成品后进行销售。莱俪将童年对自然万物的热爱融入珠宝，天马行空的想象力更为其设计插上翅膀。他借由珠宝这个媒介，向世人展示了他理想中的伊甸园。19世纪80年代到90年代早期，他全身心投入珐琅技艺的学习中，并逐渐发展出一种独属于他自己的风格，从而将艺术设计与工匠技艺完美结合。1895年艺术沙龙，他的作品惊艳众人，但也引发了巨大争议。这些作品中柔美流畅的曲线、唯美动人的仙女、栩栩如生的昆虫为他赢得了极高赞誉。法国媒体甚至评价他是将法国珠宝从衰颓中拯救出来的人。1900年巴黎世博上莱俪取得巨大成功，其作品成为新艺术风格珠宝中不可逾越的丰碑（图278、图283、图285、图290、图305、图380、图400、图411、图421、图424和图426）。

19世纪末，巴黎有很多知名珠宝公司也逐渐转向新艺术风格，如韦韦尔（Vever）、富盖（Forquet）、盖拉德（Gaillard）和高特雷特（Gautrait）（图282、图287和图303）。有阳光的地方就有阴影，仿制新艺术珠宝的产业也随之诞生。唯美绝妙的设计被制作成廉价粗糙的珠宝，这些东施效颦的珠宝完全失去了新艺术风格的精髓。

亨利·韦韦尔（Henry Vever，1854—1942年，珠宝匠、珠宝历史学家，著有《19世纪法国珠宝》）的新艺术风格珠宝以精湛的珐琅和金工技艺著称。他的珠宝新颖且充满原创性，并且当女性元素首次被莱俪引入时，他极快地接受了这种新设计并将其发扬光大。

乔治斯·富盖（Georges Fouquet，1862—1957年），阿方斯·富盖（Alphonse Fouquet，1828—1911年）之子，进一步发扬了其父对新艺术风格的发展。到了19世纪末，其设计更加精彩，并开始采用透窗珐琅。他与著名的捷克画家和设计师阿方斯·穆哈（Alphonse Mucha，1860—1939年）有过短暂合作。他们合作设计的舞台珠宝以缤纷的珐琅工艺著称，极富异域风情。这些珠宝虽然装饰性极强，但却并不适合佩戴。1908年以前，富盖的作品一直延续了相同风格，但此后他转向了爱德华时期的花环风格（图449）。

19世纪80年代，浮雕珠宝的衰落使很多珠宝商和制造商蒙受了巨大损失。他们想到冲出困境的方法是将像章用在珠宝中。黄金的暖色调取代了之前浮雕珠宝的冰冷色泽，很快受到大众欢迎。除了像章外，法国金币也被用在这类珠宝中，于是，将像章融入珠宝的设计开始流行起来。19世纪80年代晚期，这项创举的先驱之一是路易斯·德斯巴尔扎斯（Louis Desbazailles）。他制作的手镯、胸针常装饰以黄金像章，这些像章常描绘着寓言人物，比如艺术女神和四季女神等。这些题材虽古典，但人物流畅唯美的线条却又充满了新艺术风格的味道（图408）。随着时间推移，新艺术风格在这类珠宝中的影响愈发凸显。女性浮雕像章是最常见的吊坠形式，蜿蜒回转的波浪饰以钻石的柔美长发都将女性美以艺术的形式进行了升华，这种唯美珠宝一直流行到20世纪初（图381）。

在德国，新艺术风格也被称为"青年风格"（Jugendstil）。对于珠宝而言，这种风格开始发挥影响力是在19世纪90年代后期，最初与法国的新艺术珠宝非常类似。该风格的显著特点是丰富和象征主义。与偏爱衰败花朵的法国同行相比，德国珠宝匠更喜欢表现花开正艳。但情形很快发生了变化，1900—1905年，对于象征主义和自然主义的反抗使德国珠宝更多采用几何和抽象造型，这也预示着以几何线条著称的装饰艺术风格的到来。自然中的流畅线条被简化为交错和带有拱顶的曲线，或采用柔化的矩形或三角形。法尔奈（Fahrner，1868—1929年）和希策尔（Hirzel，1864年出生）的作品更偏向20世纪30年代的装饰艺术风格，而非19世纪90年代的典型设计。

在奥地利，为了表示与老派艺术的决裂，一群艺术家另起炉灶，于1897年建立了一个新的组织，称为维也纳分离派（Viener Sezession），领导者是克林姆特，他的作品将装饰艺术和美术完美融合。维也纳分离派的目标是通过简化的方法摒弃浮华的装饰，表现在珠宝中则是使用了大量几何形状，如矩形等，树叶、花朵等自然主题则高度抽象化，比如花瓣被描绘成弯曲规则的几何形状。这些特征都显示了维也纳分离派与苏格兰建筑师、设计师查尔斯·兰尼·麦金托什（Charles Rennie Mackintosh，1866—1928年）之间的联系。

新艺术风格几乎影响了欧洲所有国家，只是程度不一。在比利时，这种影响在亨利·范德·维尔德（Henry van de Velde，1863—1957年）的作品中体现得更加明显。在北欧，乔治·杰森（Georg Jensen，1866—1935年）的银器线条流畅，并充满了对自然的抽象解读。而在意大利，新艺术风格并没有对珠宝产生太大影响，虽然都灵米西（Musy of Turin）的珠宝中展示了简化后的法国品位。在西班牙，玛莎蕾尔（Luis Masriera，1872—1958年）的作品风格则与莱俪近似（图387）。

在英国，工艺美术运动与法国新艺术运动殊途同归：追求珠宝的艺术性以及对工业生产的反抗。该运动发源于19世纪中叶机工珠宝开始繁荣之时。约翰·拉斯金（John Ruskin，1819—1900年）为该运动定下基调。而威廉·莫里斯（William Morris，1834—

1896年）成为该运动的领导者兼工艺美术运动旗手。1861年他成立的公司成为工艺美术运动的阵地。但威廉·莫里斯在生产过程中对纯手工的极端坚持又使珠宝价格高昂，阻碍了该运动发展。

该运动的目标是力图将艺术家和匠人合二为一，即艺术家也是匠人，匠人也是艺术家。该运动摒弃了工业生产的分工，设计者亦是制造者。但该理念脱离实际的地方在于艺术家往往缺乏金工、镶嵌和珐琅技艺的训练，即使是工艺美术运动最杰出的艺术家也无法做到完全独立制作珠宝。虽然有种种弊端，但这些作品的设计仍新颖独特。

19世纪80年代英国以文艺复兴时期的工坊为蓝本建立了手工业者行会和各种艺术学校，在这里艺术家可以学习多种珠宝工艺。工艺美术运动的艺术家们利用相对廉价的材料来制作首饰（如铜、银、各种半宝石等），最大程度体现设计和材质本身的美感，而非采用贵重的切面宝石将人的注意力从作品本身转移开，所以工艺美术运动的艺术家们偏爱银和弧面切割宝石。贝母、珐琅和玳瑁也极受欢迎。项链是备受珍爱的珠宝，常设计成文艺复兴风格，制成环形链，镶以抛光鹅卵石或不规则的淡水珍珠，并用优质金属结网包住。

罗伯特·阿什比（Robert Ashbee，1863—1942年）的珠宝设计灵感来源于自然，其风格接近法国新艺术运动（图425）。他的名字很快就与孔雀和孔雀羽毛为母题的珠宝密不可分了。这些珠宝使用白银、珐琅、绿松石和欧泊制成。亚瑟·嘉斯金（Arthur Gaskin，1862—1928年）和他的妻子乔吉（Georgie，1868—1934年）使用白银、珐琅、绿松石和欧泊等也制作了一系列植物与花卉珠宝（图303）。亨利·威尔逊（Henry Wilson，1862—1934年）的设计具有中世纪风格，他通过冲压和珐琅技术把象征主义和寓言完美呈现出来。此外，他对日本艺术极为敏感，并将其融入自然主义风格珠宝中。另一方面，他的成功也应归功于他打破了工艺美术运动的桎梏，将珠宝交给专业工匠来制作。

该时期另一家著名公司是利伯蒂公司（Liberty&Co）[1875年由亚瑟·雷森比·利伯蒂（1843—1917年）成立]，该公司之所以成功，是因为其结合了工艺美术运动的设计与工业生产，从而使大众可以用合理的价格购买这些艺术珠宝。利伯蒂1899年推出著名的"威尔士猫"（Cymric）系列，标志着工艺美术运动商业化的成功。包括许多工艺美术运动艺术家的作品，如阿奇博尔德·诺克斯（Alchibald Knox，1864—1933年）。他们的作品中大量采用绳结、交叉缎带等凯尔特装饰（图299、图304和图433）。利伯蒂的主要竞争对手是穆尔勒·班纳特公司（Murrle Bennet&Co）。该公司生产的珠宝与"威尔士猫"系列非常类似，而且也是这家公司将德国的青年风格珠宝引入英国。公司中德国人恩斯特·米尔勒（Ernst Murrle）的部分珠宝即是在德国普福尔兹海姆（Pforzheim）生产的。

查尔斯·雷尼·马金托什（Charles Rennie Mackintosh）主持的格拉斯哥设计学校对德国和奥地利的青年风格和维也纳分离派产生了重要影响，但其本身却很少生产珠宝。珠宝中常见的垂直线条、矩形及其与自然主题风格——典型的苏格兰设计流派，更符合中世纪的品味，而不是英国工艺美术运动的设计理想。

新艺术运动并没有局限在欧洲，美国的蒂芙尼公司（Tiffany&Co）以及马库斯公司（Marcus&Co）在该时期也在生产类似莱俪的珠宝。这些珠宝同样应用填充珐琅、透窗珐琅和各种半宝石（图331、图385和图386）。

与新艺术风格珠宝并存的传统珠宝或多或少也受到这场运动的影响，虽然主题依旧传统，但新艺术风格为这些珠宝注入了全新的轻盈感和流畅的外观（图382～图384）。

自然主义珠宝此时已登峰造极，19世纪80年代见证了诸多完美的植物珠宝的诞生。这些钻石珠宝即使佩戴在晚礼服的胸前也显得过于华丽。珠宝匠甚至一度忘记了珠宝是用来佩戴的，而非一味追求完美和立体的视觉效果（图341、图342和图350）。

19世纪90年代的女装更突出女性身体曲线，所以常用轻薄的材料制作，如垂在束胸上的蕾丝和薄纱等。珠宝需要适应这种新的流行趋势，所以变得小巧精致。

19世纪80年代末，新月胸针出现了，并成为19世纪90年代最流行的珠宝样式之一。这些胸针或别在薄纱上，或别在领口蕾丝上，抑或点缀在发间，这些珠宝的背面几乎无一例外地都带有别针（图314～图317、图319）。

几乎同时，星辰装饰也出现在女性的发间和胸衣上。与19世纪60年代的设计相比，此时的设计更加立体，一直流行到19世纪末（图310、图312和图313）。

昆虫首次出现在珠宝设计中是19世纪60年代，19世纪末达到高峰，苍蝇、蜜蜂和蝴蝶与新月和星辰共同装点着当时女性的头发和领口（图318、图320～图335）。

无色的明亮式切割钻石是19世纪70年代的最爱，90年代达到高潮。此时钻石供应已比较充足，所以开始重视对钻石品质的追求，拥有一颗高品质大颗粒钻石而非数颗品质低劣的钻石已成为共识。此时的镶嵌工艺也能更好地衬托宝石：厚重巨大的镶嵌底座已完全消失，替换为精巧的镂空底座和不显眼的镶爪。这种镶嵌方式可以使光线完全透过钻石。轻薄但强力的刀棱镶嵌代替了项链和吊坠中厚重的锁链（图295）。19世纪末，镶嵌底座开始流行滚珠边，这种装饰通常由压花刀或者滚珠工具完成（图281）。钻石极为珍贵，所以珠宝匠常采用最保重的切割方式。垫型切工就是这种思想的产物。但这种切割方式切出来的钻石较臃肿，而且未将钻石的高折射指数和火彩完全发掘出来。为了让光线进入钻石后可以被背面的切面反射回来并像棱柱一样将光线分开，珠宝匠们改进了切割方式。钻石被切割成圆形，变得更薄，底面只有针尖大小。这种切割方式会切掉原石约50%的重量，所以只有钻石供应充足时才可能出现。

虽然19世纪后期钻石非常流行，但19世纪末，制作珠宝时仍选用品类更多的宝石。

克什米尔蓝宝石首次进入市场是19世纪80年代。十年后，美国出产颜色较浅的蒙大拿蓝宝石进入市场。明亮的苹果绿色的翠榴石于1860年发现于乌拉尔山，在19世纪80—90年代常被用于自然主题珠宝（图335～图337）。

19世纪末，欧泊成为钻石珠宝常用配石。来自昆士兰的稀有黑欧泊的火彩比其他品种更加绚丽。这种欧泊于19世纪80年代进入市场（图304）。月光石也常被新艺术风格设计师融入珠宝（图299、图355）。在相对廉价的珠宝中，宝石被切割成弧面或是雕刻成微笑的月亮。这些宝石常被镶嵌在条形胸针的中央或饰针的顶端。橄榄石也常结合钻石和细小的种子珍珠镶嵌在做工精细的吊坠中或有卷曲饰的项链中（图291）。

19世纪90年代，珍珠和对切珍珠常作为昂贵的钻石的替代品。因为珍珠的色泽与19世纪末服装的色彩和使用的丝绸的质感搭配合宜。对珍珠的热爱席卷了整个欧洲，当时的女性或佩戴多层珍珠项链，或将珍珠装饰在发间，与钻石和羽毛装饰相搭配。

欧泊、金绿猫眼（chrysoberyl cat's eye）、虎眼石（crocidolite）和拉长石（labradorite）被切割成弧面或用来雕刻。这种切割方式可以最大程度地展示这些宝石的特色，从而在珠宝中广为使用（图320、图364和图378）。来自苏格兰和密西西比的狗头金（gold nugget）和淡水珍珠以他们不规则的外形俘获了当时的珠宝匠们的青睐。

19世纪80年代，白银被大量用在廉价的日用珠宝中。锁链和项链、錾刻工艺的相片盒以及冲压成型的印有名字、日期和铭文如"米斯巴"的胸针（Mizpah，意为"我会照顾你的"）被大量生产出来（图366）。

猎奇和运动珠宝仍大受欢迎。任何植物或动物或关于打猎、骑马、垂钓和高尔夫球的题材都可用于珠宝（图352~图365、图368~图374和图407）。三色堇、三叶草、花篮、狗和马、马刺、马镫、马蹄铁、狐狸、自行车、赛艇、剑、高尔夫球杆和鱼竿是很多19世纪末胸针的主题，也经常用在饰针和袖扣上。这些珠宝常被世纪之交的绅士们佩戴（图427、图430）。

表达好运的小吊饰或用钻石拼成的日期和名字的珠宝饰品开始流行，用以纪念某个特殊场合（图356、图372）。

装饰以皇冠或蝴蝶结的心形和双心常镶满钻石和有色宝石，这是该时期胸针和戒指中常见的题材（图392~图395、图417和图418）。

19世纪80年代的哀悼珠宝非常严肃，常用黑色珐琅，很多珐琅面上还有镶钻或对切珍珠的十字形和勿忘我。19世纪末，哀悼的习俗和规定渐渐被放宽，而且该时期女性倾向佩戴极少珠宝，甚至不戴珠宝，如果戴的话也只是一串简单的珍珠项链或一枚钻石戒指。

若要针对19世纪末珠宝进行讨论，则不得不提俄国皇家珠宝匠法贝热（Carl Faberge）。他以手工艺品闻名于世，如硬石雕刻的动物、花瓶和插花，镶宝石的珐琅复活节彩蛋，画框，储物盒以及钟表等。他也生产过少量珠宝。他的作品常表现出华丽的洛可可风格，如装饰以玑镂珐琅和彩金（红、黄、绿）制作的月桂花环。有时他在作品中会注入新艺术时期的灵感，但所用风格更加朴素、清晰，他还善用弧面切割宝石，特别是紫水晶和蓝宝石。这类珠宝常以钻石边框为饰。他制作的珠宝，从微缩的复活节彩蛋吊坠到贵重的镶宝石作品，都体现了其高超的技术水准（图401）。

路加菲尔德斯爵士（Sir Luke Fildes），1894年。"亚历珊德拉，爱德华七世王后，威尔士王妃"，国家肖像美术馆。

图274. 镶珍珠钻石冠冕，1875—1900年。所有装饰元素都可单独当作胸针佩戴。

冠冕和头饰

　　1880—1900年，冠冕非常流行。有的项链结合特制的金属框也能当作冠冕佩戴。如此，在正式场合时，女性就多了一顶可以选择的冠冕。常见的冠冕是中间向两侧逐渐降低的样式或三叶草及卷曲饰的竖琴设计（图275）。镶钻花朵、星形和月牙形冠冕上的装饰背部常装有别针，当无需佩戴冠冕时，这些单个元素都可以拆下充当胸饰或发饰（图276）。

　　19世纪末期，花卉冠冕往往也能拆成三部分以上从而作为胸针或胸饰（图274，胸针或胸饰，胸针指别在左肩稍下位置的装饰，而胸饰别在胸部正中）。其他冠冕采用镶钻卷曲饰或垂花饰，底部是钻石花簇，上部则常装饰梨形切割钻石或水滴形珍珠（图277）。

图275. 钻石冠冕，约1890年，因为使用了刀棱镶嵌，冠冕变得很轻。这件珠宝还可以转换成一条项链，这对于购买珠宝的人来说很有吸引力。只能作为头饰使用的冠冕此时已渐渐失去吸引力。

19世纪末，花环和月桂叶仍是冠冕设计的母题之一（图281）。

在19世纪90年代，俄式王冠风靡欧洲。这种王冠的设计很可能来自一种称为"科科什尼克"（kokoshnik）的俄罗斯头饰，由一系列从中间向两侧逐渐递减的放射状尖状叶饰组成（图280）。

19世纪80至90年代，饰针和胸针也常被用作发饰；通常的做法是将这些装饰别在前额的头发或发髻上方。这些首饰也通常用来固定羽饰、玫瑰花或薄纱。钻石蝴蝶、甲虫、星形、新月、三叶草、燕子、双心、马蹄铁、各种结等也是当时夜晚发饰的常用题材。

新艺术风格的冠冕和发饰常使用不寻常的材料制作，比如牛角、珐琅等，其设计则采用新艺术风格中常见的充满想象力的自然主义（图278、图282、图283）。

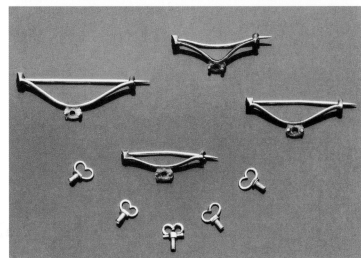

图276. 钻石冠冕，1875—1900年。每个花头都能从框架上移下来当作胸针佩戴。图中显示了典型的别针构造，设计独特的皮盒上印有Hunt&Roskell。

图277. 钻石冠冕，约1890年。

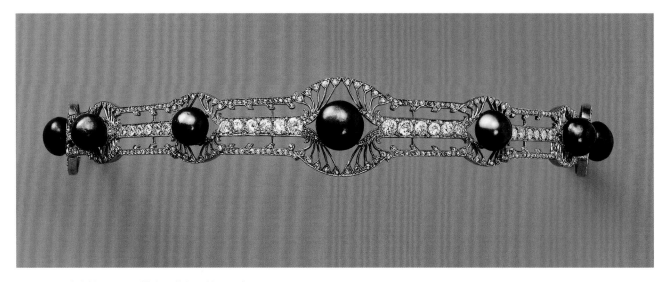

图278. 黑珍珠钻石冠冕，勒内·莱俪，约1900年。

图279. 这个蕨叶钻石冠冕设计是植物自然主义的最佳典例。硕大的垫型钻石使用"弹簧震颤"技术镶嵌于中央，其设计目的就在于反射电灯光。这件珠宝带有明显的法国韵味，其配装盒内衬中的铭文说明其设计者和生产者可能皆为著名巴黎珠宝公司巴普斯特和菲尔斯（Bapst&Fils）。

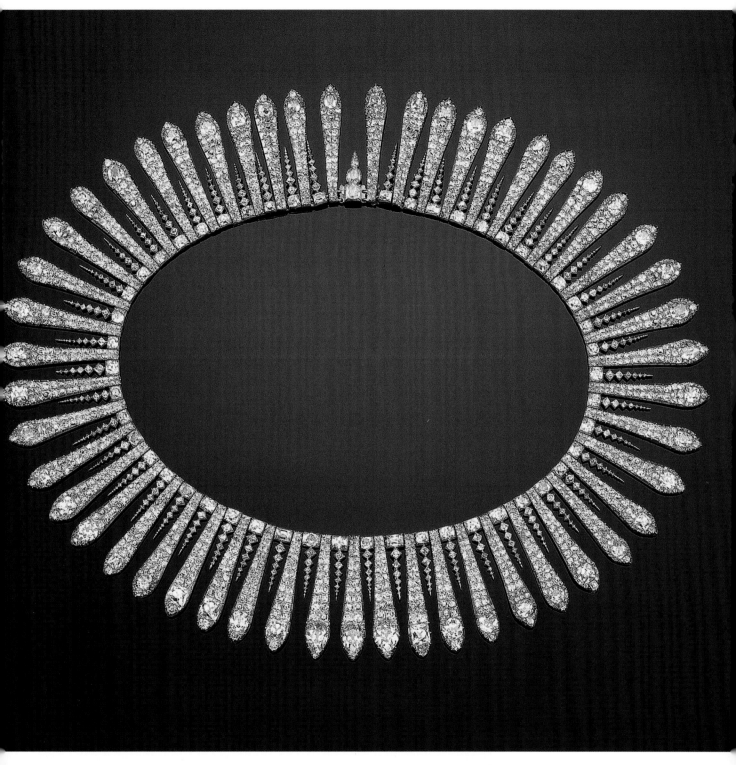

图280. 钻石冠冕/项链，约1890年。这种以俄国科科什尼克为原型的设计也被称为"鲁塞冠冕"。

图281. 镶钻冠冕，约1890—1900年。这件珠宝的设计有帝国风格。注意金属框边缘处和宝石镶嵌底座的滚珠边，这是19、20世纪之交的典型设计。

图282. 镶钻石多彩珐琅头饰，吕西安·盖拉德（Lucien Gaillard），约1900年。

图283. 珐琅牛角冠冕，勒内·莱俪，约1900年。牛角在珠宝中并不常见，但莱俪将其运用得出神入化，并与其他工艺如珐琅和各种宝石相结合。

图284. 镶珍珠、钻石发梳，约1890年。梳子上部分可当作胸针佩戴。

发梳

此时的梳子常用牛角，有时辅以精致的珐琅，设计上或采用传统设计风格，或采用新艺术风格（图285）。该时期发梳有垂直发展趋势，即与十年前的设计相比变得更长更瘦。

19世纪90年代，头部中央的小型发梳开始流行，佩戴在发际线以上。这些发梳常装饰以钻石和珍珠，设计成卷曲饰的微缩冠冕形式（图284）。

图285. 镶紫水晶黄金牛角梳，勒内·莱俪，约1900年。留意梳子上刻画的海洋生物装饰。

图286. 镶珍珠、钻石黄金珐琅准套装，约1890年（放大图）。将柔和的白色珐琅与玑镂珐琅相结合
是19世纪末常见做法。

图287. 镶钻石、珍珠、珐琅黄金准套装，高特雷特（Gautrait）为加里奥（Gariod）制作，约1890年。胸针也是高特雷特的作品，同样制作于1890年前后。这些珠宝都显示了流行于18世纪后半叶法国铜锌锡合金家具式的边框设计。

套装

　　大型套装已不再流行，包含项链、手镯、胸针和耳坠的套装消失了。女性更倾向于根据个人品位和服装廓形来搭配珠宝，如胸针配吊坠、项链配手镯等。

　　准套装依旧流行（图286、图287）。该时期颇为新颖的是自然主义风格的大型胸针和胸饰通常可以拆成几部分，每部分都能当作胸针或发饰来佩戴。

图288. 一对钻石耳坠，约1880—1900年。

图289. 欧泊镶钻耳坠，约1880年。精巧的蝴蝶结以及可前后晃动的欧泊的镶嵌方式是该时期典型特征。

耳坠

19世纪80至90年代的耳坠通常都很小。19世纪90年代，白天流行的耳坠样式是镶碎钻的单颗珍珠。夜晚，大小不一的钻石耳钉备受欢迎。1890年前后，长耳坠又重新出现，将钻石和珍珠设计成水滴状，且移动时可以晃动，从而能多角度反射光线。这时最成功的设计之一是如瀑布般的钟形花朵耳坠，这些花朵大小渐变，且通过链子互相连接。戴上此饰物，佩戴者的头部轻微晃动便可光彩四溢（图288、图289）。

19世纪80年代最令人称道的发明是螺旋接合，这种设计使女性无需打耳洞就能佩戴耳坠。

图290. 一对欧泊珐琅耳坠，勒内·莱俪，约1900—1905年，原盒仍保留。

图291. 镶对切珍珠、橄榄石黄金项链，约1890年。类似的米珠项链在19世纪末的英国大量生产。橄榄石成为该时期流行宝石。

项链

　　19世纪80至90年代最受欢迎的款式是流苏项链，这种项链设计成大小渐变的一排宝石或通过刀棱镶嵌打造悬挂的三叶草的样式。这类项链华丽程度虽有区别，但通常都镶有钻石、托帕石或橄榄石以及珍珠或对切珍珠。

　　该时期的典型设计是钻石及对切珍珠项链，这种项链被设计成以垂花饰相连的多个花头的样式（图295）。

　　19世纪90年代，另一种受欢迎的项链样式是将轻巧的金丝设计成新艺术风格的流线状，并在其上镶嵌橄榄石、紫水晶、碧玺和小颗钻石（图291）。

　　里维埃式项链又重回时尚，与之前不同的是，该时期流行将新式切割钻石镶嵌在镂空底座上（图293）。

　　很多项链也可以当作冠冕佩戴。这种项链通常与一个可以将其变为冠冕的骨架同装在一个配套的首饰盒子里（图275、图280）。

　　项圈（法语"collier de chain"）可能是该时期最有特色的颈部装饰了。夜间佩戴的项圈通常被设计成11～12排珍珠的样式，间隔着数根钻石条形装饰，并辅以精巧的镶钻卷曲饰片或新艺术风格的珐琅及镶宝石饰片（图305）。其他项链也常与项圈一同佩戴，流行搭配方式是同时佩戴项圈和数层长度渐变的珍珠或钻石里维埃式（riviere）项链。

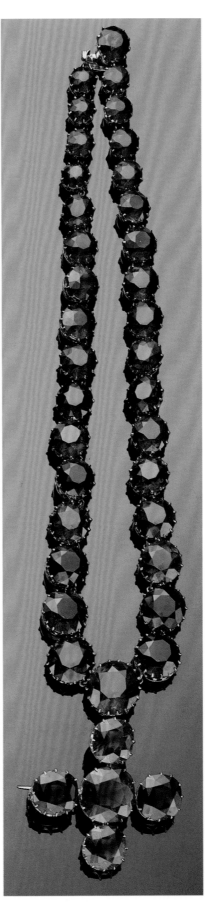

图292. 镶紫水晶、钻石黄金项链，约1880年，法国。注意宝石周围平面的黄金卷曲饰。

图293. 紫水晶里维埃式宝石项链，配有可拆卸的十字形吊坠，1875—1900年。里维埃式宝石项链风靡了整个世纪。注意这些西伯利亚钻石的爪脚镶嵌方式。

图294. 三条项链，约1875—1900年。

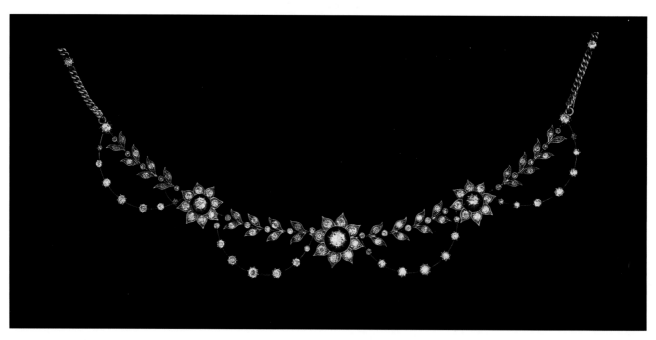

图295. 钻石项链，约1890—1900年。注意设计中表现出来的轻巧，使用刀棱镶嵌后，
固定其上的钻石看起来似乎悬在空中。

图296. 卡洛和亚瑟·朱利亚诺出品，珐琅镶宝石黄金项链，约1895年。这件作品非常华丽。与他们父亲的作品相比（见第四章），这件作品显示了他们摒弃了传统的新文艺复兴风格而转向更女性化的设计。

　　项圈的流行要归功于威尔士公主亚历珊德拉（Alexandra，Pricess of Wales），她经常佩戴一条珍珠项圈和多条珍珠长链来搭配低领服装。白天佩戴的项圈通常更为舒适，常用柔软的蕾丝或缎带制作，中间装饰以镂空镶钻饰片或可沿缎带移动的花卉装饰。19世纪90年代的另一项创新是苏托尔，又叫长项链。这种项链常用珍珠串成，镶钻石或其他宝石，并以流苏结尾。亚历珊德拉公主常将她的珍珠长项链固定在腰部或用胸针固定在束胸上。项圈和长项链一直流行到20世纪初。

　　珊瑚、绿松石和黄金珠饰项链流行于1880—1900年。同时流行的还有珐琅和黄金项链（图292、图294）。19世纪80年代早期，受唯美主义时尚影响，琥珀制成的珠状项链成为当时女性的唯一配饰。

图297. 卡洛·朱利亚诺出品，珐琅珍珠黄金项链，约1890—1900年。该设计一度非常流行。留意富有变化的珐琅和纤巧细腻的种子珍珠项链。

图298. 卡洛和亚瑟·朱利亚诺出品，珐琅镶宝石黄金项链，约1900年。该设计的植物装饰体现了
当时新艺术派风格的影响。

图299. 镶月光石黄金透窗珐琅项链，佛瑞德·帕特里奇（Fred Partridge）设计，利伯蒂公司出售，约1900年。

图300. 新艺术风格不只局限于欧洲，许多美国公司如蒂芙尼和马库斯等的珠宝都对这类风格做出了独具匠心的诠释。这些公司的代表性特色在于精妙绝伦的拜占庭风格金工以及通过并置色彩鲜亮的珐琅和罕见的宝石呈现不同寻常的色彩组合。此处展出的黄金、欧泊、珐琅和钻石吊坠以及黄金、欧泊、蓝宝石和翠榴石手镯皆为马库斯公司所制。与法国新艺术风格珠宝的恬静温婉相比，这些珠宝显得豪放飒爽，更为引人注目。

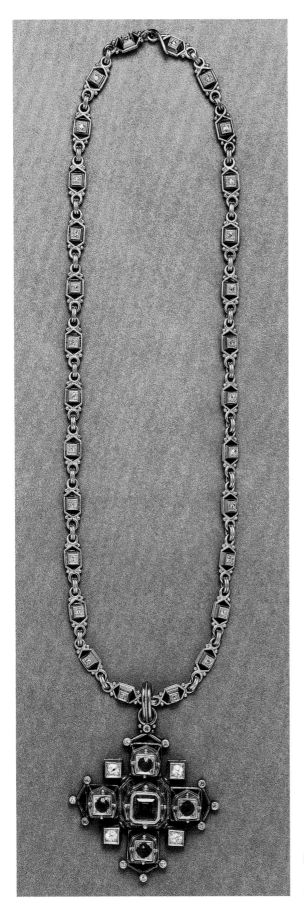

图301. 卡洛和亚瑟·朱利亚诺出品，珐琅珍珠黄金项链，约1890—1900年。黑白珐琅新月形的卷曲饰是该时期两兄弟作品的特色之一。

图302. 贾钦托·梅利洛出品，镶宝石黄金项链，约1900年。项链的设计已经过时，但也说明新文艺复兴/考古复兴风格在意大利仍有市场。项链中的红色宝石是合成品，这是早期使用合成宝石的例子。

图303. 镶钻石、欧泊、透窗珐琅黄金项链，高特雷特，约1900年，与图287相比，呈现出典型的新艺术风格。胸针和吊坠是亚瑟和乔吉·嘉斯金的作品，约1900—1905年，经典英国工艺美术运动风格。

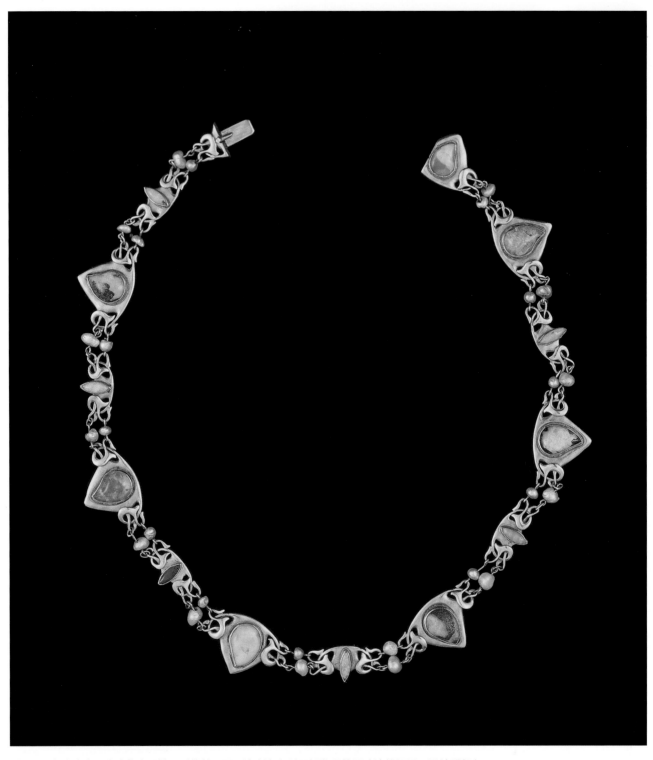

图304. 镶欧泊种子珍珠黄金项链，利伯蒂公司，注意澳大利亚新发现的黑欧泊的运用。设计受凯尔特风格影响，是英国工艺美术运动珠宝的特征之一。

图305. 镶欧泊钻石珐琅珍珠项圈，勒内·莱俪，约1900年。项圈的流行要归功于亚历珊德拉公主，因为公主的颈部曾做过手术，需要项圈进行遮挡，这种饰品一直流行到"一战"前夕。

图306. 镶钻石"山楂树"珐琅黄金项圈，勒内·莱俪，1902—1904年。莱俪的项链喜用此款镶宝石宽圈带搭配格子细工图案。如此奢侈的钻石用量几乎抢了透窗珐琅的风头，这点在莱俪的珠宝中很少出现。

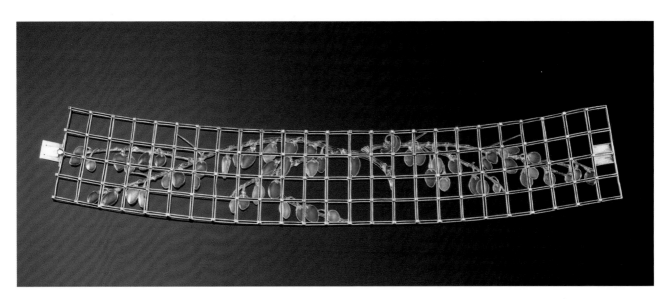

图307. 钻石珐琅黄金项圈，勒内·莱俪，1906—1908年。莱俪十分青睐这种格子细工图案，格子交叉处缀有碎钻。这件珠宝的重点在于精巧的透窗珐琅之中，一簇苍翠的茄紫色藤蔓与淡雅的蓝紫色花卉交相呼应。

图308. 镶钻胸针/吊坠，设计成太阳辐射状，约1880年。通常这类珠宝的中央部分可以拆下当作戒指佩戴。

图309. 珍珠镶钻石胸针，设计成日落状，约1880—1890年，使用了苏格兰［特别是泰河（Tay）］产淡水珍珠。这种淡水珍珠短暂流行了一段时间。

胸针

　　与之前时代相比，19世纪末的胸针更小巧精致，所以可以在领口处同时佩戴数枚，或固定在束胸前的薄纱上。即使设计和风格不搭也没关系，重要的是领口所配胸针的数量。星形胸针的设计比之前更华丽，出现了6、8甚至12、16个顶点的样式，顶点间常使用刀棱镶嵌去固定单颗镶石装饰。钻石星形胸针最受欢迎，但也有镶珍珠、欧泊和月光石的廉价版本（图310～图313）。新月胸针通常由2～3排宝石镶嵌而成，从中间向两侧宝石的尺寸递减，通常是钻石配红蓝宝石，镶珍珠、欧泊和月光石的版本也很受欢迎。采用镂空设计的宽月牙胸针常与小鸟、三叶草或蜜蜂结合。其他更紧凑的新月胸针的中央有时会装饰以星形（图314～图317，图319）。镶钻的太阳射线状胸针也很受欢迎（图308、图309）。镶彩色宝石的三色堇胸针或碎钻镶边的花瓣胸针也很受欢迎。

　　镶彩色宝石或钻石的蝴蝶、蜻蜓、蜘蛛、蜜蜂、苍蝇胸针在19世纪90年代大受欢迎（图318、图320～图322，图324～图335）。镶钻珐琅燕子、小提琴、墨丘利手杖、船锚和箭，镶钻、欧泊和翠榴石的青蛙、蜥蜴也是流行的胸针款式（图336～图337、图362～图363，图373～图374）。

　　昆虫也是新艺术风格珠宝中的常见主题，常用透窗珐琅呈现昆虫的翅膀，身体则镶以钻石。

图310. 镶对切珍珠、钻石星形胸针，约1880年。

图311. 钻石星形胸针/吊坠，Black，Starr& Frost公司，约1880年。这件星爆珠宝的设计美轮美奂，尺寸富丽大胆，其钻石奢华且与渐变程度高度匹配。Black，Star&Frost公司是美国最有口碑的珠宝公司之一，其历史可追溯至19世纪早期。该公司生产流行的欧洲风格钻石珠宝，到19世纪中叶时，该公司和蒂芙尼一样，已成为该世纪最重要的珠宝公司之一。

图312. 镶钻石星形（或花头）胸针，约1880年。这类珠宝存世量较大。

　　条状胸针出现于19世纪90年代，一经推出就大受欢迎。这类胸针呈水平条状，中央固定装饰母题，两端以花瓣或小颗宝石结尾，最简单的样式是只在中央镶嵌一颗钻石。这种条状胸针为珠宝匠发挥创意提供了平台，所以这种胸针常装饰以新月、星形、花束、野鸡、燕子、苍蝇、三叶草和四叶草（图316、图360和图367）。

　　猎奇类胸针常见表现形式有咬着萝卜的兔子、刚破壳的小鸡（鸡蛋壳用钻石或珐琅表现）、展翅的蝙蝠、正在玩毛球的小猫。其他的主题还有黄金或镶钻的许愿骨、竖琴、小天使、狗、兔子、猫头鹰或用月光石雕成的月中人等（图354、图355、图364和图368～图372）。

　　运动题材胸针与19世纪60年代它们刚出现时区别不大：马蹄铁、高尔夫球杆、鱼竿、号角和骑士帽等，但到19世纪末，这个主题开始包括所有的运动门类以及指示犬，并镶钻或装饰以多彩珐琅（图357、图359、图360、图366）。马蹄铁仍是最受欢迎的主题，即使对运动不感兴趣的女性也对其钟爱有加，因为其设计简约。19世纪90年代，马蹄铁常与两排钻石设计在一起，一排稍大，或一排为钻石，一排为红蓝宝石，有时也使用祖母绿。该时期羽毛胸针依旧充满吸引力（图351）。

图313. 镶钻星形胸针，约1880—1890年。注意星芒间的刀棱镶嵌。其上的钻石仍采用密闭式镶嵌。

图314. 镶钻新月胸针，约1880—1890年。新月与波浪卷曲饰结合的设计不同寻常。

图315. 两枚镶钻新月胸针，约1880—1890年。其中更精美的这枚胸针出现的时间稍晚。

正式场合佩戴的胸饰沿袭了18世纪的设计，采用镶钻的烛台或涡卷饰母题（图375、图376），它们常与镶钻蝴蝶结肩饰一同使用。

玫瑰饰和心形母题也常被用于胸针设计（图338～图340、图347）。

镶钻花束胸针常采用弹簧震颤装置，一直受相对保守的女性青睐（图341、图342、图345和图350）。

新艺术风格的胸针常融合多种功能，并呈现自然主义设计的流畅外观（图380～图387）。

图316. 镶钻石蓝宝石珍珠条形胸针，约1900年。这种较廉价的珠宝中的彩色宝石往往有两层。

图317. 镶欧泊和钻石月牙胸针，约1890—1900年。

图318. 镶石英猫眼、钻石胸针，甲虫造型，1875—1900年。对昆虫珠宝的热情甚至使过去不具吸引力的昆虫都被制作成珠宝。

图319. 两枚镶宝石新月胸针，约1900年。新月主题非常流行，相关饰品价格参差不齐。上图两款价格比较低廉。

图320. 虎眼石镶钻石蜜蜂胸针和耳钉，约1890年。

图321. 贝壳镶欧泊、石英猫眼、珍珠和钻石胸针，1875—1900年。

图322. 镶红宝石、钻石蝴蝶胸针，约1880—1900年。这枚胸针所用宝石皆为高质量宝石。

图323. 马吕斯公司（Marcus&Co）出品的镶密西西比珍珠和钻石胸针，约1903年。1889年夏天，人们在佩卡托尼卡河中发现了许多美丽的珍珠。于是，对这类珍珠的搜寻迅速扩展至邻近水域。这种不规则的珍珠为珠宝设计提供了无限可能，如这件珠宝就受到新艺术风格的影响。蒂芙尼公司也曾设计过类似的菊花胸针。

图324. 镶翠榴石和钻石蜜蜂胸针，约1890年。将翠榴石用在动物珠宝上的设计此时仍比较少见。胸针背面显示别针为后加。

图325. 罕见的镶欧泊、粉色蓝宝石和钻石胸针，约1900年。此时澳洲欧泊刚刚面世，可以断定这件作品的设计目的是展示这4块澳洲欧泊。

图326. 镶钻燕尾蝶胸针，约1890年。

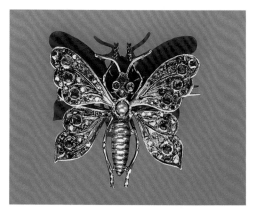

图327. 镶紫水晶、钻石蜻蜓胸针，约1900年。翅膀采用了弹簧震颤技术。

图328. 镶蓝宝石、钻石蜜蜂胸针，约1880年。

图329. 镶宝石蝴蝶胸针，约1900年。该胸针为批量生产，价格相对低廉。

图330. 宝诗龙出品的罕见的镶红宝石、钻石胸针，约1894年。蝴蝶的钻石翅膀上栩栩如生的脉络出自宝诗龙首席钻石切割师C. Bordinickx（他掀起19世纪80年代切割钻石的风潮）之手，因为钻石是自然界最硬的物质，该设计对技术要求极高。

图331. 镶钻蜻蜓胸针，蒂芙尼公司出品，约1900年。注意蜻蜓精细的腹部结构。蜻蜓是新艺术运动常见主题。

图332. 黄金昆虫胸针，约1900年。

图333. 镶玫瑰切割钻石蝴蝶胸针，约1900年。流行的蝴蝶设计的变形体。

图334. 镶钻石、祖母绿黄金蜜蜂胸针，现代风格。钻石为八面切工。该珠宝应该不属于19世纪的珠宝类型。

图335. 镶钻石、翠榴石胸针/吊坠/头饰，约1890年。这类蜘蛛胸针一般装在饰有蜘蛛网的珠宝盒中。蜘蛛腹部的宝石共计1.5克拉，中央的翠榴石超过一克拉，价值不菲。

图336. 镶欧泊、翠榴石、钻石蜥蜴胸针，约1900年。当时很流行该设计，材质也多种多样。

图337. 镶翠榴石、钻石蜥蜴胸针，约1900年。图336是相对廉价的版本。

图338. 欧泊镶钻石心形吊坠，约1890—1900年。19世纪末，打磨成心形的欧泊尤其流行。

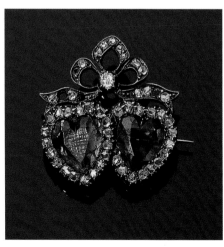

图339. 紫水晶、黄水晶镶钻双心胸针，心形上方为蝴蝶结，约1880—1890年。虽然该设计在一百多年前就有了，但此时仍然流行。

图340. 镶钻胸针/吊坠，约1880—1890年。心形胸针和吊坠常密镶钻石。注意此类钻石的切工为现代手法。

图341. 镶钻水仙胸针，约1880—1890年，花头采用弹簧震颤技术固定。

图342. 镶钻石、红宝石兰花胸针，约1880—1900年，葡萄牙。该时期兰花在欧洲越来越流行。所有的花瓣和叶片都采用弹簧震颤技术与枝干连接。

图343. 镶钻石珐琅黄金胸针，蒂芙尼，约1900年。逼真的丁香花具有自然主义珠宝世纪末的风尚。蒂芙尼善于制造此类植物珠宝，在1889年巴黎世博会上，蒂芙尼展出的25件珐琅兰花胸针系列备受推崇。

图344. 镶钻石珐琅兰花黄金胸针，杜瓦尔和勒图尔克出品，约1889年。朱利安·杜瓦尔和乔治·勒图尔克位于巴黎，他们的像章珠宝制作技能名扬四海，还制作了一系列出类拔萃的兰花和蝴蝶珠宝，这些饰品在1889年巴黎世博会上成为珠宝展的焦点，与当时蒂芙尼公司的兰花系列珠宝同样光彩夺目。

图346. 现代玫瑰花钻石胸针。其压缩底座和相对现代的宝石切工，再加上在19世纪晚期还未出现将宝石完全镶嵌在白金里的做法，明显印证了其创作时期。

图347. 黑珍珠镶钻玫瑰饰胸针，约1880年。

图345. 钻石花束胸针，法国，约1880年。随性的丝带蝴蝶结花束和自然主义设计具有经典法国风情。

图348. 现代花束钻石胸针。19世纪珠宝中还未出现在枝干中镶长串钻石的做法。底座背部的细节揭露了其低劣的生产工艺。因19世纪劳动力价格低廉，这种尺寸的无钻石镶嵌珠宝十分廉价。

图349. 珍珠镶钻胸针，约1900年。上方的蝴蝶结和能转换成胸针的设计成为断代依据。

图350. 镶钻花束胸针，约1880年，英国。花头采用弹簧震颤技术与枝干连接。

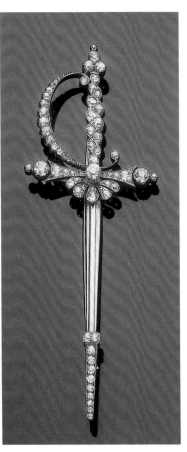

图353. 紫水晶镶钻"小花园"胸针，约1890—1900年。

图351. 镶祖母绿、红宝石、钻石孔雀羽毛胸针，约1880年。

图352. 镶钻剑形胸针，约1880—1890年。

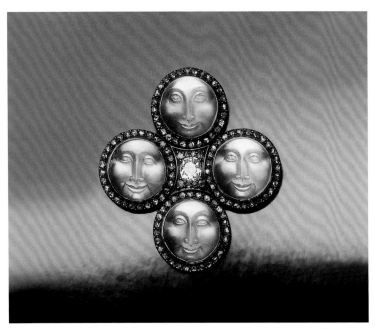

图354. 黄金猎奇胸针，19世纪晚期。

图355. 镶钻和月光石胸针，主题为"月中人"，约1890年。

图356. 镶钻长形胸针，约1900年。姓名胸针在19世纪末非常流行（图366也是此类）。

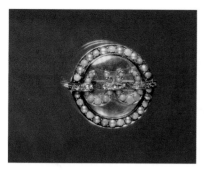

图357. 镶宝石黄金胸针，马蹄铁母题，约1890—1900年。

图358. 镶米珠黄金胸针，猎奇珠宝，19世纪晚期。

图359. 狐狸头黄金胸针，约1890年。狩猎和骑马类珠宝迅速从法国传到了英国。

图360. 9k金镶米珠长形胸针，约1890年。

图361. 镶钻石黄金单车胸针，约1900年。

图362. 镶钻船锚胸针，约1880—1890年。船锚是希望的象征。

图363. 镶翠榴石、钻石青蛙胸针，约1890—1900年。

图364. 拉长石雕刻黄金蝙蝠胸针，约1900年。拉长石曾短暂流行过，特别是用来制作浮雕珠宝。

图365. 镶钻珐琅帆船胸针，约1900年。这种运动类珠宝从19世纪80年代开始流行。

图366. 一系列世纪末时银质机工胸针，都印有伯明翰银标，注意姓名、马蹄铁和心形母题的使用，以及那时流行的米斯巴珠宝。

图367. 一系列廉价的黄金镶宝石胸针，19世纪末至20世纪初。留意鸟、蝴蝶、心形、蝴蝶结、星形、新月和椭圆形装饰元素的应用。

图368. 镶红玉髓、粉钻鸵鸟胸针，约1890—1900年。

图369. 镶粉钻钻珐琅兔子胸针，约1900年。

图370. 镶石榴石、钻石猫头鹰胸针，19世纪晚期。

图371. 镶钻小猎犬胸针，约1900年。

图372. 可爱的镶钻小猪胸针，约1900年。在很多国家，小猪被认为是幸运的象征。

图373. 镶钻黄金小提琴胸针，约1890年。另一种猎奇胸针类型。

图374. 典型的19世纪末镶钻珐琅燕子胸针。在新艺术珠宝中，燕子也是常用主题。

244

图375. 钻石胸针/胸饰，约1890年。轻巧的钻石链和刀棱镶嵌是该时期的常见设计。

图376. 珍珠镶钻胸饰，约1900年。该设计保留了18世纪晚期法国家具装饰的样式。这类珠宝常被改为项圈装饰或带扣。这件珠宝仍用金银镶嵌，虽然此时珠宝制作已开始使用铂金了。

图377. 镶钻石、粉红蓝宝石、珍珠锆石胸针，卡洛·朱利亚诺出品，约1890年。

图378. 黑欧泊浮雕吊坠，约1890年，作者威廉·施密特。澳洲黑欧泊最早于1872年在昆士兰被发现。数年过后这种宝石才出现在欧洲的珠宝市场。

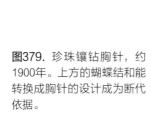

图379. 珍珠镶钻胸针，约1900年。上方的蝴蝶结和能转换成胸针的设计成为断代依据。

图380. 镶钻石珐琅珍珠黄金胸针，勒内·莱俪出品，约1895年。这件作品的不凡之处在于画面描绘了中世纪的场景，而边框则是新艺术风格。

图381. 镶钻黄金像章胸针，法国，主题是圣女贞德，约1900年，可能出自爱德蒙·贝克之手。"一战"爆发前这类珠宝被大量生产。

图382. 镶钻石欧泊胸针，约1890—1900年。底座的非对称自然主义设计揭示了新艺术风格的觉醒，并在别样庄重的胸针上加入了更多创意元素。

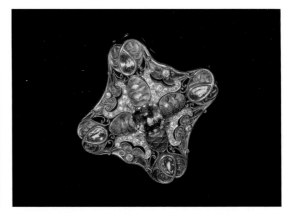

图383. 黄金镶钻石珍珠胸针，约1890年。

图384. 镶绿松石钻石胸针/吊坠，约1900年。

图385. 镶橄榄石、钻石珐琅黄金胸针，马吕斯公司，约1900年。该公司位于纽约百老汇大街857号，以新艺术风格的透窗珐琅珠宝闻名。

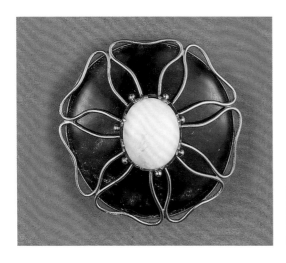

图386. 镶欧泊珐琅黄金胸针，蒂芙尼公司，约1900年。新艺术运动的影响传至美国后，蒂芙尼公司和马库斯公司都迅速推出了该风格珠宝。

图387. 镶蓝宝石、钻石透窗珐琅黄金胸针/吊坠，路易斯·玛莎蕾尔（Luis Masriera，1872—1958年），家族作坊位于巴塞罗那。

图388. 镶蓝宝石、钻石蝴蝶胸针，翅膀使用了"弹簧震颤"技术，现代风格。尽管该设计具有19世纪晚期的特色，但通过观察其蓝宝石和钻石切工方式以及黄金白金底座，可看出这件珠宝是现代仿制品。

图389. 埃内斯特（Ernest）和莫里斯·普拉迪耶（Marius Pradier）出品的埃塞克斯（Essex）水晶珠宝，19、20世纪之交。

图390. 埃塞克斯水晶相片盒，黄金边框，19世纪晚期。世纪末典型的情感类珠宝。

吊坠

　　上文提到的许多胸针都带有挂环，可以像吊坠一样佩戴（图308、图335、图379等），但世纪末最受欢迎的设计是十字形和心形。拉丁十字形吊坠常镶钻石，但也常镶嵌其他相对廉价的宝石、珍珠或简单地以珐琅装饰。

　　心形吊坠和相片盒上方常装饰以蝴蝶结，并密镶以钻石或对切珍珠。除了镶宝石的设计外，覆以绿色、蓝色或红色玑镂珐琅的心形也很流行，这些心形中央常镶嵌珍珠或钻石装饰（图338、图340、图392～图394）。

　　该时期正值新艺术风格和工艺美术运动盛期，珠宝设计也受此影响。珠宝设计师以宝石和珐琅为媒介将自然界中任何美的元素融入珠宝（图387、图400）。

　　新艺术风格流畅的线条同样影响了相对保守的珠宝设计，这些设计采用精巧的植物和卷曲饰，镶以对切珍珠、橄榄石、紫水晶和绿松石（图384）。

　　黄金相片盒延续了之前的流行趋势，但体积更小，偏向圆形，在中央装饰以姓名缩写或其他主题。

　　19世纪末流行在珐琅装饰的长链上悬挂类似珐琅工艺的怀表/吊坠（图397、图399）或长柄眼镜（图431、图432）。

图391. 镶红宝石钻石黄金珐琅吊坠，约1900年。注意独特的珐琅色彩。

图392. 镶对切珍珠、钻石吊坠，约1880—1890年，设计成一对心形。

图393. 镶红宝石黄金心形相片盒，约1890年，密镶以弧面切割宝石。19世纪珠宝中只用彩色宝石而不使用钻石和珍珠的情况比较少见。

图394. 镶红宝石、对切珍珠心形相片盒，约1900年。

图395. 珍珠镶钻蓝白珐琅胸针，中央为一对心形，约1890—1900年。这种装饰以经典的白色珐琅边框是当时的特征之一。

图396. 镶钻石珍珠扇贝形吊坠，约1890—1900年。

图397. 镶种子珍珠、钻石黄金珐琅古董表配长项链，蒂芙尼公司出品，约1900年。这种可以当作吊坠的古董表在美国和欧洲都有生产，如卡地亚便是著名的生产商。这种古董表外层常覆以蓝色、淡紫色或灰色珐琅。透明珐琅下的规则纹理装饰在19世纪初就已经出现。

图399. 镶钻黄金珐琅球形古董表吊坠，约1900年。球形古董表可能在珠宝历史中是首次出现。

图398. 卡洛和亚瑟·朱利亚诺出品，镶红宝石、珍珠、橄榄石和钻石菱形黄金吊坠，约1895年。这件作品有他们父亲19世纪70年代的风格，也有可能是老库存。

图400. 黄金珐琅吊坠，勒内·莱俪，约1900年。

图401. 一系列法贝热珠宝，19世纪末20世纪初，其中包括四个复活节彩蛋吊坠，这是俄国复活节流行的礼物。

图402. 镶红宝石钻石手镯，约1900年。绳状钻石手链是该时期的经典特色。

图403. 镶种子珍珠、蓝宝石和玫瑰切工钻石手镯，19世纪晚期。

手镯

　　手镯仍延续了同时佩戴多个的习惯，有时每只手臂上多达四只。手镯一直是经久不衰的手饰品，常为宽形或窄形设计。镶珍珠、钻石或其他宝石的宽黄金手镯仍流行于19世纪80年代（图412、图413和图415）。19世纪90年代，窄手镯开始受欢迎，常设计成半圈钻石、蓝宝石、祖母绿、珍珠或欧泊的样式或者整圈薄金，中央镶嵌着镶宝石花头，卷曲饰或榄尖形（马眼形）装饰（图414、图416）。19世纪90年代的典型设计是多圈式手镯，背面是2～3条金丝，正面则是镶宝石的花头、马蹄铁和心形装饰，这些装饰常可拆卸作为胸针佩戴（图406）。

　　19世纪90年代的另一项创新是交叉手镯，正面设计成金线交叠，末端则以花卉或其他主题进行装饰。铰链手镯通过弹簧搭扣固定在手臂上，常设计成管状，搭扣接口两端饰以黄金或宝石圆珠。

　　19世纪末，手链流行起来，从18k实心到9k空心，各阶层的需求都能满足。这种手链常用一把小锁连接，或挂上各种小吊饰、硬币或徽章。有时在锁链中央也会镶嵌绿松石或欧泊。其他白天佩戴的手链则采用各种形状的锁链，间隔处点缀小的宝石团簇（图403）。

　　19世纪末，手镯正面用旋涡状装饰的绳状钻石手链变得流行（图402）。

　　钻石饰片连接的数层珍珠手链，或缎带配镂空镶钻装饰也常配以珍珠或缎带项圈。

图404. 贾钦托·梅利洛出品的伊特鲁里亚风格珐琅黄金手镯，约1900年。这件和图405展示的手镯的工艺具有代表性，而且已经超过古人。

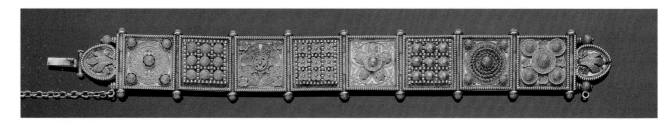

图405. 伊特鲁里亚风格黄金手镯，法索利，约1900年。

图406. 黑珍珠镶红宝石、钻石铰接手镯，约1880—1890年。

图407. 镶钻珐琅黄金铰链式手镯，约1880—1890年。

图408. 黄金手链，热尔曼·德斯巴尔扎斯（路易斯之子）出品，新艺术风格，约1890年。这四块像章皆出自韦尼耶之手，分别代表音乐、雕塑、绘画和建筑女神。

图409. 三件镶宝石手镯，约1890年（放大图）。手镯正面采用红宝石配钻石方格的设计比采用蓝宝石搭钻石花朵的设计更为少见，背部的刀棱镶嵌也是那个年代的经典特色。

图410. 卡洛和亚瑟·朱利亚诺出品的珐琅镶宝石黄金手镯，约1900年（图经放大以显示作品细节和搭扣处的署名）。手链所用的宝石是启示录中提到的天国城墙镶嵌的12种宝石。宝石上的划痕显示雕刻的痕迹。

图411. 黄金帕特·德·维尔珐琅手镯，勒内·莱俪，约1900—1905年。留意谷神克瑞斯浮雕所用的帕特·德·维尔材质以及绿色透窗珐琅中的细碎金箔。

图412. 左边两只手镯是传统设计，镶蓝宝石、钻石，约1880—1890年。购买这类手镯时应小心留意蓝宝石是否为双层石。右边手镯制作于1890年前后，是当时时髦的款式。

图413. 钻石手镯，约1880年。注意手镯后方的镂空设计以及手镯前方到两侧的镶钻排列设计。

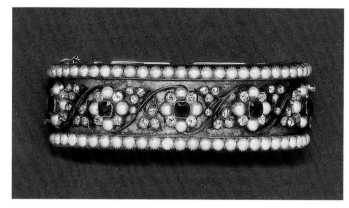

图414. 绿松石镶钻石手镯，约1890年，使用了典型的刀棱镶嵌技术。

图415. 镶蓝宝石、对切珍珠和钻石手镯，约1880年。

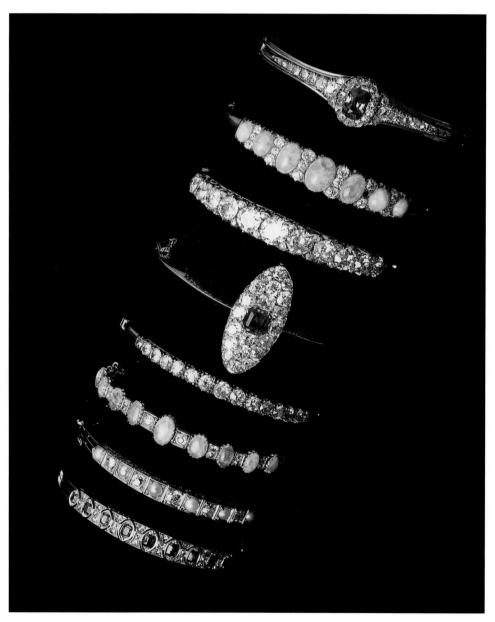

图416. 一系列黄金镶宝石手镯，约1890—1900年。

图417. 钻石戒指，设计成相连的两个心形，约1890年。

图418. 对切珍珠镶钻石戒指（放大图），双心上装饰蝴蝶结，约1890—1900年。

图419. 钻石黄金戒指，约1900年，法国。黄金表面的磨砂处理成为断定其产地的依据之一。

图420. 五圈戒指，镶红宝石、蓝宝石、祖母绿和钻石，约1890年。戒指上的彩色宝石使用了该时期典型的镶嵌方式。

戒指

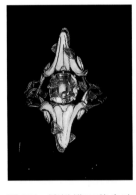

图421. 镶橄榄石黄金珐琅戒指（放大图），勒内·莱俪，约1900年。

虽然戒指的外形限制了珠宝匠们的想象力，但到19世纪末，仍出现了一些新设计。19世纪90年代最成功的创新之一是交叉戒指，这类戒指常镶嵌两颗钻石，或一颗钻石一颗珍珠。这种设计一直流行到今天，且外形变化不大。

另一种新设计是两个或以上的叠戴戒指（图420），这种戒指背面靠2~3根金丝连在一起，正面则镶嵌宝石或宝石团簇。冠以皇冠或蝴蝶结的心形或双心，常采用设计为有色宝石配钻石边框，这也是19世纪90年代的新设计，虽然这种设计可追溯至18世纪（图417、图418）。

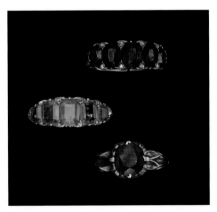

图422. 两枚半圈戒指以及一枚单石戒指，戒臂有纹沟，19世纪晚期的经典款式。

图423. 镶钻、种子珍珠皇家蓝珐琅黄金戒指，19世纪晚期。注意不要将该戒指与18世纪晚期类似戒指混淆。种子珍珠和精细的珐琅工艺是断代依据。

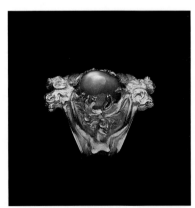

图424. 镶星光蓝宝石黄金戒指，勒内·莱俪，约1900年。设计为两裸女，头发环绕蓝宝石。

19世纪末，单石戒指大热，镶嵌底座变得愈加轻巧纤细。新艺术风格雕塑类的大型黄金戒指在法国成为当时的潮流风尚（图419、图424）。新艺术风格珠宝匠将植物装饰和女性元素融入戒指设计（图421、图424）。半圈戒指、马眼花簇戒指以及吉普赛戒指仍在生产（图422、图423）。同样流行的还有蛇形黄金戒指和带扣黄金戒指。

带扣和搭扣

19世纪末，宽带扣流行起来了。这种带扣常采用矩形边框，里面是新艺术风格的植物和花卉装饰。搭扣则是银质，并且进行发黑处理，或覆以珐琅，或镶嵌半宝石，这成为当时钟情于工艺美术运动风格的女性的最爱（图425、图426）。

银、珐琅和镶宝石的腰带也备受欢迎（图433）。

图425. 镶紫水晶珐琅银质带扣/斗篷扣，阿什比的设计作品，约1902年。手工业行会制造。

图426. 镶钻石珐琅珍珠黄金带扣，勒内·莱俪，约1900年。

图428. 两对珐琅镶宝石黄金袖扣，约1900年。

图427. 男士珐琅黄金袖扣/扣子，约1900年。

图429. 珐琅黄金袖扣，约1900年，描绘了四类恶习。

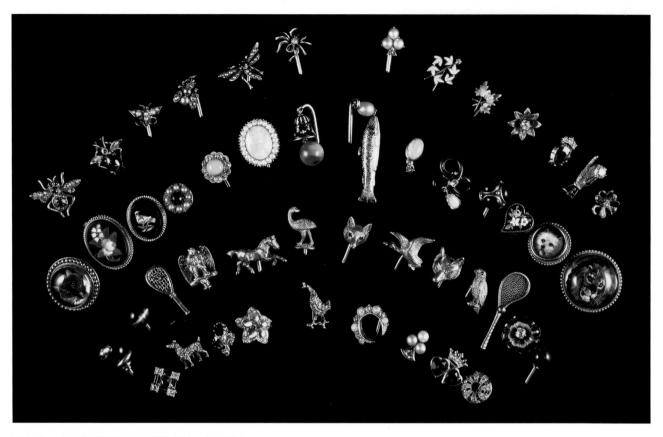

图430. 一系列有趣的镶宝石黄金领针，19世纪末。

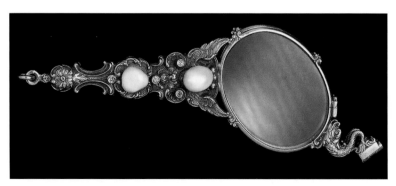

图431. 镶巴洛克珍珠黄金长柄眼镜，约1890年。长柄眼镜是长链上的常见装饰。相片盒上则十分罕见。

图432. 镶钻长柄眼镜，约1900年。

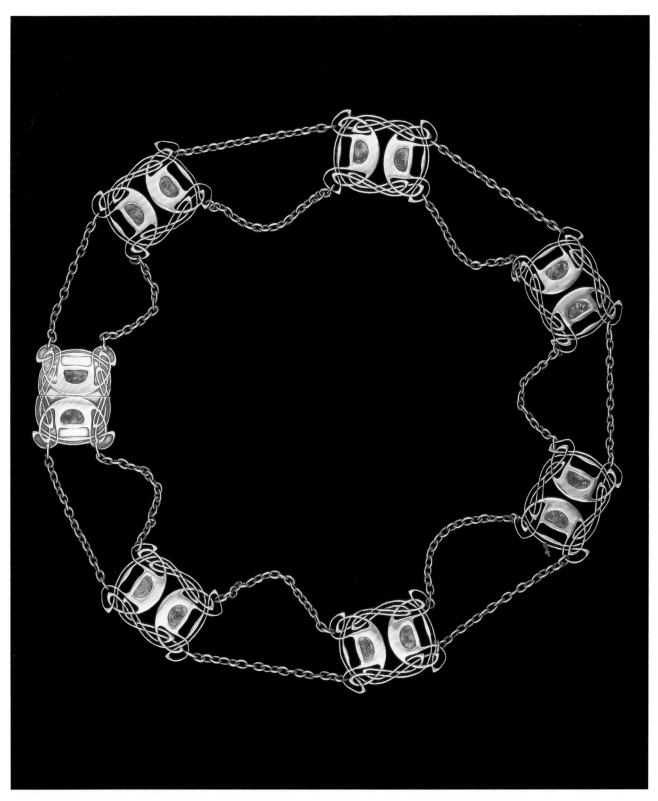

图433. 镶珐琅银质腰带，利伯蒂公司出品，约1905年。

第 六 章

1900年至1920年

1900年的到来没有给社会各界，如政治、社交和艺术圈的人们带来所期盼的改变和创新。19世纪的影响一直持续到1910年以后。直到1914年"一战"爆发和四年之后的俄国十月革命才让欧洲和美国彻底将旧世纪抛在身后。事实上，20世纪头十年的主要影响力仍源自欧洲。英国已不复往日繁荣，但这个时期人们对珠宝的购买欲望远超其他任何时期。

当"一战"来临，舞会和各种接待晚宴一夜之间消失了，珠宝被锁入保险箱或被售卖来维持生计。"一战"期间，珠宝生产几乎停滞，珠宝匠们都改行去了军工厂工作或上了前线。贵金属日益稀少并且受到管控。在很多国家，民众被要求捐出黄金来支持战争。1914年格雷勋爵（Lord Grey）写道："光明一夜之间离开了欧洲"。这句话像预言般同样适用于伯明翰的珠宝工坊，因为在珠宝贸易繁荣时期，制作珠宝必不可少的是本生灯，即光明。

20世纪头十年见证了某些19世纪末潮流的兴起和衰落，如新艺术运动和工艺美术运动。卡洛和亚瑟·朱利亚诺仍旧生产复兴风格珠宝，直到"一战"爆发前，其风格与19世纪90年代相比没有太大改变。法贝热则继续完善透窗珐琅工艺。1890—1910年，新月和星形装饰又重新受到欢迎。

新的设计陆续出现，其风格与其说是与传统决裂，不如说是对传统的传承和发扬。爱德华时代和同时期欧洲其他国家的珠宝并没有完全接受新艺术运动带来的变革，而是重新演绎了18世纪珠宝轻巧精美的特点以及精湛的设计。结合洛可可风格中常见的贝壳装饰、涡卷饰的路易十六风格为当时相对保守的珠宝匠们提供了源源不竭的灵感。这些珠宝匠们不愿意采用新艺术风格，但又欣赏该风格作品流畅的线条。花环、缎带、蝴蝶结、编织纹（entrelac-de-ruban）、心形、双心形成为了20世纪初珠宝的主乐调（图435、图436、图437等）。

花环风格大师是路易·卡地亚（Louis Cartier），他鼓励设计师参考18世纪纹样书籍，并观察巴黎街道上18世纪的建筑以获得灵感。花环、月桂叶花冠、蝴蝶结、流苏、蕾丝都是他最喜欢使用的装饰元素。大西洋两岸的皇室、贵族以及富有的客户都对这种设计抱有极大热情，他们的项圈、胸饰、吊坠和冠冕都采用了这种风格（图434）。

如果没有使用铂金，20世纪初珠宝展现出的轻巧将无从谈起。19世纪，铂金仅被偶尔用在珠宝制作中，进入20世纪，这种金属开始成为一种标配。

弗朗索瓦·弗意蒙（Francois Flameng），1908年，"亚历珊德拉皇后"（Queen Alexandra）。皇家珠宝藏品。经由女皇陛下的许可转载。

相比铂金，白银较软，所以镶嵌时用量较多，并且为了使整件作品更为坚固，还常常需要在珠宝背后装上黄金骨架，这样做还能防止氧化后的银弄脏皮肤和衣服。结果不可避免的就是银质珠宝变得厚重，佩戴起来不舒服并且容易变黑，作为舞台珠宝也显得暗淡无光。铂金的强度和延展性使珠宝匠得以减少金属用量并始终保持金属的白色光泽（图436），方法是将金属开孔，制作成蕾丝状或精确的几何图案。经过上述处理的圆形铂金片常作为吊坠、胸针的基底，并在其上添加花形或花环装饰（图473、图494）。20世纪初花环风格几乎影响了欧洲所有珠宝制作工坊。乔治·富盖在尝试了新艺术风格后，最终转向花饰和花环风格，在作品中采用镂空和滚珠边工艺（图449）。亨利·韦韦尔则将新艺术风格的线条与18世纪的设计相结合。拉克洛什、宝诗龙、尚美和麦兰瑞也紧跟这股潮流（图444）。

1902年和1909年，卡地亚分别在伦敦和纽约建立分支，对富有的英国和美国客户而言，著名的花环风格珠宝因此触手可及。这些客户来自皇室、贵族、商界以及戏剧界。这类珠宝精巧的做工和设计与当时的服装也十分相配。

当时巴黎高级女装首屈一指的公司是沃斯兄弟，巴黎最时尚的女性都身着他们精致多彩的丝织品，包括淡紫色、粉色、黄色、紫红色、淡黄色以及绣花球蓝等色彩。置于紧身胸衣前的珍珠和钻石、精致的格子网状细工设计，再加上时不时用紫水晶或绿松石点缀的项圈和苏托尔长链，与当时的时尚服饰所展现的婀娜身线完美相衬。

1910年前后，黑白色组合进入时尚圈。钻石、黑玛瑙以及黑色珐琅出现在花环风格珠宝设计中，成为一时风尚。钻石珠宝此时也常别在黑色丝绸缎带上（图481）。

这类黑白色珠宝也成为19世纪沉闷的哀悼珠宝中的别样之选。虽然看起来很高冷，但非常优雅时髦，且关于哀悼的规定从维多利亚时代和法国第二帝国时期流传至今，已变得越来越灵活，也允许哀悼或半哀悼期间佩戴这些珠宝。

打破花环风格营造的钻石和铂金单色珠宝的是巴黎和伦敦上演的由芭蕾舞编剧家迪亚吉列夫（Diaghilev）带领的俄罗斯芭蕾舞团创作的表演。1910年《天方夜谭》（Scheherazade）在巴黎的首次演出就在观众和批评家中都引发了轰动。明亮多彩的服装和布景都刺激着当时人们的眼球。莱昂·巴克斯特（Bakst，1866—1924年，俄国画家和舞台设计者）的服装是以多彩华丽的伊斯兰女眷的服装为原型设计的，亮橘色、深红、朱红、皇家蓝、祖母绿和金色等用色深深震撼了当时的巴黎高级服装设计师们，东方瞬间化身为灵感缪斯。保罗·普瓦雷（Paul Poiret，1879—1944年）则使用了流苏装饰的土耳其裤以及用羽毛装饰的头巾来演绎女性服装。

对于珠宝，东方风格的融合表现为莲花、尖拱、孔雀羽毛和风格化的清真寺尖塔造型的引入（图487）。流苏和羽饰成为一时风尚，珠宝设计中又重新看到了彩色宝石的身影。20世纪20年代，卡地亚成为多彩珠宝的先锋，他成功地将蓝宝石和祖母绿、玉和蓝宝石以及雾面水晶和切面彩色宝石有机结合在一起。普瓦雷对珠宝的影响并非只有融合了东方风格，他摒弃了之前紧绷的束胸，引入了舒适的丝质上衣，使女性得以解放，并且设计了高腰连衣裙，腰线处用缎带装饰。当时服装的潮流转移到直线条的运用上，珠宝也要适应这种新的服装廓形。随着束胸被弃用，胸饰也消失了，取而代之的是如肩章般的肩部饰物。短项链和项圈被长项链和苏托尔长项链取代。

埃及成为另一个灵感来源。考古学家爱德华·艾尔顿（Edward Ayton）和弗林德斯·皮特里（Flinders Petrie）分别在底比斯和在拉罕的考古发掘使公众对于法老时代兴趣盎然。出现了很多埃及风格珠宝，这种埃及复兴在19世纪已经出现过两次，也预示着20世纪20年代图坦卡蒙墓被发现后引发的埃及热。

20世纪初的十年间，流行大量佩戴首饰。当时的女性将项圈与苏托尔长项链或珍珠链搭配，双臂都戴手镯，几乎每根手指都会佩戴戒指。冠冕、发带和羽饰常在夜间、正式场合或剧院里佩戴。

虽然也是被钻石、珍珠包裹，但爱德华时期的女性并没有落入维多利亚时代女性追求华丽的窠臼——那时的女性几乎会将珠宝盒中所有珠宝都戴上来彰显财富。猎奇和运动题材珠宝依旧如19世纪晚期一样在白天佩戴。条形胸针和寓意幸运的小饰物依旧沿用了19世纪的设计。该时期真正与之前不同的是汽车和飞机出现在胸针设计中，表现帆船的珠宝也出现了，这可能受威尔士王子和德国国王威廉二世热爱航行的影响（图365）。为纪念1902年爱德华七世加冕，一些做工精美的珐琅镶宝石小胸针也出现了（图454）。

爱德华时代最受欢迎的宝石是紫水晶和橄榄石，它们浓烈但又柔和的色彩与花环风格相得益彰。其他富有特色的宝石还包括绿松石、蒙大拿的浅色蓝宝石、墨西哥火欧泊、澳大利亚黑欧泊以及乌拉尔山出产的翠榴石。这些宝石常与种子珍珠和钻石搭配（图461、图488和图501）。

19世纪的宝石切割类型——明亮式、玫瑰式、梨形和弧面切割在一定程度上阻碍了珠宝设计。所以20世纪初新的切割方式出现以适应东方和花环风格的要求。

图434. 镶钻冠冕，卡地亚，1911年。花环风格的典范。

　　小型角切工宝石在维多利亚时代就出现了，但通常限于绿松石、珊瑚和其他半宝石。红宝石、祖母绿、蓝宝石以及紫水晶此时也开始使用这种切割方式，钻石则出现了长阶梯形、三角和榄尖形切割（图455、图469和图470）。

　　椭圆形切面宝石常用在花环风格珠宝中，悬挂在冠冕的植物装饰中或作为吊坠的中心，为设计增添了一分灵动（图493）。

　　弧面切割宝石流行于19世纪的哥特式复兴风格珠宝中，并随着工艺美术运动和新艺术运动再次流行。之前，这种切割方式常用于半宝石或品质中等的小颗贵重宝石。但进入20世纪，弧面切割开始用于一批高品质的彩色宝石。

　　"一战"的爆发使20世纪初轻快的珠宝风格骤停。生活一夜之间大变样——珠宝消失了，或被出售，或被藏于保险柜中。由于军工需要，贵金属变得稀缺，尤其是铂金，市面上几乎见不到铂金，例如英国政府就明令禁止铂金交易。战争期间生产的极少量珠宝常常以战争作为主题，如战斗机、坦克、潜艇、幸运符、护身符、军队徽章，它们偶尔用黄金和钻石制作，但更常见的是白银和更廉价的金属。卡地亚制作过一批战争题材的钻石胸针和吊坠，如"迷你的火炮"和"战斗机"等。

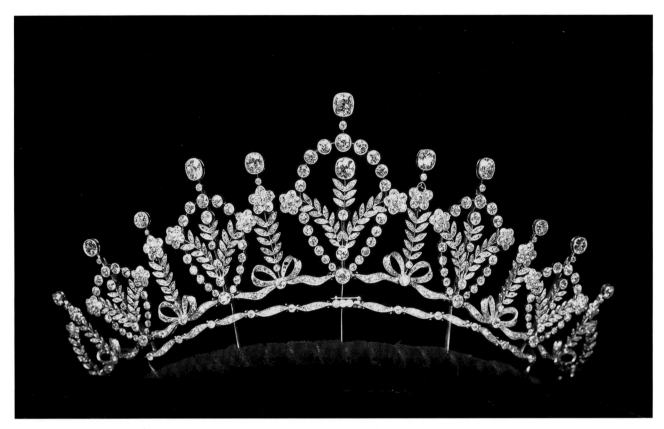

图435. 镶钻冠冕/项链，约1900—1905年，留意精巧的枝叶和蝴蝶结装饰。

冠冕

冠冕或许是20世纪初最有代表性的珠宝。对于有钱人而言，在正式场合佩戴一顶冠冕是财富和格调的象征。在20世纪最开始的几年，钻石冠冕曾被设计成翅膀或是5～7个星形或花头团簇的样式，或采用19世纪晚期俄国王冠的尖形设计（图276、图280）。

在诸多新颖设计中，希腊回纹样式的带式冠冕最受欢迎。风格化的月桂和莨苕饰也常被用在发带式冠冕设计中。

自然风格的花卉冠冕依旧在生产。受花环风格影响，冠冕也常采用环状和垂花饰，并配以水滴状的珍珠、椭圆形切面宝石以及鸡心形垂饰等（图434、图436和图438）。

1910年，冠冕在巴黎逐渐过时，纽约也很快受此影响，但在伦敦，由于保留了严格的宫廷礼仪，冠冕仍是重要的珠宝类型。戴在前额或发际线之上的发带慢慢流行起来。与冠冕相比，这种装饰能更好地配合服装简洁的直线条。另外，这种发饰也更易佩戴，只需一条缎带将其系在脑后即可（图437）。保罗·普瓦雷鼓励女性佩戴中央别有可拆卸珠宝的发带，这些珠宝通常是一颗水滴形的宝石或珍珠。更灵活的发带则做成类似带状或薄纱，使用钻石镶边或采用带扣设计。

图436. 镶钻头饰，德国，约1910年，铂金框架。到1910年，铂金已经取代黄金和白银成为最受欢迎的底座金属。

图437. 蕾丝设计镶钻发带/手镯，约1910年。与冠冕相比，此时发带愈发流行，因为其容易佩戴，并且可以当作手镯、项圈或胸针使用。

羽饰从19世纪90年代开始流行，此时也成为沃尔特和普瓦雷的经典服装设计搭配。直到1910年，最受欢迎的羽饰题材仍来自植物，如叶片、花朵和麦穗等。1910年之后，俄罗斯芭蕾舞团为珠宝设计师们提供了源源不断的灵感，如波斯风格的叶片、中国风的铜锣、莲花、纸莎草以及一种传统的印度头饰——萨佩什（sarpesh），这些设计被镶以各种宝石，并装饰以各类不常见鸟类的羽毛。

镶钻的翅膀装饰与白鹭羽毛一同佩戴的做法出现于19世纪90年代，1910年前后达到高潮。

19世纪晚期将胸针当作发饰的做法逐渐消失，但月牙形的胸针作为发饰仍流行至"一战"爆发。这种设计常与羽毛相结合。

套装

19世纪末套装逐渐消失的趋势一直延续至20世纪。同一种风格而不一定同种设计的珍珠项链配钻石手链取代套装广受欢迎。但后期一些著名的珠宝公司也不生产此类珠宝了，以至于其渐渐地几乎完全消失了。直到20世纪30年代后期，成套珠宝才逐渐重新出现，20世纪40年代才开始变得普遍起来。

图438. 镶钻冠冕，约1900—1905年。

耳坠

1900—1910年，钻石耳钉被广泛佩戴，但直到普瓦雷对女装进行改革之前，耳坠还是主要与女式蕾丝精美时装相配的花环风格。

最成功的设计是由镶钻树叶组成的花环，中央是可晃动的钻石或彩色宝石。椭圆形切面钻石、海蓝宝石以及祖母绿常悬挂于滚珠边装饰的钻石链下面（图439、图440）。其他长耳坠设计常采用小的风格化的花序形式（图441）。

图439. 一对镶钻耳坠，约1910年。

图440. 一对祖母绿镶钻耳坠，约1905—1910年。20世纪初长耳坠又重回时尚。

图441. 一对镶钻长耳坠，约1910年。这种倒着的水滴设计很少见。

图442. 尚美出品的黄金珍珠绿松石钻石项链以及配套手镯，1906年。尽管此时铂金在花环风格珠宝中备受钟爱，但黄金和铂金同时锻压在一件珠宝上，或者是像此例珠宝，为迎合传统客户的品位而将黄金作为首要金属。注意项链的精美包装盒，其打开时宛如一个衣橱。

项链

直到"一战"爆发前，19世纪末因亚历珊德拉公主兴起的项圈仍是最常见的珠宝之一。这些项圈常密镶钻石，采用花环风格并装饰以垂花饰、卷曲饰以及风格化的花朵等，使用黑色缎带固定。黑色缎带也更加凸显了金属的蕾丝工艺。

与19世纪晚期相比，珍珠项圈更宽了，有时竟多达20层，末端以钻石饰片连接（图443）。项圈常与数层珍珠佩戴，所以19世纪流行的大型项链就无法佩戴了。

苏托尔长项链与项圈一样流行。最昂贵的设计成珍珠或钻石织成的缎带，结尾处使用两个流苏。流苏也常被替换为圆形或八边形的吊坠。这些吊坠常采用几何或风格化的镶钻植物装饰（图449、图456）。

相对廉价的设计采用复杂的长金链，间隔点缀着珍珠、绿松石团簇、金线缠绕的密西西比珍珠或珐琅的棒状装饰。这些项链可绕颈2~3圈，之后固定在裙子上或像垂花饰一样固定在胸前，类似19世纪长项链的佩戴方法。

一种苏托尔项链的设计是将串有小珍珠的两根绳索互相缠绕，其末端常采用镶钻流苏（图451）。另一种苏托尔长项链则是采用嵌镜的钻石（将黄金或铂金线围成圆形，类似镜框，再镶入钻石，又叫镜框式镶嵌）或各种彩色宝石长链（图453）。

黑玛瑙和红珊瑚的苏托尔长项链也很流行。苏托尔长项链与当时简洁的直线条服装设计非常相配，并成为20世纪20年代最常见的颈部装饰。

1900年前后，一种特殊的项链——拉瓦利埃项链（Lavalliere）出现了。这种项链是简单的锁链搭配水滴形吊坠或珍珠。拉瓦利埃的变形是埃德娜·梅吊坠（Edna May），以一位美国著名女演员的名字命名。这种吊坠为简单的包镶宝石或宝石团簇，其上方是一颗小些的宝石，宝石间用锁链连接。类似但更华丽的设计还有纳格利吊坠（negligé），这种吊坠是中央的宝石装饰下方通过锁链悬挂两颗水滴形宝石，两颗宝石常高度不同（图446、图447）。

间隔点缀钻石的精巧项链常用来悬挂花环风格吊坠，这也是当时流行的颈部装饰（图445、图448和图450）。

偏正式的项链设计则完全采用花环风格，并常采用蝴蝶结装饰（图444）。

图443. 珍珠镶钻项圈，约1910年。将项链往脖子上方戴高一点就类似项圈了。项圈一直流行到"一战"爆发。

图444. 镶钻项链，拉克洛什，约1910年。这件作品展示了花环风格日渐完善的设计。

图445. 镶钻项链，约1910年。中央的黄钻可能来自南非的好望角矿区，在当时实属稀奇物品。

图447. 两条纳格利（negligé）项链，约1905—1910年，一条是巴洛克珍珠镶钻，另一条是祖母绿。

图446. 镶钻纳格利吊坠和项链。这种珠宝总是设计成两个水滴形，悬挂在长短不同的链下面。

图448. 镶钻吊坠和项链，约1905年，花环风格，铂金底座。

图449. 镶钻苏托尔珍珠长链，搭配玫瑰花型吊坠，乔治斯·富盖，约1905年。该时期的苏托尔长链款式有两种，一种是本图中的珍珠编织链，另一种为绳状链（图451）。

图450. 镶钻珍珠吊坠配简单项链，约1905年。

图451. 镶钻苏托尔珍珠长链，约1900—1910年。

图452. 劳里·查尔斯（Laurie Charles）摄影作品，约1900年，相片人物为玛丽·坦佩斯（Marie Tempest）。维多利亚和阿尔伯特博物馆。

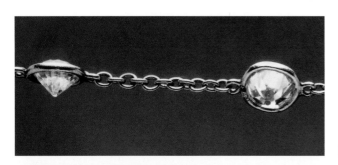

图453. 镶钻苏托尔长项链，镜框式镶嵌镶嵌垫形钻石。

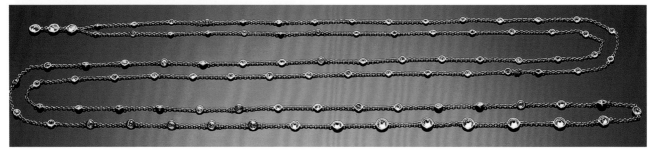

图454. 镶钻、翠榴石、珐琅纪念胸针，约1902年，为纪念爱德华七世加冕。

图455. 华丽的镶钻石、红宝石凤尾蝶胸针，约1900—1905年。注意红宝石采用的小型角石切割来适应边框，这种做法在19世纪还未出现。

胸针

该时期常见的胸饰直接缝在衣服上，而非通过别针固定。胸针常采用花环风格，如莨苕叶、月桂花环、蝴蝶结、抽象的网格等（图488）。1910年前后，束胸消失了，过去的胸饰已无法佩戴，所以很多珠宝被拆解，重制后变成更多的小件珠宝。从19世纪末到1910年，人们通常佩戴大量的小胸针。最受欢迎的设计是珐琅工艺玫瑰、雏菊、报春花、钻石中央的水仙以及缎带制成的三色堇，其花瓣使用钻石镶边。

花环风格的吊坠/胸针常采用滚珠边镶钻石且边框围绕中央大颗彩色宝石的设计，上方通常还有蝴蝶结（图458～图460、图461和图472）。镶钻的镂空成网格状的片状或涡旋状装饰是该时期最具特色的胸针设计（图473、图474、图475和图478）。条形胸针中央常见各种装饰或是简单镶嵌一颗大的明亮式切割钻石。镂空、密镶和滚珠边工艺被用于绝大多数的片状胸针中（图479）。

其他类型胸针常见小型角切工的彩色宝石边框，或大小从中间递减的滚珠边镶钻石设计（图484、图486、图489和图490）。

蝴蝶结胸针或采用镂空设计，或镶满钻石，或使用黑色缎带制作，边缘处镶钻石（图462～图465、图467）。除了19世纪晚期的装饰母题，运动和猎奇胸针出现了新的题材，如飞机、网球拍、方向盘以及耍杂技的猴子等。

图456. 雍容华贵的镶海蓝宝石、钻石苏托尔珍珠长链，饰以可拆卸吊坠，约1905年。如今可使用人工技术将这块绿色的海蓝宝石"变为"深蓝色。但以现代人眼光来看，对这块超150克拉的名贵宝石来说，绿色与这件珠宝更相衬。

图457. 巴洛克珍珠镶钻昆虫胸针，约1910年。铂金底座是断代的线索。

图458. 镶钻月光石浮雕胸针，约1905年。

图459. 斯里兰卡蓝宝石镶钻胸针，约1905年。

图460. 红色尖晶石镶钻吊坠/胸针，约1905年。尽管红色尖晶石十分美丽，但非常稀有，在珠宝界里并不常见。同时，其价值较低，与其稀有性并不相称。

图461. 火欧泊镶钻胸针/吊坠，约1905—1910年。虽然从19世纪70年代人们就开始在墨西哥进行开采，但火欧泊首次出现在欧洲珠宝市场已经是19世纪末20世纪初了。

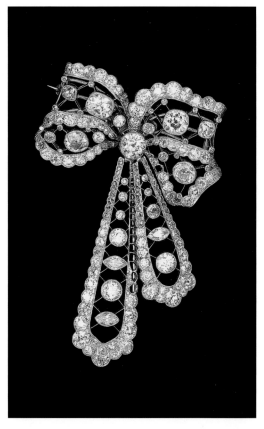

图462. 镶钻蝴蝶结胸针，约1910年，下方缎带可活动。注意榄尖形钻石，这种钻石切割方式刚开始流行。注意左侧下垂缎带的右边缘有一片区域未镶嵌钻石，这是因为右侧缎带可以将其遮盖。与19世纪不同，20世纪早期的蝴蝶结常可以活动。

图463. 现代仿爱德华时期蝴蝶结胸针，背面显示底座粗糙的镂空做工以及珠宝不同部分之间粗劣的连接手法。胸针上的宝石的最大破绽为现代明亮式切割。

　　心形、双心形、翅膀以及中央镶钻的红、蓝、绿色玑镂珐琅装饰的马眼形饰片延续了19世纪末小胸针的流行趋势（图395、图483）。

　　同19世纪90年代一样，昆虫和动物胸针在1900—1910年间仍在生产（图455、图457）。

图464. 镶钻蝴蝶结胸针，约1910年，设计较严肃。

图465. 镶钻蝴蝶结胸针，约1910年。下方缎带可活动。注意较大的钻石采用滚珠边式镶嵌。

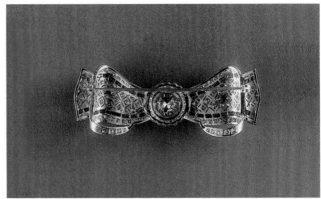

图466. 现代仿蝴蝶结胸针。一件20世纪早期的珠宝竟使用了黄金镶嵌，从这点可判断出该胸针估计不是为鱼目混珠而制，应该仅仅是仿制品。

图467. 钻石胸针，约1910年，正统蝴蝶结设计，饰以黑色天鹅绒。

图468. 钻石胸针，约1910年，丝带编织花环设计，铂金镶嵌。

图469.　　　　　图470.　　　　　图471.　　　　　图472.

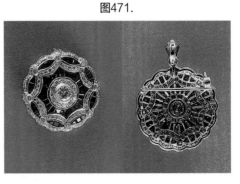

图469. 镶钻、红宝石玫瑰饰胸针，约1910年。为了搭配底座，红宝石采用小型角石切割。虽然底座大部分是铂金，但红宝石底座镶以黄金。这种做法在当时很普遍，一般认为是为了增强色彩。

图470. 紫水晶镶钻玫瑰饰胸针，约1910年。为了和底座及设计相协调，宝石采用小型角石切割。注意钻石边缘的滚珠边。

图471. 现代仿爱德华时期镶蓝宝石钻石胸针，品质超高，泰国制造。注意钻石的现代切工。

图472. 海蓝宝石镶钻胸针，约1910年。

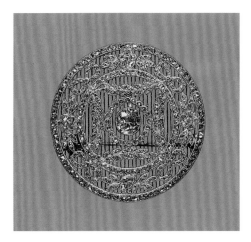

图473. 镶钻胸针，约1910年。格子设计，内饰小点刺绣。注意所有的镶嵌座都装饰有滚珠边，许多钻石仍采用玫瑰式切割。正是依靠了铂金的强度和韧性，这种设计才得以出现。有时类似此设计的胸针或吊坠的背面是可拆卸的玑镂珐琅片。

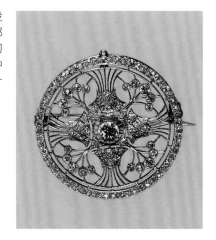

图474. 圆形镶钻胸针，约1910年。

图475. 珍珠镶钻胸针，约1910年。这件作品中的枝叶是漆上去的，所以较廉价。

图476. 钻石饰板胸针，约1910年，宝诗龙，巴黎。虽说珠宝灵感显然源于古希腊，但其风韵带有几分迪亚吉列夫以及俄罗斯芭蕾舞团的风韵。

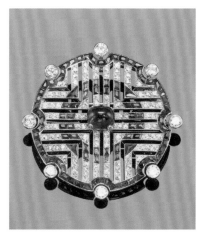

图477. 镶蓝宝石钻石胸针/吊坠，约1915年。十字状的严密锯条以及同心圆排列的蓝宝石和圆形钻石装饰，这些设计无不预示着下一个时代的核心风格——艺术装饰风。

图478. 镶钻、蓝宝石、珍珠胸针，约1910年。菱形设计比较少见。这类胸针价格日益升高，仿品也开始大量出现。

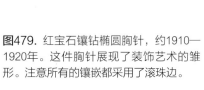

图479. 红宝石镶钻椭圆胸针，约1910—1920年。这件胸针展现了装饰艺术的雏形。注意所有的镶嵌都采用了滚珠边。

图481. 镶钻、珍珠、黑色珐琅胸针/吊坠，约1910年。虽然蜂窝状的镂空设计常见，但却很少见珐琅工艺的使用。

图482. 绿松石镶钻、珍珠胸针，约1905年，体现了新艺术风格的影响。

图480. 钻石铂金蕾丝蝴蝶结胸针，花卉和卷曲饰母题，约1910年。从枝叶和花朵装饰背面的花卉图案以及可拆卸的蝴蝶尾部能看出，这件珠宝的工艺十分精湛。

图483. 镶钻、珍珠、月光石胸针，约1910年。

图484. 镶蓝宝石、钻石条形胸针，约1910年。注意蓝宝石采用小型角石切割。

图485. 镶钻珍珠苏瑞特（sureté）饰针，约1910—1915年。注意菱形的"手绢"吊坠。

图486. 镶蓝宝石、钻石条形胸针，约1910年。

图487. 华丽的镶钻珍珠胸饰，约1910年，体现了东方艺术的影响。

图488. 大型镶钻、蓝宝石胸饰，尚美，约1910年。几乎可以断定这些蓝宝石来自美国的蒙大拿，蓝宝石也是爱德华时期珠宝的特征之一。

图489. 两枚条形胸针，20世纪早期，一枚为红宝石配钻石，另一枚为珍珠、蓝宝石配钻石。

图490. 珍珠镶钻条形胸针，约1905年。

图491. 弗里兰德出品的花环风格铂金钻石吊坠，经典代表作，约1905年。与其他柏林的知名珠宝商一样，这件作品也未署名。当珠宝上未标有珠宝匠的标志或签名时，可通过该珠宝的发票原件和包装盒上压印的销售商名字来辨别其出处。

图492. 镶钻吊坠，约1910年。

图493. 镶钻、蓝宝石吊坠，约1910年。注意蓝宝石采用小型角石切工，去搭配底座。中央的钻石吊坠采用椭圆形切面工艺。

吊坠

　　该时期最典型的吊坠设计是圆形饰片，镂空成格子状并辅以蝴蝶、花环或几何装饰，钻石的镶嵌底座常用滚珠边（图494）。这些吊坠常有配套的数枚用来更换的玑镂珐琅底壳，这些底壳呈粉、绿、蓝或淡紫色，与当时的服装颜色相配。吊坠常配以长项链，这些长项链也常采用玑镂珐琅工艺。

　　花环和蝴蝶结常用来装饰菱形或其他异形吊坠（图492、图493）。

　　表也常被做成吊坠，表盖覆以玑镂珐琅以及网状的小颗钻石装饰（图496）。

　　20世纪初另一种典型的吊坠采用菱形镂空的网状装饰并镶以钻石来模仿折叠的小手绢。这类吊坠也被称为"手绢"吊坠（图485）。

　　相对廉价的吊坠则采用黄金的卷曲饰和叶饰，镶嵌种子珍珠、紫水晶、绿松石和橄榄石。新艺术风格在20世纪初仍对吊坠设计有一定影响（图482）。

图494. 镶钻椭圆形吊坠，约1905—1910
年。留意格子状的设计以及彩色钻石的滚
珠边镶嵌方式。

图495. 钻石饰片吊坠和胸针底座，拉克洛什，约
1910年。

图496. 镶钻珍珠珐琅手表/吊
坠，约1910年。黑白插图为
背面。

手表和挂表

　　女士的珠宝手表由卡地亚等公司制造于19世纪80年代，但直到1910年才开
始普及。小的长方形、椭圆形或八边形表盘外框常密镶钻石，表带则采用云纹
绸缎或黑色缎带制作。卡地亚还曾推出过更吸引人的设计，将表盘镶嵌在钻石
或珍珠手镯上（图633）。

　　同时，长方形或椭圆形的挂表也常挂在苏托尔长项链或黑色绸缎及缎带
上。这些挂表的设计常受东方艺术影响并镶嵌以钻石和黑玛瑙。

图497. 花环风格镶钻手链，约1905年。

手镯

维多利亚时期一条手臂上佩戴3～4个手镯的做法消失了，但是女性仍喜欢每只手臂佩戴一只手镯。与19世纪晚期相比，此时的手镯更加轻薄，常镶嵌一排小型角切工宝石或数层对比色的宝石。这种手饰设计直到今天仍广受欢迎。

前方在精美加长的镂空装饰上镶一排宝石，后方为双向延展的锁链的手镯开始流行（图498、图499）。这类手镯可以适应绝大多数腕围，且比全部镶满宝石的手镯便宜。19世纪晚期出现了一款从中间向两侧逐渐减小、并镶以半环钻石的手镯，这款手镯直到20世纪初仍深受大众喜爱，有时也会镶嵌有色宝石作为点缀。

流行的花环和蝴蝶结母题的精巧手镯也很受欢迎（图497）。

图498. 镶钻手链，注意背面结构，约1910年。该时期很多手链都设计成这种样式。

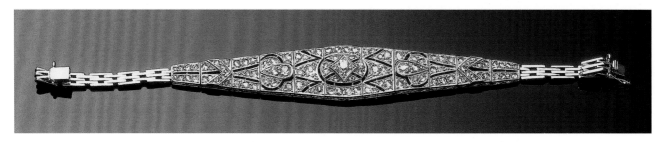

图499. 镶钻手链，约1910—1920年。这条手链展现了20世纪20年代逐渐兴起的几何风设计。

图500. 镶钻、红宝石戒指，约1910年。

图501. 黑欧泊镶钻戒指，约1910年。欧泊品质很好，可能来自澳大利亚新南威尔士州的白色峭壁。

图502. 祖母绿镶钻戒指，约1910年。这件作品的镂空设计非常精巧，但也使其更加脆弱，需谨慎佩戴。

图503. 蓝宝石镶钻戒指，约1910年。缅甸蓝宝石外围是镶钻心形边框，上方为蝴蝶结，这是当时的典型设计。注意戒臂是锁链状。

戒指

此时戒指被大量佩戴，甚至每根手指一枚。镶钻的或钻石和彩色宝石相配的半圈戒指因其造型低调又比较百搭，此时仍受欢迎。19世纪末流行的单颗钻石戒指也仍在生产。

大型戒指，特别是圆形、矩形、椭圆形或榄尖形的戒面常密镶钻石，或采用网状的钻石装饰（图502）。

该时期椭圆形、榄尖形或圆形切工钻石外围常配有对比色的小型角切工宝石边框，大颗彩色宝石外围则常以钻石装饰，并辅以滚珠边（图500、图501）。

花环风格中常见的心形和蝴蝶结造型也出现在戒指设计中（图503）。一种最成功和典型的设计是水滴形的宝石外围心形边框，上方以蝴蝶结为装饰。

带扣

普瓦雷重新设计了女性服装廓形之后，宽腰带开始流行，而带扣也成为不可或缺的装饰。

白天使用的带扣常覆以珐琅，体现了新艺术风格的影响；夜间使用的带扣则常采用镂空的钻石饰片设计，钻石周围辅以滚珠边并以花环装饰（图504）。

小型带扣常镶一排钻石，也能作为发饰，比如固定在丝质的发带或薄纱上，使其更像一顶小冠冕。

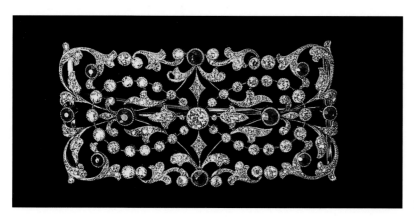

图504. 镶钻、红宝石带扣，约1905年，穿孔滚珠边框镶以同心环切割宝石。该带扣已被改为胸针。

第 七 章

1920年至1940年

"一战"接近尾声，过去四年的苦楚和贫困带来的伤痛需要被弥补，于是一段崇尚快乐、充满创造力和生活乐趣的时期开始了。该时期的座右铭是"纵情生活，忘记过去"（Live and forget the past）。战前社会的传统、价值观和时尚品位被抛在一边。不仅礼节发生了变化，对过去的循规蹈矩也遭到抵制，崇尚自由成为人们的新追求。

"一战"极大改变了女性在社会中扮演的角色。战争期间，男性都去了前线，许多女性从事了过去男性才能做的工作，如开救护车或忙碌在工厂、农场或办公室里。20世纪初还被认为是柔弱的女性迅速变得坚强和成熟起来的时期，她们对自己的能力也有了新的了解。束胸、长裙和复杂的发型已不再流行，此时的女性偏爱简洁的短裙和利落的发型，这使女性能够更加自由地行使她们在社会中的职责。

战争结束后，许多以解放为骄傲的女性仍坚守工作岗位，这时出现了新的流行趋势——一种更加硬朗的风格。这种风格的特点是衣服轮廓变得平直，且发型为短发。对于崇尚解放的女性来说，长裤成为白天里的标志性服饰，夜间的服装则更大胆性感。在过去，白天和夜晚的服装从未表现出如此大的差异。白天利落剪裁的短裙在夜间就被换成线条流畅的无袖宽松外衣，将女性曲线掩盖起来。背部的剪裁则非常低，腰线降至臀部，为了更突出腰线位置，腰带也是常见配饰，并且常把胸针别在上面。露出膝盖的开口短裙使女性行动方便，跳起流行的查尔斯顿舞、探戈和狐步舞也能行动自如。引发这场服装剧变的是服装设计大师保罗·波烈（Paul Poiret）。

20世纪20年代女性偏爱浓妆，如亮红的唇色、白色眼影、黑色眼线等，都能让女性表现出神秘的感觉，这种效果在钟形帽的映衬下更加强烈。

可可·香奈儿在20世纪20年代晚期发布了她优雅经典的运动系列服装，与多层珍珠或镀金项链搭配的经典两件套成为时尚女性衣柜中不可或缺的服装。

20世纪30年代的时尚潮流则趋于保守。腰线回归到更自然的位置，中性的上衣被换为更加女性化的服装，进一步凸显了女性身体自然的线条。

对于白天的服装，一款由香奈儿设计的既实用又舒适的女星西装为时装制定了新的标准；夜间的女性服装以格蕾丝夫人（Madame Gres）和玛德琳·薇欧奈（Madeleine Vionnet）为代表，这些衣服成对角线剪裁，并且缀有昂贵闪光的丝绸将身体紧紧包裹。20世纪20年代典型的钟形帽让位给三角帽和头巾等。

为了适应这些服装上的创新，珠宝也进行了相应改变。19世纪流行的大型花束胸针不适应此时充满活力的轻薄服装。就连20世纪初流行的胸饰也无法适应此时的流行趋势。

珠宝设计开始转向几何和线性设计。之前流行的黑白以及浅色的柔美的花环风格被大胆的色彩组合取代。此时的珠宝一改"一战"前展示财富的目的，变得需要与衣服的廓形、色彩搭配起来。许多追求完美的时尚女性甚至会有几件衣服是专门为了配搭一些贵重首饰所设计的。

有意思的是，20世纪20年代衣着简约的女性却喜欢佩戴大量珠宝，如穿晚礼服时在一只手臂上佩戴多只手镯等。为了迎合服装大胆的露背设计，苏托尔长项链或项链常常反戴，或在项链的搭扣处再增加一个吊坠。发带是夜间必不可少的装饰，这些发带或镶满贵重宝石，或用胸针装饰。

对于热爱运动的女性而言，佩戴腕表成为一时风尚。腕表代表着一种快节奏和充满活力的生活方式。夜间佩戴的珠宝腕表成为珠宝匠们发挥想象力的另一块阵地。

20世纪20年代最理想的珠宝需要与服装相配，为客户单独设计珠宝也非常流行。这些珠宝反映了佩戴者的品位和生活方式。贵重的材质、完美的工艺需要结合充满艺术造诣的设计。当时著名的珠宝商和艺术珠宝设计师们都拒绝批量生产重复的饰品，结果就是珠宝风格多种多样，并且体现了远东、中东以及南美文化。同时，珠宝也与当代绘画、雕塑进行结合，表现出一种新的自由感。当时装饰艺术的关键词是几何、色彩对比、线性和风格化。这些特征代表了当时的装饰艺术风格珠宝。

1925年巴黎装饰艺术博览会成为装饰艺术风格一词的来源。这届博览会评选珠宝的重要标准之一是原创性。但对过去设计进行重新解读、解构后也能顺利入围。博览会的目的是推动社会艺术的发展，或更进一步，在艺术与当代工业间建立起桥梁。

这种新风格来自对新艺术风格过度华丽的新艺术风格自然主义的反抗。这种趋势在花环风格时就有所体现，强烈的对比色调是风格基调，因俄罗斯芭蕾舞团而流行，珠宝外形带有东方、非洲和南美洲艺术的异域风情，且后来受到立体主义和野兽派的影响。

维也纳分离派将新艺术风格的流畅线条转换为几何图形，力图将多余装饰去掉，在设计向几何、风格化的演变中起到了重要作用。

在德国，1919年由沃尔特·格罗佩斯（Walter Gropius）成立于德国魏玛市的"公立包豪斯学校"主张工艺要返回基本形式，从浮夸的装饰中解脱出来，艺术形式与功能需要统一。

杜菲（Dufy）、马蒂斯（Matisse）以及其他野兽派画家放弃了传统绘画中的透视和明暗对照转向对色彩和简单线条的探究。

未来主义是另一场深刻影响前卫珠宝设计师的艺术运动。托马索·马利内蒂（Tomaso Marinetti）于1909年发表的未来主义宣言赞扬了速度、机械和都市生活，认为艺术灵感应来源于机械世界，并倡导过度装饰来凸显几何美感。

遥远的异域文明成为许多前卫，甚至保守派珠宝设计师们不竭的灵感。1922年11月霍华德·卡特（Howard Carter）开启埃及国王谷中的图坦卡蒙陵墓后，这股潮流达到顶峰。这个20世纪最重要的考古发掘在全世界范围内掀起了一股埃及热。年轻法老的石棺一打开就是著名的黄金面具、胸饰、臂镯、王冠和戒指。法老陵墓迅速成为最热门的旅游胜地，埃及艺术为当时文学、时尚、电影以及珠宝设计提供了源源不断的灵感。

金字塔、斯芬克斯、纸莎草、棕榈、莲花、圣甲虫、象形文字及风格化的埃及众神，如伊西斯、荷鲁斯、赛克美特等都成为当时常见的珠宝装饰母题。埃及艺术中富有装饰性的平面设计以及鲜艳的对比色迎合了装饰艺术风格的需要。常用珐琅和宝石进行复制绿松石色的费昂斯、青金石和红玉髓镶嵌而成的古埃及艺术品。

卡地亚、宝诗龙和梵克雅宝都受到埃及风潮的影响，并出品了一系列埃及风格作品（图593、图594和图658）。

1910年由保罗·波烈复兴的波斯风格依旧备受欢迎。波斯挂毯和微缩画像为色彩组合和装饰母题提供了源源不断的灵感，花卉、伊斯兰风格枝叶出现在胸针、头饰和化妆盒上。陶器和清真寺的瓦片上明亮的色彩以及伊斯兰艺术的几何造型和风格化的植物装饰也迎合了装饰艺术风格的需要。

印度斋浦尔珐琅珠宝拥有丰富的色彩，其灵感来源是20世纪20年代晚期兴起的红宝石、祖母绿和钻石组合在一起的多彩珠宝。萨佩什（sarpesh，一种传统的印度头饰）成为当时饰针和胸针的常见母题，其顶端常装饰有可晃动的水滴形宝石。带有流苏的头巾饰品从传统的印度装饰变为项链和苏托尔长项链。传统的红蓝宝石和祖母绿圆珠项链被重新装饰以镶钻的镂空饰片。印度生产的圆珠也常装饰成团簇状，固定在手镯、胸针或饰夹上（图578）。

雕刻成花头、树叶、各种浆果的红宝石、蓝宝石和祖母绿是印度传统珠宝的组成部分。它们同样也被引入欧洲，常镶嵌在东方风格的珠宝以及小花园胸针上（图562、图575和图577）。

充满异域风情的远东风格母题开始出现，如宝塔、龙、汉字、自然风格符号。此时，西方珠宝和化妆盒最宠爱的东方元素为珊瑚、珍珠、珍珠母和玉等宝石以及别具东方韵味的漆器（图561、图646～图648和图652）。

非洲艺术也是灵感来源之一。1922年和1931年分别在马赛和巴黎举办的两次殖民地展会将部落艺术引入欧洲。1925年，约瑟芬·贝克（Josephine Baker）的黑人活报剧（Revue Negre）在巴黎引发对撒哈拉以南非洲的广泛兴趣。非洲面具被重新解读并被引入珠宝设计。象牙或木质手镯开始流行。

中南美洲的考古研究将人们的视线引向玛雅和前哥伦比亚文明，这些文明的几何线条艺术被引入当时的珠宝设计，如同心正方形和矩形、玛雅金字塔和阶梯状装饰等（图654）。

1925年的装饰艺术博览会中，珠宝与服装、香水等被归入配饰类。此时展出的珠宝已经表现出了几何、线性、风格化以及强对比色的特征。仔细观察还会发现富有创新精神且激进的珠宝艺术设计师与中规中矩的著名珠宝工坊制作的珠宝之间存在明显区别。

艺术珠宝设计师们的作品更偏重艺术表现力而非贵重的材质。他们的设计大胆新颖，富有想象力。材质因其本身的装饰性被选用，并使用一种与雕塑类似的方法对其进行处理。受当时艺术运动和机械化的影响，他们设计的珠宝都非常简单，采用多种角度的几何图形，完全摒弃了不必要的装饰。它们与当时的绘画一样都具有平面装饰性，其设计基于三角形、矩形等，使这些珠宝看起来更像艺术品而非珠宝。

这群珠宝设计师偏爱大片的金属平面，其上装饰有漆艺和珐琅，并偏爱雕刻宝石，如玉石、珊瑚、黑玛瑙、水晶和青金石。对于切面宝石，他们偏爱蓝宝石、黄水晶、托帕石和紫水晶。钻石用来使设计更加显眼，而彩色宝石则几乎不会出现。

这时期最著名的艺术珠宝设计师当属乔治·富盖（George Fouquet，1862—1957年）和让·富盖（Jean Fouquet，1899—1994年），杰拉德·山度士（Gerard Sandoz，1902—1995年），雷蒙德·唐普利耶（Raymond Templier，1891—1968年，图517），珍·德斯普莱斯（Jean Despres，1889—1980年）和珍·杜南（Jean Dunand，1877—1942年）。他们对于现代艺术的热衷以及对过度装饰的摒弃促使他们离开了装饰艺术家协会。1929年，富盖、唐普利耶、山度士以及不久后加入的德斯普莱斯加入了当代艺术家联盟，也被称为UAM。这个组织的目的是定义和推动现代艺术。她们认为现代艺术来源于当代生活，并制作了大量珠宝，有令人印象深刻的手镯、雕塑艺术戒指和大型吊坠。漆艺和珐琅黄金和其他金属的袖环又重返时尚。立体主义的棱柱成为吊坠设计的关注点。这种吊坠镶嵌有大颗的阶梯状切割的半宝石，或用珐琅组成几何或机械图案。磨砂面或抛高光的金属在他们的手中扮演着重要角色。白金、黄金、铂金以及相对廉价的新型合金，如金铂合金和锇合金、白银甚至钢铁都用来制作雕塑艺术珠宝。研光和锤纹被引入珠宝设计。他们所追求的目标是即使相隔一定距离，珠宝也能被认出，进而被理解和欣赏，所以细微的装饰被去掉了。这些珠宝设计艺术家们采用破碎的线条和富有角度的设计来追求一种动态而非静态效果。箭、喷泉、齿轮和流星在珠宝设计中的运用进一步增强了该目的。

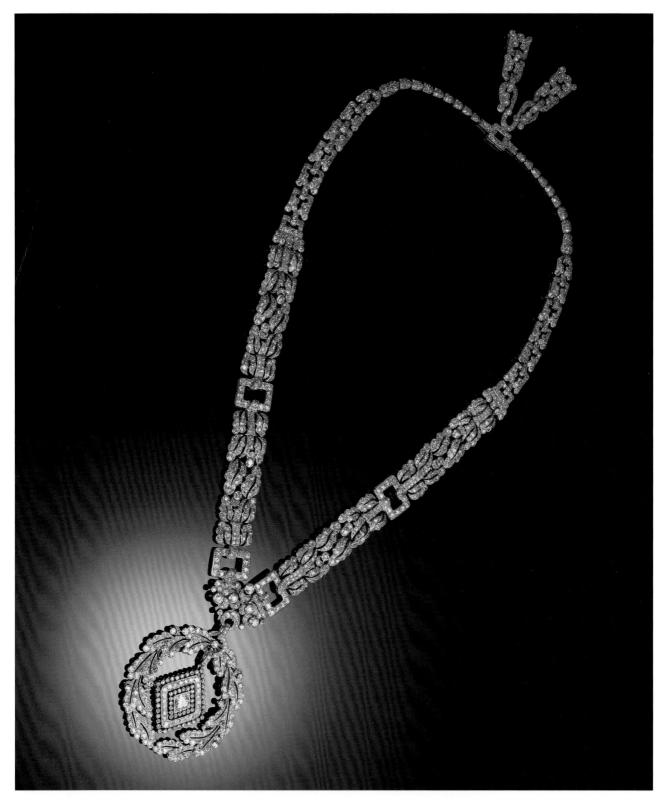

图505. 一件贵重的白金钻石苏托尔长链，约1920年，缩短版。这件苏托尔长链兴许是20世纪20年代最具代表性的珠宝。当时服装时尚流行将线条感着重放在纵轴上，而苏托尔长链链条加长，正是该时尚的绝妙搭配。正如多数经典苏托尔长链，这件珠宝也能被拆分成其他形式的珠宝。这条苏托尔长链可缩短当项链佩戴，也可拆分成一对手镯。吊坠也可拆卸，包括菱形阶梯形的中心吊坠也可单独佩戴。该苏托尔长链设计于20世纪70年代再次复兴。

巴黎著名的珠宝工坊也采用了新风格的几何设计以及大胆配色，但同时也做了一些调整。他们没有像珍·富盖、杰拉德·山德士或雷蒙德·唐普利耶走得那么远。虽然这些珠宝工坊的作品也强化了设计中的几何线条，摒弃了之前的轻巧感而追求更大胆的效果，并引入了不同寻常的对比色，但几乎都离不开贵重宝石。在他们富有创造力的珠宝中，他们将半宝石如黑玛瑙、珊瑚、玉和水晶与钻石、红宝石、祖母绿和蓝宝石进行大胆的结合（图548、图583和图587）。虽然钻石仍是最受欢迎的宝石，但其他宝石受欢迎的程度也不遑多让，这在1925年后尤为明显。20世纪20年代早期的战后珠宝则常采用钻石、珍珠、缟玛瑙和水晶组成色彩单一的珠宝（图534、图536、图538和图633）。

这些珠宝匠们被波斯、埃及和远东文化深深吸引，并且借鉴了这些文化中的各种装饰主题以及色彩组合。

为了适应珠宝中出现的异域装饰，并且表现出严格的几何造型，宝石切割师们不得不开始试着切出新的形状，于是梯形切割、固定尺寸切磨、半圆形、半月形、桶形、三角形和棱镜状的切割方式出现了（图573）。弧面固定尺寸切磨的彩色宝石常与钻石在埃及或自然主义风格珠宝中一同使用（图547、图593、图594和图597）。硬石也被雕刻成各种几何形状，并成为胸针、吊坠的中央装饰或手镯中的一环（图583、图587）。

对新的色彩组合的渴望激励着珠宝设计师们探索一系列硬石，如：黑玛瑙、水晶、珊瑚、玉石、青金石、孔雀石、绿松石、染色玉髓、琥珀和绿玉髓。这些宝石常与刻面的贵重宝石一同使用。

同时对东方艺术的着迷让很多珠宝匠采用印度雕刻的红蓝宝石和祖母绿。珠宝匠常用传统莫卧儿人的方式将这些宝石刻成鸟类、花朵、树叶和浆果，或是仿制奥伯斯坦的作品（图562、图575、图577和图595）。

20世纪初，珍珠仍非常流行，其稀缺性和昂贵的价格促使一群以御木本（Mikimoto）为首的日本科学家开始研究珍珠养殖技术。1921年，养殖珍珠首次出现在市场上。虽然受到野生珍珠商人的强烈反对，但仍成为了20世纪20年代珠宝的特点之一，白天和夜间都可佩戴。珍珠可以单独佩戴，也可以配合各种硬石。

铂金成为珠宝制作中最受欢迎的金属。但铂金高昂的价格和稀缺性促使人们寻找替代品。1918年，一种替代金属出现了，这种合金称为锇合金（osmior）、伯拉特铂金合金（plator）或普拉提诺尔铂金合金（platinor）。

20世纪20年代珠宝的另一特点是漆器的使用。漆艺来自远东，由于其良好的延展性，在较为廉价的珠宝和艺术品中迅速取代了珐琅的位置。但该材质比珐琅软，所以没有珐琅那么持久。

20世纪20年代的珠宝设计偏爱圆形、椭圆形、矩形和正方形，并且比较轻盈、简单。直到20世纪20年代末才开始变得厚重起来。此时的珠宝常被设计成多种用途，如发带和苏托尔长项链可以用作手链和饰夹，胸针也可作为饰夹，而很多吊坠也可以当作耳坠佩戴（图509、图514、图524、图527、图529、图591等）。

许多参加1925年沙龙的珠宝匠的作品影响了20世纪20年代和30年代的珠宝设计，从而使当时的珠宝都呈现出强烈的装饰艺术风格。下面对主要的珠宝商进行简单介绍。

卡地亚虽然在珠宝设计中应用了最新的流行风格，但也对其进行了修改。卡地亚珠宝的风格和品味仍然保持了著名珠宝工坊的水准，因为他们必须迎合上层社会的需求。卡地亚20世纪20年代出品的装饰艺术风格珠宝来自花环风格中的几何元素，而非当时的立体主义实验。远东、印度和波斯文化也深刻影响了卡地亚珠宝的设计、主题、选材和色彩组合。印度的雕刻圆珠和中国的螺钿镶嵌工艺常出现在20世纪20年代的卡地亚东方风格珠宝中。中国的宝塔、瑞兽和龙，来自埃及的象形文字和石刻都是卡地亚常用的母题。同样还有风格化的动物、花卉，几何化的圆形胸针、直带手镯和正式的苏托尔长项链（图537、图540、图543、图549、图565、图577、图583和图587）。

宝诗龙出品了一系列富有冲击力的大型胸针，采用椭圆或卷曲样式，其中风格化的贝壳图案中镶嵌有玉石、珊瑚、青金石，并以钻石镶边。花的母题被重新设计，并被宝诗龙风格化为简单的钻石花束，并用黑玛瑙或黑色珐琅勾边，有时还镶嵌珊瑚。除了这些风格化的动植物珠宝，宝诗龙还制作了一系列抽象和几何珠宝，这些珠宝中运用了折线、圆形和夹角式（图574）。

尚美和麦兰瑞对当时多种多样的灵感来源持开放态度，并且也生产了东方风格珠宝。这些珠宝采用了各种宝石和半宝石，如：吉迪内托（girdinetto）胸针上镶嵌雕刻红宝石、祖母绿和蓝宝石，首饰盒镶嵌有风格化的青金石图案以及珊瑚等。他们还设计过一系列高水平的几何图形珠宝，这些珠宝采用了密镶钻石工艺并缀以有色宝石。

拉克洛什20世纪20年代的作品以具有明亮色彩和几何图案的雪茄盒和化妆盒闻名，这些盒子都装饰有钻石和其他彩色宝石组成的混合风格装饰。1925年的大展中，拉克洛什展出了一系列中国风珠宝，值得一提的还有一系列矩形吊坠，这些吊坠的风格被称为叙事风格，描述了拉方丹的奇闻轶事。这些吊坠的几何线条简洁，密镶钻石底面上用有色宝石拼出各种图案。埃及和自然主义风格珠宝也是此时拉克洛什珠宝的特点（图519、图597）。

梦宝星尤其偏爱风格化的花卉图案，这些图案常出现在手镯、胸针中。在这些珠宝中，彩色宝石和珐琅与白色闪亮的钻石构成鲜明对比。相比棱柱形的几何曲线，梦宝星更加偏爱椭圆和圆形的曲线，而风格化的花卉图案和东方风格的珠宝也常采用这些形状（图665）。

梵克雅宝对埃及的考古发掘尤为敏感，并以此创造出一系列富有弹性的带状手镯，这些手镯由红宝石、祖母绿和蓝宝石组成各种埃及壁画的样式（图594）。当然，也使用钻石和其他彩色宝石组成制作了更加符合几何学的花状珠宝（图524、图527和图582）。

其他活跃于20世纪20年代的珠宝匠也对20年代晚期的美学构建起了不可忽略的作用，但他们的名字鲜为人知，如奥科克（Aucoc）、雷内·博伊文（Rene Boivin，图548）、赫兹·贝佩隆（Herz-Belperron）、奥斯特塔格（Ostertag）和沃姆斯（Worms）。虽然法国珠宝匠在装饰艺术风格珠宝中独占鳌头，但其他国际同行也作出了重要贡献，如意大利的拉瓦斯科（Ravasco）和詹妮希（Janesich，图553、图562）、比利时的沃尔弗斯（Wolfers）和丹麦人詹森（Jensen）。在美国，蒂芙尼、马库斯以及Udall&Ballou公司也迅速在珠宝设计中采用了新设计。

20世纪20年代，在珠宝上署名或姓名首字母缩写已成为普遍做法。此外，许多珠宝上还有货号或设计编号用来帮助识别。但遗憾的是，这些号码并不连贯，所以如果没有珠宝工坊的归档做参考，是不能够对珠宝进行断代的。

1929年华尔街股市大崩溃以及随之而来的金融危机，极大程度上改变了人们的生活方式和时尚风格，珠宝也不例外。20世纪20年代的热情洋溢的风格逐渐褪去，取而代之的是沉稳持重的风格。裙装的短直线条被更有女人味的褶皱服装和锃亮轻柔的材质所取代。随着时尚风向的改变，珠宝也随之变化，但其变化并非人们预测那般：形状更趋阴柔精巧，反而是呈现出更大的形状以及更加大胆的设计。当时经典样式为大型的饰板、缎带、表带和带扣等。此次经济危机对珠宝及其设计造成的影响竟然极其轻微，令人咋舌。珠宝在经济萧条的20世纪30年代期间作品量和宝石设计反而更加丰富，所用的宝石在过去10年间鲜有见闻。同时，人们还在每只手臂上大量佩戴更宽更粗的手镯（图617）。双饰夹是20世纪30年代的经典珠宝，常成对佩戴（图582）。20世纪20年代的长耳坠退下舞台，取而代之的是包裹整个耳垂的大型耳夹。因此时流行头发盘至头顶的发型，而这种耳夹是此发型的绝配。另外还可搭配短的简洁法兰绒织品，比起干净利落的garçonne风格，其线条更为柔和（图519）。

20世纪30年代的大型珠宝能经常看见钻石的身影，如果说20世纪20年代是色彩和彩色对比的鼎盛时期，那么30年代早期则是"白色"珠宝的时代。20世纪20年代大胆的宝石组合的流行趋势走下历史舞台，珠宝大多数在表面完全密镶以各式形状或面型的钻石，并不时以一颗红宝石、蓝宝石或祖母绿做点缀。

虽说珠宝匠也并非完全弃用色彩丰富的设计，但为了使用切型及尺寸各样的宝石达到引人注目的效果，既往的贵宝石或准宝石所组合出的经典艳丽色彩已然无法满足该需求，因此单色或双色搭配珠宝更加流行。

20世纪30年代早期的经典饰品包括几何轮廓或设计成风格化带扣的饰板胸针、主教冠或三角设计的饰夹或双饰夹和带扣状链节的手镯。20年代中期许多珠宝可作不同珠宝形式佩戴，并以此为特色，但30年代该特色更为显著。束发带可被拆分作手镯、饰夹、胸针和项圈。双饰夹常作胸针佩戴，或是固定在宽手镯前。耳坠常带搭配可拆卸吊坠，并带有配套胸针，可一起装配成款式更大的珠宝。项链也常配有可拆卸的吊坠或饰夹。

20世纪30年代，随着大胆及风格化设计的大型珠宝的流行，人们对19世纪珠宝的兴趣重新兴起，但大多珠宝使用进行了增白处理的白金或镀铑。

20世纪30年代中期开始，战后经典的几何平面珠宝逐渐转为立体雕刻珠宝。大胆的雕刻设计复现了旋涡形、卷曲饰、穹顶状、螺旋形、扇形、蝴蝶结形和风格化枝叶及花卉等形状（图584、图590、图626、图630～图632）。

1937年，盛极一时的白色金属珠宝终究走向落幕。白金、铂金及其制品统治了珠宝界长达30年之后，黄金以更浩大的声势重新杀回时尚圈。时下有几款备受追捧的珠宝，一款是前方镶以宝石带扣母题的宽手镯，一款是饰以镶嵌宝石的胸针的管状链节项圈，还有一款是带有黄金扣环的贾雷蒂埃（jarretiere）手镯。胸针和手镯在当时十分火热，一度令其他珠宝黯然失色，也为20世纪40年代塑料仿制的同款几何形饰品的出现埋下伏笔。

约1934年，梵克雅宝创造了著名的"六边形（Ludo hexagone）"手镯，又称蜂巢手镯，生产于20世纪40年代，并受到广泛仿制。表带设计成由小六边形黄金饰板组成的宽链带，常在中心缀以星形琢型宝石（以红宝石或钻石最佳），并饰以大型的旋涡状或搭扣形带扣，再用隐形镶嵌镶以与之匹配的宝石（图732～图734）。

隐秘式镶嵌又称"无边镶（serti invisible）"，是梵克雅宝在1933年所采用的一种具有革命意义的宝石镶嵌技术。用该方式镶嵌的宝石从正面便完全看不出其金属镶嵌底座。为了达到该效果，宝石通常切割成大小合适的矩形或正方形，并在背面切割出凹槽，再将其滑入金属横档，遮住镶嵌底座。这种镶嵌方法极少采用祖母绿，因为祖母绿较为易碎。相比之下，最适合隐秘式镶嵌的宝石是较硬的蓝宝石和红宝石。这种镶嵌非常适合用以制作花卉风格珠宝，因此当时许多珠宝商很快用上该技术，花卉珠宝从此大放异彩，直至今天其热度仍然不减当年（图581）。

20世纪30年代迎来了一波自然主义新热潮，出现了许多几何立体花头珠宝、鸟类和昆虫珠宝等，其线条仍旧简约，此类珠宝以卡地亚最富代表性（图568和图569）。1937年和1938年间，卡地亚饰夹和胸针珠宝中最独树一帜的主题包括瓢虫、玫瑰、山茶花和印第安黑人。

图506. 雍容大气的卡地亚钻石冠冕，伦敦，1930—1935年（缩小图）。很少有冠冕能留存至战后，再者，这件冠冕的设计也十分独特。这件珠宝之所以至今仍未损坏，也许是因为其元件被拆下作为饰夹和胸针佩戴。

冠冕、束发带和发饰

　　20世纪20年代最流行的发饰莫过于束发带，它在法国已然成为代替冠冕的头饰。而在英国，在严格的宫廷仪礼影响下，仍然要求人们在某些场合佩戴精致的头饰，头饰继续以传统的设计制作，有时会根据20世纪20年代的几何图案进行修改。

　　束发带形状呈简约线状，与当时的艺术装饰风格十分契合，完美衬托出波波发型以及新款"女公子"（a la garçonne）发型。当时新款晚间礼服线条纵向挺拔，比起太过精美的冠冕，同样简约的束发带则与这种礼服更加契合。20世纪20年代的束发带摒弃了精美的花环风格母题，采用了典型的几何艺术装饰母题：曲折型、棕叶饰、菱形、六边形等等。钻石因其白色的光辉，最适合用以表现脸部柔美气质。而20世纪20年代许多例珠宝中也悄悄体现出人们对于彩色珠宝的痴迷。这些珠宝以隐秘式镶嵌镶以钻石，再饰以大颗的彩色宝石，如红宝石、蓝宝石和祖母绿等。

　　为迎合20世纪20年代珠宝的多用途特色，束发带常设计成可同时用作手镯、饰夹、胸针和项圈的款式，以便无需佩戴头饰时仍可作其他形式佩戴（图509）。

图507. "斯基亚帕雷利"（Schiaparelli），塞西尔·比顿摄，伦敦苏富比拍卖行。

图508. "爱丽丝，温伯恩夫人"（Alice Lady Wimborne）。塞西尔·比顿摄，伦敦苏富比拍卖行。

　　20世纪30年代早期依旧流行佩戴束发带，但后五年间，人们在正式场合下依然用冠冕代替了束发带。此时冠冕摒弃了爱德华时代的花环和吊坠母题，形状多呈繁复精美的扇形、卷曲饰和风格化花朵形（图506）。与之一同流行的发型长度更长，并被精心盘至头顶。

　　20世纪20年代时，若不佩戴头饰，头发常饰以饰夹或发卡，形状多为箭形、开口圆形和开环形，并且要么是完全镶以钻石，要么刻入硬石并饰以钻石。此时人们常在头发上佩戴许多类风格化的多彩胸针。

　　白鹭羽状头饰也十分流行，常用天鹅绒或丝绸缎带固定，并围住头部。受印度萨佩什（管状饰品）设计启发，许多20世纪20年代的白鹭羽状头饰呈雕刻叶形。20世纪30年代，许多流行的双饰夹也会搭配相应发型而佩戴。

图509. 镶钻红宝石棕叶饰束发带，约1920年。20世纪20年代最具代表性的珠宝莫过于束发带。这种戴于前额的饰品给人留下了深刻印象。可惜的是，这类珠宝少有留存下来，大多数被其拥有者的家族成员以胸针和手镯的形式瓜分。这件棕叶饰珠宝的设计可视为战前精美外观风格向艺术装饰大胆几何线条风格过渡的作品。

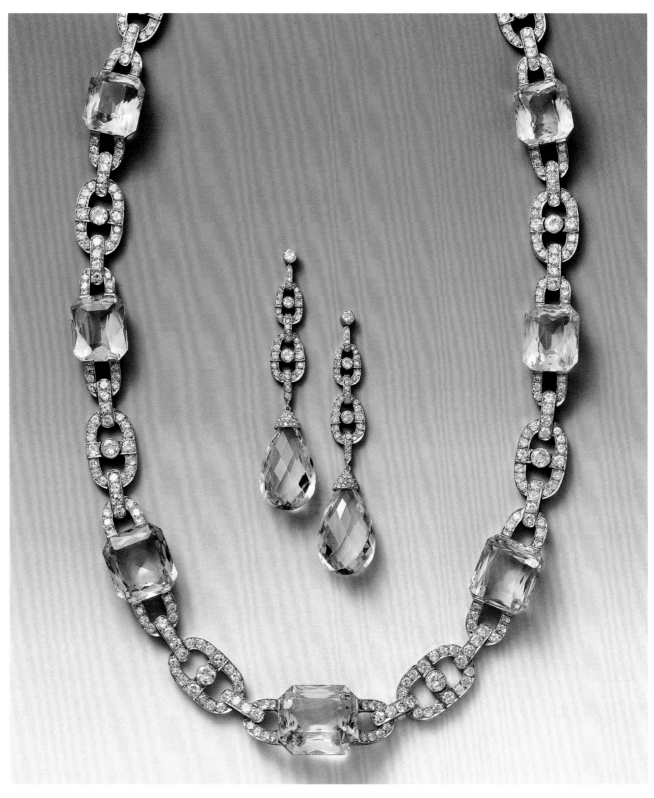

图510. 一套镶海蓝宝石钻石首饰，路易斯·桑斯，马德里，约1930年。

套装

　　无论是时尚女性的珠宝盒中，或是著名珠宝店的商品目录里，20世纪20年代都见不到全套的珠宝套装的身影。

　　珠宝通常是为了颜色和设计的搭配而制作的（图510），但女性偏爱根据自身口味、服饰和心情选择搭配的珠宝。

耳坠

　　20世纪20年代的耳坠适合能将耳朵全部露出的短发。长耳坠则搭配低胸、短褶边、低腰直筒的连衣裙。耳坠有各种几何形状，但不变的是，都有一个长度从2厘米到9厘米不等的吊坠。耳坠被设计成由铰接的钻石链悬挂而成的风俗化的花朵或飞珠、用硬石雕刻而成的简单鱼雷或是镶有珠宝的飞镖或长矛状的水滴。流苏、流苏边和枝形吊灯耳坠由钻石和彩色宝石制成，成为晚装不可或缺的配饰（图511、图514~图516和图522）。

　　20世纪20年代中期，卡地亚推出了钟形耳坠，其灵感来自印度的耳坠，耳坠上有一个钻石形顶饰，支撑着一串铰接的葡萄状凸形宝石（图518）。

　　受非裔美国人对艺术和时尚的影响启发，克里奥尔耳坠诞生了。这种耳坠或是用硬石或半宝石雕刻并镶嵌着钻石和宝石，或是用简单的金属环制成。

　　东方和西方的风格品味相互交融，诞生出一种由中国玉璧（戒指）组成的耳坠，常见于钻石、缟玛瑙或珐琅链上的吊坠（图513）。作为宝石镶套的装饰物，珠宝匠常在其上安装产自中国的玉雕和玉匾（图512）。

　　此类珠宝早期较为简约修长，20世纪20年代晚期后该类珠宝体型变大，且设计也变得更复杂。

图511. 一对镶有钻石的红宝石耳坠，约1920—1925年。长耳坠迎合了20世纪20年代的发型和服装设计。

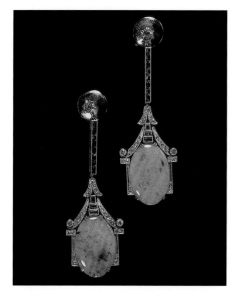

图512. 一对镶钻祖母绿翡翠耳坠，约1920—1925年。该翡翠的设计确实体现出中国风的影响。

图513. 一对翡翠钻石耳坠，约1920年。此款环形翡翠又称为玉璧，并从中国大量进口。

图515. 一对钻石耳坠，20世纪20年代晚期。在此例珠宝中，我们能看到一系列当时大胆新奇的切割方式。

图514. 一对不同寻常的钻石耳坠，约1925—1930年，带有钻石连接胸针底座（图中未展示），可作胸针佩戴。

图516. 一对钻石耳坠，20世纪20年代后期。拱形母题预示着20世纪30年代的到来。

　　20世纪30年代期间耳坠持续保持流行。此时发型依旧流行短发或将头发精心盘至头顶，这类发型会露出耳朵，也进一步推动了耳坠设计的发展。此时的耳坠不再如20世纪20年代晚期时那般硕大，常用卷曲饰、叶子和风格化贝壳等形状，并配有珍珠吊坠或更加精美繁复的吊坠（图519～图521）。20世纪20年代的基础设计为使用一个小顶座搭配一个大吊坠，而到30年代，新款耳坠常设计出多个大型顶座，用涡卷形装饰包裹住整个耳垂，并配有一个更小的吊坠或流苏（部分款式可拆卸，图521）。

　　耳夹约1930年推出，一经推出便非常流行，形状常为一簇簇精美的大型枝叶和花卉。

　　20世纪20年代及30年代的耳坠装饰用途繁多：可搭配饰板胸针或相应设计的项链，也常被用作较大的胸花饰品（图514）。

图517. 一对海蓝宝石钻石耳坠，雷蒙德·唐普利耶（Raymond Templier），约1930年。金属区域不加装饰是坦皮耶设计的特色。

图518. 一对红宝石钻石耳坠，20世纪20年代晚期，德雷森，伦敦邦德街。此时欧洲珠宝开始涌现来自印度次大陆的祖母绿、蓝宝石和红宝石珠子。

图519. 一对红宝石钻石耳夹，法国，20世纪30年代，拉克洛什。

图520. 一对祖母绿钻石丰饶角饰耳夹，20世纪30年代。该时期耳夹开始流行。

图521. 一对钻石耳夹，20世纪30年代。注意经典的蜗牛卷曲饰顶座设计。

图522. 一对祖母绿钻石耳坠，1925—1930年。注意使用了长阶梯形钻石。

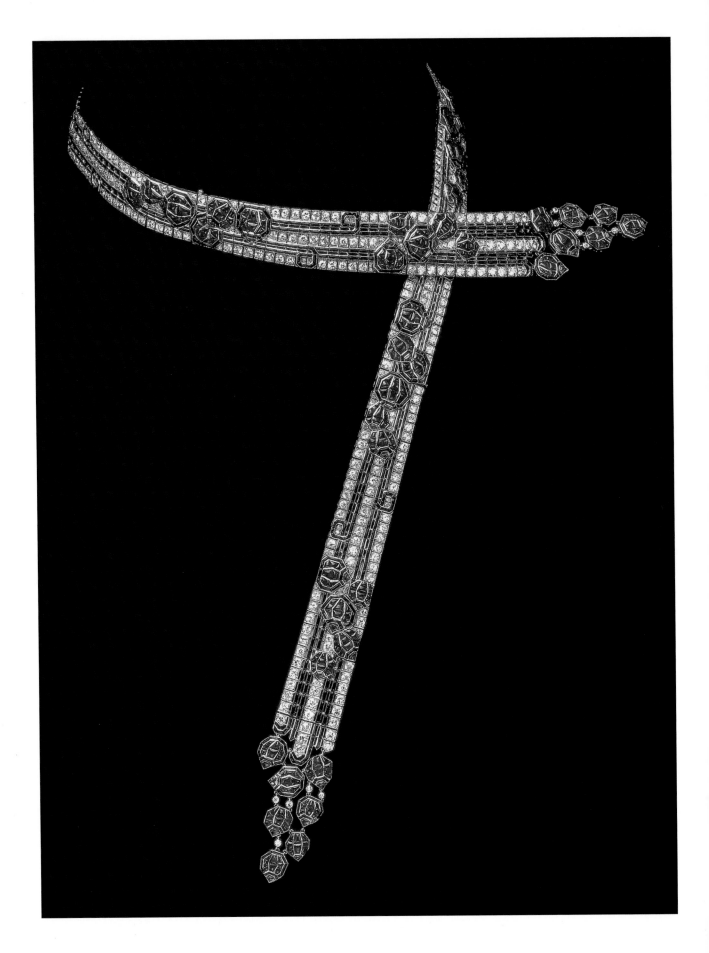

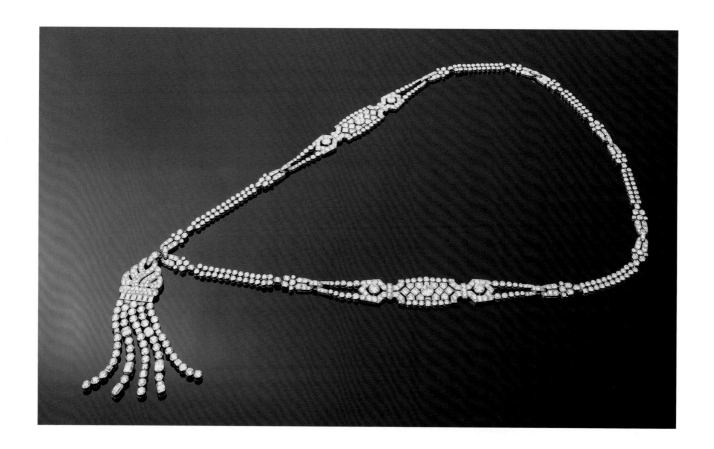

项链

　　20世纪20年代最受青睐的项链是苏托尔长链，常用各式各样的材料饰以流苏或吊坠，如钻石、珍珠、珊瑚、半宝石和硬石等，甚至还包括丝绸和人造珠子。它不仅是当时低腰礼服的绝佳拍档，也是美国"咆哮年代"的象征符号，其链条常被设计为矩形钻石链节长链，并搭配修长的几何风吊坠（图524～图529），以及数串长长的贵宝石珠串。其他设计款式有搭配大型弧面型宝石吊坠的珍珠项链，或是搭配种子珍珠流苏以及覆上硬石或祖母绿穹顶顶座的珍珠串。

　　长串的宝石项链原料为硬石或珍珠，为彰显袒胸露肩式晚礼服的魅力，会在项链正面或背面打一个结。

　　印度风贵宝石珠串项链常有多股长宝珠珠串，并饰以钻石饰板和贵重搭扣。同样，为彰显袒胸露肩式晚礼服的魅力，人们还会搭配相应吊坠和坠状饰物。

图524. 一条贵重的钻石苏托尔长链，梵克雅宝，巴黎，约1925年（缩小图），可拆作手镯、项链和吊坠。

图523. 这条超凡绝伦的项链曾展于1925年巴黎艺术装饰博览会，也是宝诗龙无可争议的最精美的艺术装饰风格珠宝之一，佩戴后看起来像一条围巾。每颗彩色宝石、红宝石、祖母绿和缟玛瑙都用独特的切割方式将其嵌入精美的铰接式底座。这条项链和该时期多数项链饰品一样，这条项链可拆分为四个部分，作为一对手镯和一个项圈来佩戴。

图525. 黑色珐琅祖母绿钻石
苏托尔长链，梦宝星，约1927
年。最经典的一件精美的艺术
装饰珠宝。注意东方风韵设计
和硕大的莫卧儿帝国风格雕刻
祖母绿。

　　项链一直是20世纪30年代珠宝时尚的重要元素，该时期常见项链的链条长
度中等、镶以贵宝石，并搭配精美的几何图案吊坠。该时期项链有另一种设
计：使用钻石链节链条搭配弧面型或经过雕刻的祖母绿、红宝石和蓝宝石流苏
边，别具东方风韵。此外，风格化的缎带、卷曲饰和交错丝带是同时期浮雕设
计的短式项链的常用母题（图528和图533）。

　　几何设计的多用途钻石项链的中心母题饰品常可拆下并作为饰夹、胸针、
手镯或黄金手镯上的吊坠佩戴（图532）。

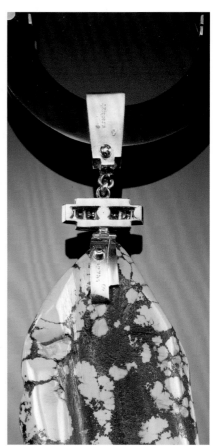

图526. 绿松石缟玛瑙苏托尔长链，约1924年，乔治·富盖，缩小图及细节图。该项链是知名珠宝设计师乔治·富盖的作品，采用最流行的款式，设计手法大胆惊艳。

　　20世纪30年代晚期，黄金珠宝卷土重来，引起新一轮时尚，此时流行的管状链节链条拥有柔软链身，不同款式长度不一，并饰以镶嵌宝石的几何或花卉设计饰夹。管状项链凭借着易于佩戴、契合午间与晚间服饰的特点，成为了20世纪40年代最受欢迎的饰品之一（图671）。固定在管状链节上的饰夹采用大胆的几何设计，如饰以钻石、风格化蝴蝶结或搭扣并镶以小型角石切割的红宝石和蓝宝石的厚实卷曲饰设计。该年代晚期几年间，自然主义风格化花头饰夹常镶以红宝石、钻石、蓝宝石或黄色蓝宝石。

　　珠宝匠仍旧使用天然珍珠和养殖珍珠制作珠宝，珍珠常排成数排，颜色由浅入深，并在装饰中心的每一边镶以钻石饰板或饰夹。

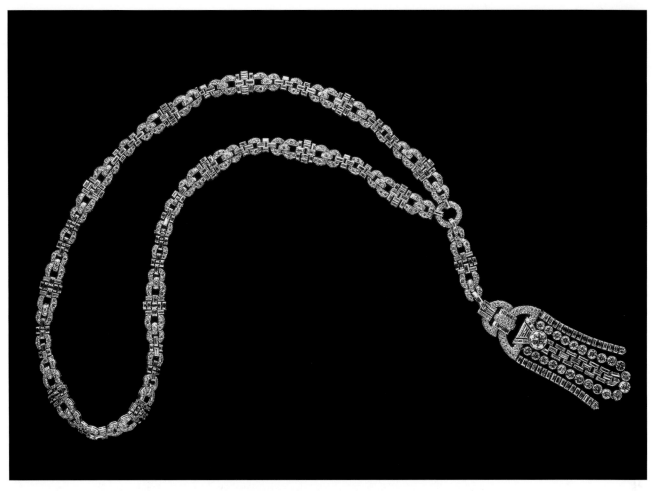

图527. 钻石苏托尔长链，梵克雅宝，20世纪20年代晚期（缩小图），可拆分作手镯、项圈和吊坠。

图528. 钻石项链，约1935年。该设计是当时立体设计珠宝的代表作。

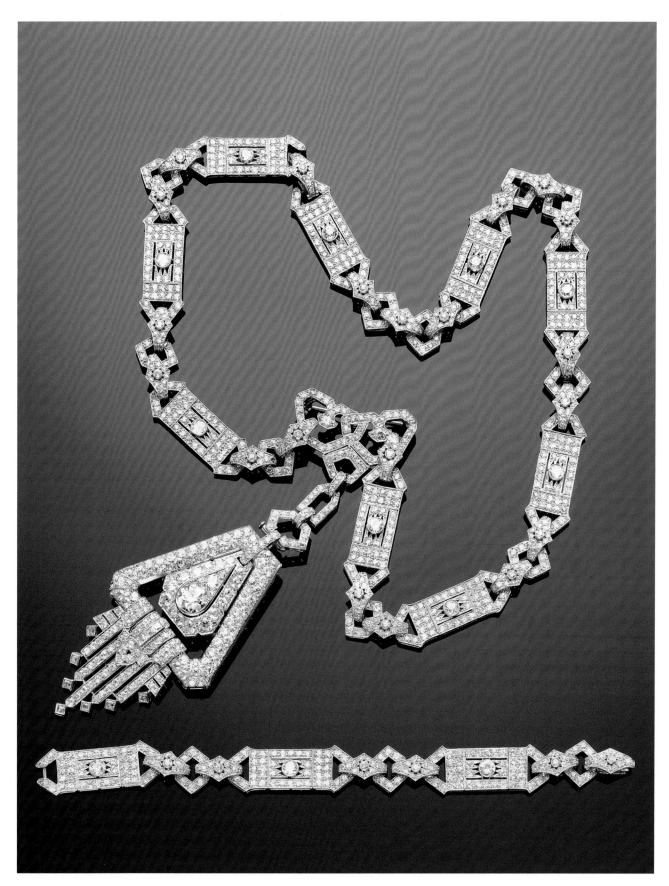

图529. 钻石苏托尔长链，20世纪20年代晚期，可拆分作手镯、项圈和吊坠。

图530. 20世纪30年代流行的多用途短式项链，所采用的几何设计大胆前卫，中央和边缘母题都可拆卸作胸针或吊坠佩戴。卡地亚珍品，镶以钻石、海蓝宝石和蓝宝石，带有五件可拆卸饰夹。

图531. 梵克雅宝出品的缅甸红宝石钻石项链，1937年，与1936年温莎公爵委托制作的那一件知名的红宝石钻石项链十分相似。三年后，爱德华八世在同一珠宝商将该珠宝重制成截然不同的另一种风格（图533）。该设计和所选用的缅甸红宝石是当时顶流项链的代表作。

图532. 红宝石钻石项链，卡地亚，约1930年。这条项链配有可添加两个较小饰夹的黄金手镯。相较20世纪20年代的苏托尔长链，30年代期间流行更短的项链。

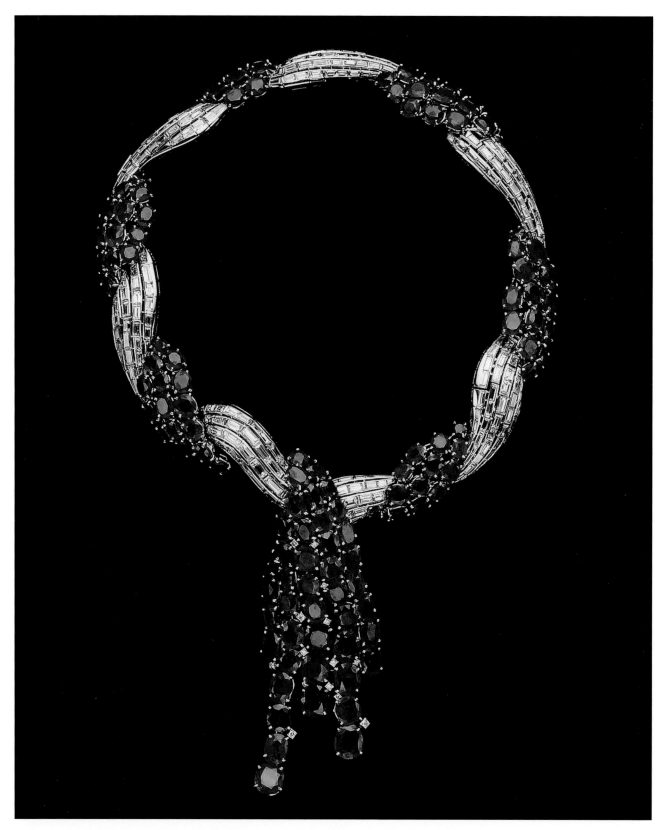

图533. 雍容大气的红宝石钻石项链，梵克雅宝，约1939年，曾是温莎公爵夫人的珠宝藏品。扣环
上刻有令人费解的题字："来自她的大卫的我的沃利斯（My Wallis from her David），19Ⅵ，36"。
1939年，温莎公爵夫人令人重制了这条项链。原版项链的设计呆板拘谨，具有20世纪30年代中期的
特色，远非图中线条自然流畅的模样。

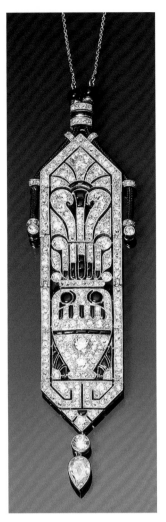

图534. 工艺精湛的缟玛瑙钻石项链/吊坠，卡地亚，巴黎，1920年，融合了古典主义和东方风格。20世纪20年代的卡地亚偏爱缟玛瑙和钻石珠宝。

吊坠

20世纪20年代兴起了随节奏摇摆身体的摇摆舞，颈部长饰品也随之被推向时尚前沿。这种饰品不像手镯、戒指、项链那般只能戴在固定位置，因此珠宝匠们提供了自由发挥的空间。这些饰品常挂在丝罗缎、宝石链或珍珠串上。吊坠在形状设计方面比起其他任何饰品都更能适应艺术装饰风格的强烈线条感。艺术珠宝匠的作品主要特色包括大件饰品、各式各样的几何状金属饰板、饰以绚丽夺目的珐琅和硕大的半宝石且带有明显机工痕迹。珠宝匠们也尝试用不同的金属和缟玛瑙、珊瑚和水晶等材料的硬石饰板制作光彩夺目的大型饰品。尽管珠宝匠们痴迷于几何之美，但并未过多地生产令人心醉的镶嵌钻石和彩色宝石的几何吊坠，如三角形吊坠、矩形吊坠、五角形吊坠或修长形吊坠等。此时多采用笔直的线条、锯齿形线条、半环形和阶梯形等设计，也采用了中国风、印度风和埃及风等装饰母题（图534、图562、图566和图573）。

拉克洛什在1925年巴黎博览会上展示了他著名的矩形吊坠，该吊坠中描绘了拉方丹神话里的某些具体场景。卡地亚常使用印度风格底座镶以雕刻过的祖母绿。梦宝星则喜用几何边框彩色的风格化花朵。

宝珠流苏和珠簇是最流行的装饰母题。玛瑙或水晶制成开放型五角形或矩形，饰以钻石饰板，再悬挂于丝绸缎带或长珍珠串之上，或是作为彩色花篮饰品。

20世纪30年代吊坠并未消失，而是为适应短式颈部饰品时尚融入项链的设计中。

胸针

20世纪20年代时，胸针被佩戴于肩上、腰带上或是时髦的钟形帽上。最典型的胸针设计的外观为中心圆形（或六边形、正方形或矩形），用水晶雕刻并在两边饰以对称的钻石母题。同主题设计包括翡翠、缟玛瑙或珊瑚环形，两侧饰以棕叶饰母题、并有钻石开放型环形或椭圆形、蝴蝶结或卷曲饰等母题（图548、图551、图557、图583和图587）。此时凯尔特胸针复兴了（图553）。卡地亚重新设计了这款胸针，变成开放型环状，带有可滑动饰针和卡扣，密镶以钻石并饰以缟玛瑙、珊瑚或小颗的贵宝石。

图535. 蓝宝石钻石胸针，约1920年，依然呈现战前风格。

图536. 缟玛瑙钻石苏尔特尔饰针，约1920年。佩戴时，箭柄穿过衣服并藏于衣服下。

图537. 令人心醉的祖母绿钻石肩章，卡地亚，约1920年。肩章的佩戴方式包括接在礼服的肩部、垂挂在胸前或背部。此类珠宝极少留存至今。本例珠宝镶有三颗印度祖母绿宝珠，其中两颗雕刻于19世纪晚期。设计融合了传统头巾帽头饰，展现了"万物皆为东方风"的时代格调（缩小图）。

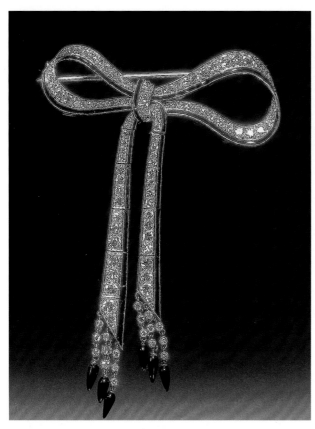

图538. 缟玛瑙钻石蝴蝶结胸针，约1920年。20世纪20年代早期流行使用细长的珠宝外形与镶以钻石的缟玛瑙组合出黑白相间的配色。

图539. 翡翠钻石胸针，1920—1925年，独树一帜的设计。

图540. 钻石苏尔特尔饰针，卡地亚，约1925年。

　　20世纪20年代中叶流行"小花园"（giardinetto）胸针，常设计为装有风格化花朵、枝叶和果实的花篮或花瓶，并镶以弧面型宝石或雕刻红宝石、祖母绿和蓝宝石（图562、图575和图577）。受日本盆景艺术启发，钻石或彩色宝石小胸针也喜用花瓶中的小树作为母题。工艺娴熟的珠宝匠常将钻石或贵宝石一类切割成三角形、长方形、五角形、半圆形或六边形，用以搭配拱桥、宝塔、摩天大楼和带圆形石柱的寺庙等建筑母题的小型几何风格胸针（图657）。

　　这个苏尔特尔饰针是20世纪20年代的另一代表性特色。该金属饰针两头都带有装饰，饰针的尖端部分是固定的，另一端可向尖端部分滑动并用内部弹簧将其固定。苏尔特尔饰针大小不一，其中箭形是最受青睐的设计，其他流行设计包括棕叶饰、纸莎草或梨形端饰（图536、图540和图543）。

　　此时无数胸针大受埃及文明启发，出现了源自埃及文化的建筑、神、圣甲虫和莲花等珠宝母题。

　　许多雍容华贵的胸针的外形不再是小椭圆形或长方形，也不再采用镶以钻石和彩色宝石的轻柔精巧的几何设计（图535、图558和图559）。

图541. 镶蓝宝石和钻石蝴蝶结胸针，约1920年。

图542. 缟玛瑙和钻石蝴蝶结胸针，20世纪20年代风格，但是是现代品。从白金替代铂金、钻石切割方式是之后的切割方式可见。

20世纪20年代晚期开始流行S形胸针，采用松散不连续的矩形列阵，外形酷似门环或抽屉拉手，全身镶以钻石，两端镶以弧面型或雕刻宝石（图560）。

蝴蝶结胸针在20世纪20年代时仍然广受欢迎，但其线条不再像19世纪晚期和20世纪早期时那般流畅自然，而是多了几分拘谨且风格化（图538、图541和图556）。

吊坠胸针重回时尚。外形常为插花的花瓶或几何饰板，并挂有钻石针板或铰接的宝石珠串（图560）。

20世纪早期的大型胸花饰品不再流行，取而代之的是带有托板、长肩章或肩部装饰的小型几何胸针（图537），此类胸针提高了纵向结构的设计美感，突出了20世纪20年代礼服简洁明了的线条，常镶以钻石和彩色宝石，并饰以可拆卸吊坠，这种吊坠还可用作耳坠（图539）。尽管这种珠宝外形硕大，容易损坏当时时尚女装偏爱使用的轻薄材料，但由于选用铂金为材，其重量相对较轻，因此依然适合佩戴。

20世纪20年代的廉价胸针外形多为写实的汽车、飞机、游艇、网球拍和高尔夫球杆等，无一不在赞美朝气蓬勃的快节奏新生活，表达积极的生活态度（图550）。

图543. 缟玛瑙镶蓝宝石钻石苏尔特尔饰针，卡地亚，纽约，1927年。

图544. 白金铂金水晶钻石胸针，约1930年。大面积金属结合哑光和闪亮的对比光让这件单色珠宝成为时代经典之作，且协调了珠宝匠和珠宝商的口味。

图545. 让·富盖出品的银质珐琅吊坠，1928—1929年。前卫派现代珠宝艺术家的经典之作，富盖喜用银、珐琅和精选的半宝石衬托简化的几何外观，从而突出简明大胆的设计。

图546. 华贵大气的银质珐琅黄水晶吊坠，1932年，让·德普雷的经典代表作。富盖、山度士、唐普利耶和德普雷都是现代艺术家联盟的成员，旨在创造艺术价值高于其固有价值的珠宝，摒弃过度装饰之风。

图547. 镶宝石钻石胸针，约1925年。注意小型角石切割的彩色宝石所呈现的穹顶外观。由于价格上涨，此类胸针如今被大量伪造。

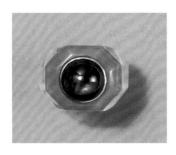

图548. 雕刻水晶蓝色玉髓蓝宝石胸针和戒指，博伊文，巴黎，约1925—1930年。

图549. 时尚迷人的缟玛瑙祖母绿钻石胸针，卡地亚，巴黎，1926年。

图550. 珐琅红宝石钻石高尔夫胸针，约1925年。

图551. 水晶红宝石钻石胸针，约1925—1930年。初升或落下的太阳成为20世纪30年代的象征，该类珠宝常见于英国。

图552. 珊瑚祖母绿黑珐琅钻石胸针，卡地亚，约1925年。此类环形珠宝由卡地亚于1922年推出，常用以装饰钟形帽或当时流行的低腰礼服腰带，在1925年巴黎艺术装饰博览会上展出后风靡一时。同类珠宝的其他设计包括环状的雕刻缟玛瑙、水晶和稀有的翡翠和珊瑚。

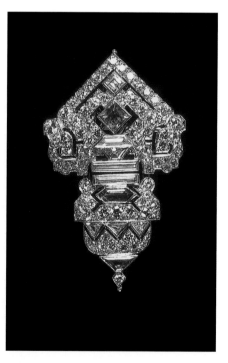

图553. 翡翠缟玛瑙水晶钻石苏尔特尔饰针，詹妮希，约1925年。设计源自铁器时代的凯尔特人开口环状胸针。

图554. 祖母绿缟玛瑙钻石裙装饰针，约1925年。

图555. 祖母绿钻石双夹式饰针，约1925—1930年。正常情况下，双夹式胸针的双夹是完全对称的，该例不对称珠宝十分不同寻常。

图556. 精美的蓝宝石钻石蝴蝶结胸针，20世纪20年代晚期。注意宝石的穹顶表面，以及如何使用小型角石切割使得蓝宝石镶入无金属的底座。

图557. 钻石帽用饰针，约1920—1925年。

图558. 蓝宝石和钻石胸针，蒂芙尼，纽约，约1925—1930年。

图559. 蓝宝石和钻石胸针，约1925年。

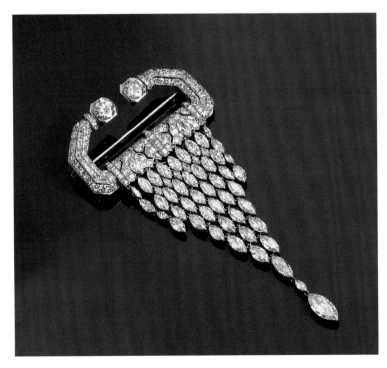

图560. 钻石列阵胸针，约1925—1930年。门环状顶座母题此时十分流行。

图561. 翡翠钻石胸针，约1925年。这种设计也流行于耳坠设计。

图562. 彩色宝石钻石"小花园"吊坠/胸针，詹妮希，约1925年。注意当时许多珠宝商（尤其是卡地亚）都喜用的雕刻印度彩色宝石。

图563. 另一例时髦的小花园胸针，梦宝星，1925年。这里珠宝边框为八边形，其中的花篮镶以小型角石切割的彩色面包型宝石，并饰以黑珐琅。

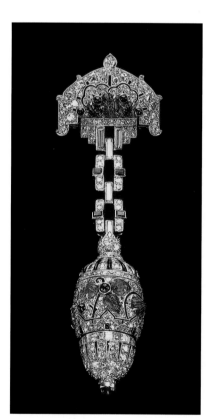

图564. 镶祖母绿、红宝石和钻石翻领小表，约1925年。

图565. 缟玛瑙镶祖母绿、珍珠、钻石翻领小表，卡地亚，巴黎，1923年。20世纪20年代期间卡地亚设计师在许多珠宝作品中都采用雕刻印度彩色宝石。

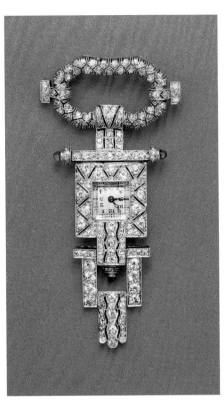

图568. 珐琅镶红宝石钻石黄金瓢虫饰针，约1937年。

图566. 缟玛瑙镶钻翡翠吊坠，约1925年。此时常用翡翠作为底部，该珠宝顶座采用中国风设计。

图567. 钻石翻领小表，约1925—1930年。

图569. 珐琅镶宝石黄金饰针，卡地亚，约1935年。

　　20世纪30年代最经典的饰品莫过于夹式饰针。此类珠宝中，最简约经典的母题为教冠或三角形，背部固定装置使用弹簧夹板代替别针，用以夹在衣服的边缘。

　　夹式饰针通常成对制作，并佩戴在领口两边或西服翻领口的边缘，甚至可以夹在晚装包的边缘、戴在头发上或是别在腰带中间。饰针常配有特殊的固定装置，使其变成胸针或手镯中心。

　　最早的夹式饰针设计呈简单几何状，大小适中，如果成对佩戴，两个饰针是完全相同和对称的。后来的夹式饰针有了形似但不对称的另一种款式，当两个饰针作为胸针同时佩戴时，看起来似乎沿着纵轴扭曲一般。

　　1935年后，饰针或双饰针依然多为严谨的几何形状。与此同时，多了浮雕设计的款式，加入了微微凸起的立体母题，如双旋形、螺旋形、褶皱缎带等（图555、图571、图572、图576、图582、图588～图592）。

图570. 两件现代镶宝石钻石胸针以及一件艺术装饰风格吊坠。现代仿制20世纪20年代及30年代的
打孔方式的现象十分普遍，并且这类珠宝常常鱼目混珠，充当真品售卖。

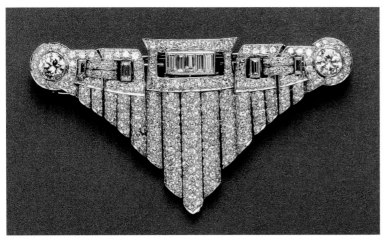

图571. 钻石三角形夹式胸针，约1935年。此处牧神萧的结构设计十分出色。三角形夹式饰针并不多见。

图572. 精美的蓝宝石钻石双夹式胸针，约1930—1935年。

1940年，完全不对称的双夹式饰针开始流行，这类饰针常被设计成日常叶片或花朵的枝条；后来，此类珠宝逐渐摆脱了拘谨感，尺寸越来越大。此外，其固定装置也发生了变化。20世纪30年代末，为了尽可能不损坏衣服，饰针的固定装置从弹簧夹板变成两个簧载尖叉。其外观逐渐趋向于日常化、宽大化，并外形多为浮雕，为20世纪40年代珠宝风格埋下了伏笔（图585）。

许多20世纪30年代的胸针被设计成开口环状，常有一端饰以蝴蝶结或垂褶缎带，但饰板胸针仍然是最经典的款式。

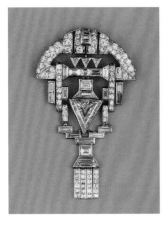

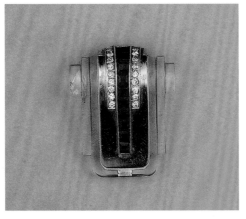

图573. 托板设计钻石胸针/吊坠，20世纪20年代晚期至30年代早期。注意钻石采用了多种切割方式。

图574. 红宝石水晶钻石夹式饰针，宝诗龙，巴黎，约1930年。夹式饰针和其他雕刻硬石珠宝以及贵宝石装饰都是20世纪20年代晚期和30年代早期的经典特色，此类珠宝由沙托丹街的赫兹·贝佩隆等公司开创。

图575. 钻石彩色宝石"小花园"胸针，约1925—1930年，镶有雕刻红宝石、祖母绿和蓝宝石。

图576. 钻石双夹式胸针，20世纪30年代，风格化蝴蝶设计。

图577. 钻石彩色宝石"小花园"夹式饰针，卡地亚，伦敦，约1925—1930年。

此类珠宝通常外表厚实，主要镶以钻石，有时中心区域饰以彩色宝石，且采用矩形、椭圆形或长八边形网状细工几何母题。此类胸针中的装饰物当数带状装饰和搭扣最为流行，但也时常出现之字形、半圆形、阶梯形和风格化花卉等几何主题（图579和图580）。

20世纪20年代的苏尔特尔饰针直到30年代仍热度不减，此时名为安全饰针，用金线制成，并饰以一排黄金和硬石珠子，或在珠宝上端使用硬石雕刻。

图578. 红宝石钻石夹式饰针，20世纪20年代晚期，卡地亚，伦敦。大部分红宝石珠子产自缅甸，并用钻石销钉固定。

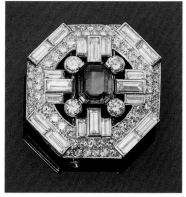

图579. 祖母绿钻石胸针，宝诗龙，巴黎，约1930—1935年。该设计展现了20世纪30年代经典的对比纹理，将长阶梯形钻石的纯粹光泽与色泽明亮、富有生气的密镶钻石进行对比。

图580. 钻石饰片胸针，约1935年。该作品富有许多伦敦生产的胸针特色，此类胸针常镶以品质较差的宝石。20世纪70年代期间，大量珠宝在拍卖行上涌现。这类珠宝大多逃脱不了被打碎的命运，因此此后越来越稀少。

图581. 享有盛名的隐秘式镶嵌红宝石钻石夹式饰针，梵克雅宝，巴黎，1936年，冬青叶状设计，来自温莎公爵夫人珠宝藏品。

图582. 钻石双夹式胸针，梵克雅宝，巴黎，约1930年。

图583. 精美的缟玛瑙祖母绿钻石帽用饰针，卡地亚，巴黎，约1920—1925年。这件饰针成为了卡地亚最流行的设计之一，并常受模仿。

图584. 黄水晶和钻石夹式饰针，20世纪30年代中叶，建筑风格设计。

图585. 钻石夹式饰针，20世纪30年代晚期，设计偏日常随性。

图586. 红宝石和钻石胸针，隐秘式镶嵌，1935年。梵克雅宝于1933年将"隐秘式镶嵌"申请为专利。这项工艺技术要求高，且十分耗时，它能让人们从正前面观察珠宝时看不到宝石的金属镶嵌底座。原理是将宝石底部刻出凹槽，并将其滑入对应的金属轨道式底座中，从而达到将底座隐藏起来的效果。

图587. 蓝宝石水晶钻石胸针，卡地亚，约1925—1930年。

图588. 钻石双夹式胸针，约1930年，菊石或贝壳卷曲饰设计。

图589. 钻石双夹式胸针，20世纪30年代。

图590. 一对钻石夹式饰针，宝诗龙，约1935年。

图591. 红宝石和钻石双夹式胸针（图中两个饰针分开展示），20世纪30年代。20世纪30年代末，该设计变得更加不对称且更为随性。

图592. 蓝宝石和钻石双夹式胸针，20世纪30年代。

20世纪30年代末，自然主义珠宝首饰出现了此类风格珠宝，为卡地亚带来了瓢虫、玫瑰和山茶花胸针的设计，以及其著名的印第安和黑人头夹的创作，这些头夹用硬石雕刻，饰以珐琅和钻石（图568和图569）。

与此同时，梵克雅宝开始制作叶子和花朵胸针，这类珠宝使用隐形镶嵌镶以红宝石和蓝宝石，并饰以钻石作为点缀，在珠宝界十分有名（图581）。

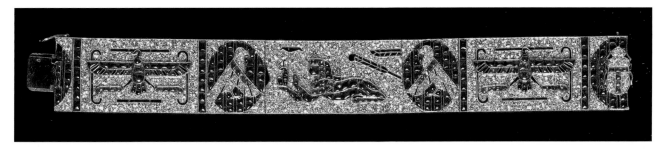

图593. 古埃及复兴风格钻石彩色宝石手镯，法国，约1925年。梵克雅宝也制作过埃及风格珠宝。

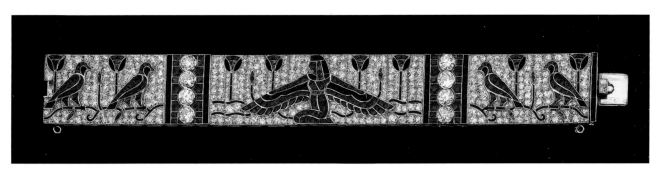

图594. 精美的古埃及复兴风格红宝石蓝宝石祖母绿钻石手镯，拉克洛什，巴黎，约1925年。

手镯

　　手镯是20世纪20年代早期的时尚臂饰，该时期常设计成细长的铰接式几何饰板和链节，或用对比色宝石串成。20世纪20年代中期时，宝石链的款式变得更宽且柔韧度更高。

　　此类手镯的线条感十足，与20世纪20年代的几何风格十分契合。此时最受欢迎的装饰母题包括锯齿形、三角形、同心方形、风格化的扣环、v形和方格图案、风格化的叶子和花朵等，手镯材料多为铂金，并密镶以钻石和各种形状的彩色宝石（图597、图598、图607、图608和图611）。

　　此时一股对法老时代埃及的狂热席卷而来，并激发了许多珠宝匠制作手镯的灵感。这时期的手镯常密镶以钻石，饰以埃及建筑图案，如狮身人面像、圣甲虫、莲花等，为了让宝石的弧形表面与多面钻石的璀璨夺目形成鲜明对比，珠宝匠使用巧妙的镶嵌工艺将圆宝石和小型角石切割彩色宝石相结合。梵克雅宝十分擅长生产此类手镯（图593和图594）。宝诗龙则偏爱采用风格化的花卉图案，在手镯的珐琅镶边内镶以钻石，在五颜六色的硬石上雕刻风格化的花朵，再镶入钻石框架内。卡地亚所设计印度风格的手镯尤为出色，常镶以红宝石、祖母绿和蓝宝石，并雕刻成叶子、花朵和浆果的形状（图595）。

图595. 印度风格系列珠宝，镶以雕刻彩色宝石，约1930年，卡地亚出品的手镯，伦敦。

图596. 祖母绿钻石手镯，梵克雅宝，1924年（缩小图）。注意多种钻石切割方式并用所营造的流光溢彩的效果，包括水雷型切割、长阶梯形切割、三角形切割以及同心环形切割。

图597. 绚烂夺目的红宝石祖母绿钻石手镯，拉克洛什，约1925年（放大图）。每一个彩色宝石的切割方式都为其底座量身定做，如今想要模仿这种制作工序，其成本将极其昂贵，尤其是仿制穹顶形的表面。这件珠宝无论是镶嵌工艺或是其工艺精湛程度都十分出类拔萃。因此，1987年纽约苏富比拍卖行拍卖这件珠宝时，人们争相竞拍，最终价格达到了令人瞠目结舌的445000美元。

　　当时其他的手镯镯环外观多为多排雕刻硬石，或是镶以珠宝或涂以珐琅的链节（图612～图615）。

　　20世纪20年代流行收集带有纪念意义或廉价的小饰品，并将其戴在手链上。这种风尚在20世纪50年代及60年代时风靡各地。20年代时的小饰品手镯常用铂金制成，并镶以小型角石切割宝石（图604）。

　　此时还流行佩戴大量的纤细的宝石镶嵌手镯，通常搭配晚装，佩戴于手臂上、袖套上甚至是大臂处，常用来遮盖接种疫苗的伤痕（图605）。

图598. 蓝宝石和钻石手镯，20世纪 20年代。

图599. 钻石手镯，约1925年。

图600. 红宝石、祖母绿、蓝宝石和钻石手镯，卡地亚，约 1930年。形似刺绣缎带，这件珠宝融合了20世纪20年代中期 的彩色几何风格以及30年代早期的大胆粗犷的珠宝格调。

图601. 蓝宝石和钻石手镯，梵克雅宝，约1925年。注意简约却惊艳动人的环环相扣的链节母题、色彩完美搭配的宝石以及出类拔萃的制作工艺。

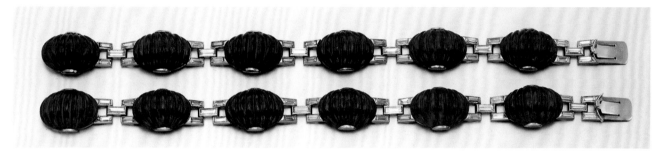

图602. 一对手镯，约1925年。都镶有凹雕弧面型天青石，本款手镯还有长阶梯形钻石几何链节款式。

图603A. 缟玛瑙钻石手镯，迪索苏瓦（缩小图），约1928年。

图603B. 缟玛瑙钻石手镯，蒂芙尼（缩小图）。简约的风格化搭扣以及钻石边缘的滚珠边设计证明这件珠宝产于1920年左右。

图604. 铂金手镯，配有宝石镶嵌小饰品。收集并佩戴小饰品的风尚起源于战争期间，在20世纪50年代和60年代尤为流行。

图605. 红宝石和钻石手镯，拉克洛什，约1925年。

图606. 镶宝石铰接手镯，约1925年。外形为印度神话中神秘的海兽摩伽罗，其兽头举着雕刻的祖母绿宝珠，其兽身镶以小型角石人造红宝石和钻石。自公元前8世纪起，兽头形手镯便已经开始流行。最初源自亚述帝国，而后经古希腊、伊特鲁里亚以及罗马的珠宝匠不断创作下，此类珠宝最常见的三个代表为：蛇头、公牛头以及公羊头。随着19世纪70年代的考古复兴风格珠宝的出现，此类珠宝重回时尚，其常见的神秘兽造型还包括狮鹫和奇美拉。20世纪20年代时，动物手镯卷土重来，重回时尚圈，并赋予了古希腊的奇美拉东方风格的造型，还带来了象征吉祥如意的中国龙和印度摩伽罗。

图607. 一对钻石手镯，亨内尔，伦敦，约1925年。

图608. 红宝石和钻石手镯，法国，约1920年。

　　此时十分流行佩戴大量手镯搭配日常穿着，手镯多为较大黄金手镯，上面常涂以珐琅。另还有两款手镯也十分流行，一款是非洲风格的象牙雕刻手镯；另一款是简约雕刻的手环，常用翡翠或其他硬石制成。袖套和袖口手镯也重回时尚（图609），常涂以珐琅或镶以宝石。其中，卡地亚的东方风格手镯最令人心醉，常用珊瑚或天青石雕刻，连接珐琅黄金饰板，并饰以各式各样的贵宝石。

图609. 白金缟玛瑙钻石袖口手镯，约1925—1930年。

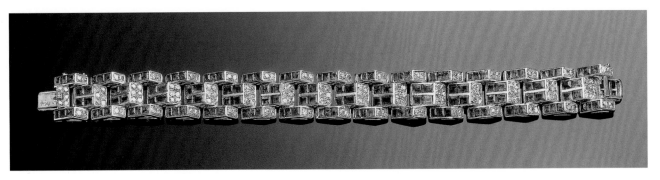

图610. 楼梯式祖母绿钻石手镯，卡地亚，巴黎，20世纪30年代晚期。

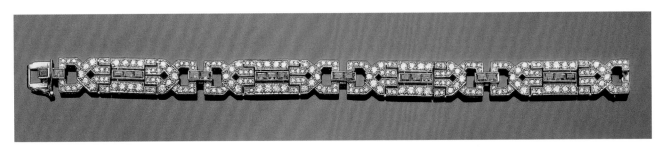

图611. 祖母绿和钻石手镯，约1925—1930年，时下流行的搭扣皮带设计。

图612. 魅力十足的硬石钻石手镯，约1925年。枝叶和花朵使用珊瑚、孔雀石、光玉髓和玉髓雕刻，其工艺十分精湛。并以天青石为背景镶入钻石边框，体现出日式的格调。

　　宽大厚实的链节手镯以及双夹式饰针成为了20世纪30年代的时髦饰品，这类手镯主要镶以钻石。出乎意料的是，尽管这类珠宝十分沉重，但作为当时垂褶式晚礼服不可缺少的饰品，人们常在晚装手套上一次性佩戴数个。此类手镯镯环设计喜用多排的矩形或长八边形，并饰以皮带和搭扣母题，与饰板胸针堪称绝配。宝石方面，这类手镯偏爱使用钻石，但多数会在中心区域镶以一颗彩色宝石或是镶以多层微小的小型角石切割彩色宝石（图617～图619和图622）。

图613. 蓝宝石和钻石手镯，约1930年，可能因雕刻硬石环作为手镯材质较易损坏，故使用白金链节代替。

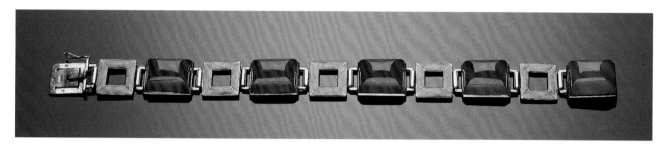

图614. 黄金珐琅染色玉髓手镯，法国，约1925—1930年。该珠宝使用珐琅来模仿翡翠的成色。

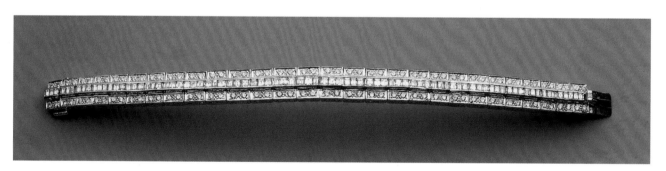

图615. 现代线型手镯：注意臃肿的底座以及粗糙的制作工艺使得这件手镯柔韧度较差。

　　其他镶以钻石和彩色宝石的手镯外观一般为厚实的浮雕带状，并饰以硕大的搭扣、卷曲饰和缎带（图624、图630和图632）。

　　20世纪20年代的传统手镯镯环较为纤细，30年代时仍在继续生产这类手镯（图620和图621）。还有的手镯用数排珍珠、半宝石或贵宝石制成，同样备受青睐。同款手镯中还有几何风格的钻石镯环设计。

　　1935年开始流行"楼梯形"（Escalier）手镯，这类手镯要么通体由黄金制成，要么会镶以对比色宝石。

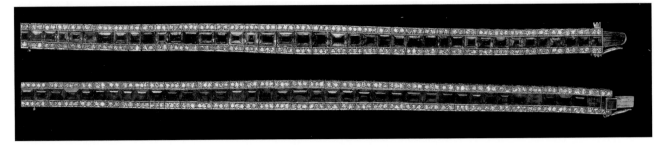

图616. 一对线型手镯，20世纪20年代，一条镶以红宝石和钻石，另一条镶以祖母绿和钻石。此类手镯常成对佩戴。

图617. 尺寸极为罕见的钻石手镯，约1930年。增大的环状以及搭扣设计。

图618. 钻石手镯，20世纪30年代。

图619. 钻石手镯，约1930年。

图620. 人造蓝宝石钻石手镯，约1930年。此时人造小型角石切割彩色宝石并不常见。

图621. 蓝宝石线型手镯，斯里兰卡，20世纪30年代。这是件十分典型的工艺粗糙且无镶嵌钻石的珠宝。

图622. 精美的钻石手镯，20世纪30年代。立体工艺是那个年代的特色。

图623. 海蓝宝石和钻石手镯，约1930年。尽管本珠宝未署名，但极富卡地亚伦敦工坊的特色。

图624. 红宝石和钻石手镯，尚美，巴黎，约1930—1935年。

图625. 不常见的红宝石钻石手镯，德雷森，伦敦，约1935年。德雷森公司位于伦敦邦德街，所创作的珠宝通常结合彩色宝石设计，并具有浓厚的艺术装饰风格。

这些手镯采用矩形棱柱链条设计，并使用白色和彩色宝石的对比色或是抛光的黄金表面，营造出台阶正在移动的错觉，给人以错视画派的感觉（图610）。

大约从1936年开始，金属宽手镯前流行固定一对饰针。

梵克雅宝于1934年推出"卢多"（Ludo）手镯，又称蜂巢手镯。该手镯一经推出便火遍各地，为该款手镯于20世纪40年代大获成功埋下伏笔。该设计的手镯镯带由六边形链节组成，采用隐形铰接，常在中央处以星形镶嵌镶以一颗细小的红宝石或钻石，通常饰以厚实的卷曲饰或搭扣设计扣环，并用隐形镶嵌镶以红宝石且饰以小颗钻石（图732～图735）。

图626. 红宝石和钻石手镯，梵克雅宝，巴黎，1936年，同年5月27日，由爱德华八世赠与辛普森女士，并题词："紧紧相拥"。

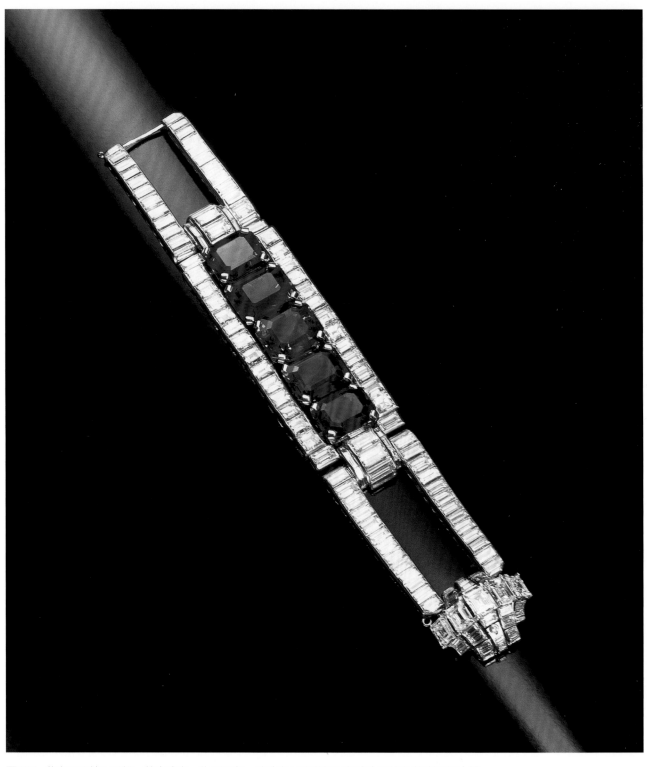

图627. 蓝宝石和钻石手镯，梵克雅宝，约1935年。该珠宝是20世纪30年代中期流行的宽手镯中较为昂贵的一件。

图628. 缅甸红宝石和钻石手镯，梵克雅宝，厚重的外观是20世纪30年代的经典特色。如此精美的
做工使得珠宝柔软且轻盈，在当时第一次处理此类珠宝时着实为珠宝匠们带来了惊喜。

图629. 镶彩色宝石和钻石手镯，卡地亚，约1930年（放大图）。手镯采用铰接式宽镯带，设计作莫卧儿帝国风格的蜿蜒曲折的藤蔓，镶以雕刻红宝石、祖母绿、蓝宝石、缟玛瑙以及钻石，且其镶嵌的宝石切割方式多种多样。尽管此类风格十分流行且广受模仿，但一提到这类传统印度风格的雕刻彩色宝石珠宝，首先想起的名字始终都是卡地亚。这类珠宝被称为"蜜饯百果"或"水果沙拉"，反映出当时欧洲及每周的珠宝设计师和收藏家深深着迷的异国风情。然而，这类手镯的尺寸很少能与图中这件珠宝相媲美。

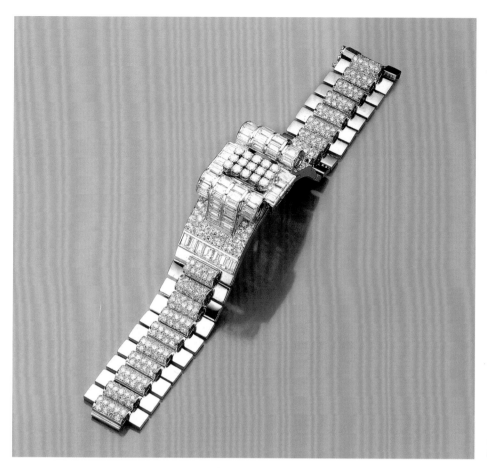

图630. 钻石手镯，卡地亚，巴黎，约1935年。

图631. 祖母绿和钻石手镯，黄金卷曲饰及扇形设计，宝诗龙，巴黎，1935—1940年。

图632. 独一无二的蓝宝石和钻石手镯，梵克雅宝，巴黎，1937年，来自温莎公爵夫人珠宝藏品。注意图中将蓝宝石的镶嵌爪脚隐藏起来的镶嵌方式十分精巧。该手镯定为某位珠宝大师的精心杰作。

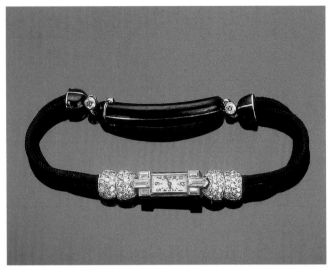

图633. 缟玛瑙、珍珠和钻石腕表，卡地亚，约1920年。此类腕表在"一战"前夕推出，但其影响持续到20世纪20年代。

图634. 钻石腕表，卡地亚，约1920—1925年。注意布质手镯以及经典的珐琅搭扣。

图635. 珍珠缟玛瑙钻石手表，卡地亚，约1920年，该手表可能设计于1913年。

腕表

镶嵌宝石的晚装腕表流行了整个20世纪20年代，主要材质为白金或铂金、镶以密镶式钻石、饰以小型角石切割缟玛瑙并时不时缀以彩色宝石。

表盘边框形状为矩形、八角形或圆形，并在几何风格表肩之间密镶以钻石。表带一般是黑色摩尔纹丝绸、黑色大麻布丝绸、金属网状、种子珍珠或薄钻石链节（图633~图638）。

大约在1925年，镶以贵宝石的圆形或矩形设计的怀表或短表链手表成为时尚新宠（图564、图565和图567）。同时，晚装腕表的吸引力暂时褪去。但这种现象好似昙花一现，镶宝石的腕表很快重回时尚，并且流行了整个20世纪30年代。

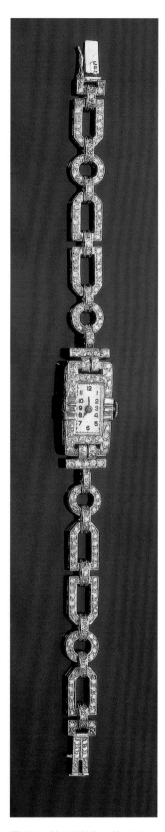

图636. 一对钻石腕表，采用流行设计以及黑色大麻布丝绸，20世纪20年代。

图637. 钻石腕表，镶以长阶梯形明亮切割宝石，约1925年。酒桶状表盖是战争岁月时的经典特色。

图638. 钻石腕表，约1925—1930年。

图639. 红宝石和钻石戒指，约1920—1925年。珠宝匠使用小型角石镶嵌将红宝石小心翼翼镶入底座中。这道工序既昂贵又耗时。然而，目前泰国常出产工艺同样出色的仿制品，需要细心观察才能辨别。

图640. 祖母绿和钻石戒指，约1925—1930年。

图641. 祖母绿和钻石戒指，约1925—1930年。祖母绿的宝石品质较低劣，因此采用密镶式戒肩来提高珠宝的魅力。

图642. 钻石戒指，约1935年。硕大的设计是当时的经典特色。

图643. 钻石永恒戒和蓝宝石红宝石钻石三环式戒指，1920—1930年。人们很难通过确定永恒戒尺寸从而使其以更便宜的二手价格进行购买。外围两环钻石常铰接在蓝宝石或红宝石环的两侧。

戒指

图644. 钻石手表/戒指，名士表，约1935年，插图展示了手表和戒指两种形态。注意建筑风格的桥梁式结构。

20世纪20年代时，戒指通常用铂金制成，戒指边缘上镶以被切割成圆形的彩色宝石，并密镶以钻石（图639和图640）。戒指的边缘同样是典型的几何轮廓，中心区域镶以大钻石，边缘镶以小型角石切割宝石。无论是贵宝石还是半宝石，宝石通常采用爪脚式镶嵌镶在半球形戒肩之间，或密镶以长阶梯形或同心环形切割钻石（图641）。

永恒戒是镶以钻石或小型角石切割彩色宝石的戒指，这种戒指颜色组合丰富，能让一只手指上佩戴多种颜色的宝石。同样流行的还有三环永恒戒，这种戒指由一个中心的菱形环和两个对比色的横向半环组成，可以通过旋转来创造各种颜色组合（图643）。

1924年，卡地亚创造了一款三环戒指，它由三个不同颜色的金箍交织而成，并配有配套手镯，如今该款手镯仍在生产，其外观或多或少仍有所保留。

20世纪20年代中期，大阶切钻石戒指首次出现，并成为永恒不变的经典款式。

此时，珠宝艺术家对宝石本身价值不太感兴趣，他们的几何雕塑作品往往形状硕大，并带有尖锐、整齐的线条。饰板材料选用金属和硬石，而贵宝石则不多用，珠宝匠通常会再三斟酌是否选用贵宝石。

20世纪30年代的戒指体型普遍越来越大，并在几何形状的戒肩之间通常镶有一块宝石（图642）。

此时人们十分宠爱密镶以钻石或彩色宝石的华丽铂金礼服戒指。

梵克雅宝在1935年创造了一款"梨形晶"（boule）戒指，它的宽金属柄经过扩大后可以容纳半球形边框，并用隐形镶嵌镶以小型角石切割宝石。

在20世纪30年代末，第一批出现的黄金戒指镶有钻石和彩色宝石的扣环和带环，为20世纪40年代的"鸡尾酒"戒指奠定了设计基调。

化妆盒、雪茄盒和晚礼服包

第一次世界大战后，化妆品行业市场越来越大。搽脂抹粉、浓妆艳抹成了当时的风尚。

当时的时尚女性身上必备一个化妆盒，用来装粉底、唇膏、口红、镜子和梳子等。化妆盒最早的形式是挂在指尖的带镜小粉盒，有形式各样的链条以及一个配套的口红管，随着发展，化妆盒变成较大的方盒，这种化妆盒被梵克雅宝申请为专利，名为"朱纳迪埃"（Minaudiere）。

化妆盒常用黄金、白银、白色金属或镀金金属制成，通常采用同心矩形、台阶、条纹、之字纹和蜂巢等母题，饰以几何风格的扭索状图案并缀以镶宝石的小饰品。

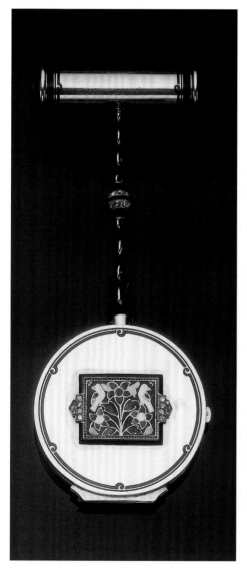

图645. 珐琅镶钻黄金口红粉底盒，约1925—1930年。

图646. 珐琅方钠石黄金口红粉底盒，法国，约1925—1930年。设计中透露出日式气息。

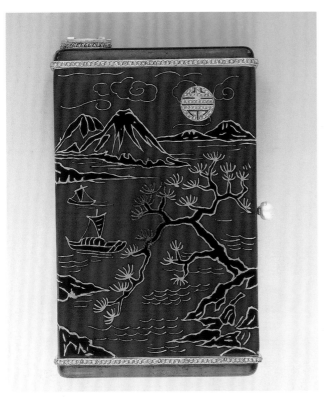

图647. 珐琅镶钻黄金粉底盒，拉克洛什，巴黎，约1925年。非常明显的中国风设计。注意钻石"寿"字。

图648. 镶钻黄金粉底盒，约1925年。注意中心区域的中国印。

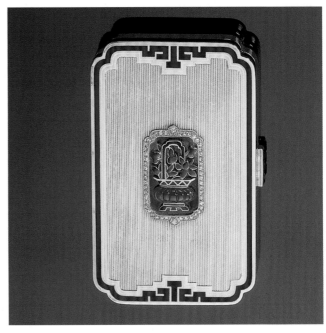

图649. 镀金银质珊瑚珐琅粉底盒，卡地亚，1933年。

图650. 珐琅软玉镶钻黄金粉底盒，卡地亚，约1925年。

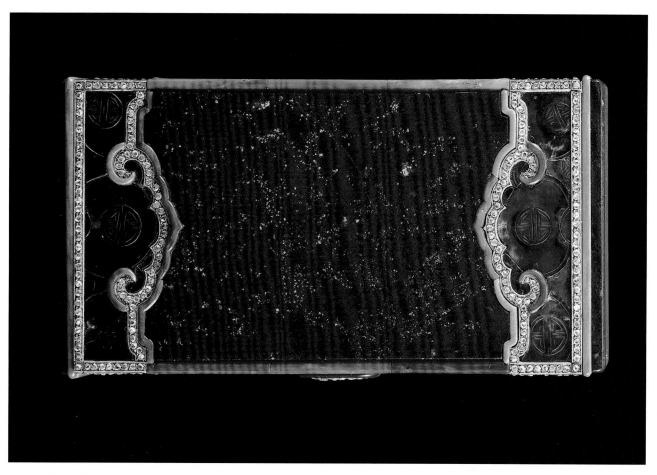

图651. 东方风格镶钻天青石翡翠珊瑚粉底盒，卡地亚，约1925年（放大图）。

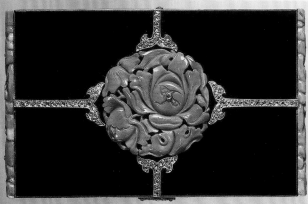

图652. 一对珐琅镶钻珊瑚翡翠化妆盒，约1925年，其中一个用作雪茄盒，另一个用作化妆盒。又是一例带有浓郁的中国风设计的珠宝，其雕刻翡翠和珊瑚都是从中国进口的。

图653. 拉克洛什出品的雪茄盒，约1925年。该盒子的盖子与盒身都涂以黑漆珐琅并镶以绿色、粉色和蓝色珍珠贝母。艺术装饰风格以及中国风的盒子都盛行使用镶有珍珠母贝的饰板。尽管此类珠宝源自远东地区，但很快就受到西方玉石珠宝匠的模仿。

图654. 珐琅黄金粉底盒，卡地亚，约1925年。注意阶梯状金字塔装饰。

盖子表面是一片大面积的矩形，可任由装饰艺术珠宝商发挥想象力。这类化妆盒一般是色彩鲜艳的珐琅和漆器，表面上镶有几何图案和东方灵感的宝石装饰图案（波斯图案、中国宝塔、云朵或长寿的象征、日本矮树、抽象装饰和中国风景或是镶嵌在内的珍珠母和半宝石）。卡地亚常用19世纪中国的漆器、珍珠母和玉石镶嵌饰板作为化妆盒盒盖。此外，雕刻的中国玉石和珊瑚匾也很适合用作化妆盒盖（图645～图650、图654和图657）。

在20世纪20年代，吸烟是一种时尚，那个时代的自由女性在公共场所用长烟嘴吸烟。她们把香烟放在烟盒里，或者放在更大的平面盒里（图655），烟盒的设计和装饰近似她们的化妆盒（图652和图653）。

珠宝晚礼服包是20世纪20年代的经典配饰，用绣有金线的丝织锦缎珐琅、黄金和宝石制成，结合埃及、波斯、中国或印度的设计是当时晚礼服的绝配饰品（图656和图658）。

黑色丝绸和黑色绒面革"小手提袋"在选用饰品方面十分谨慎，常饰以完全几何设计的宝石扣，并一直沿用至20世纪30年代。当没有合适的珠宝晚礼服包时，使用夹式胸针夹住"小手提袋"边缘，便可以巧妙解决这个问题。

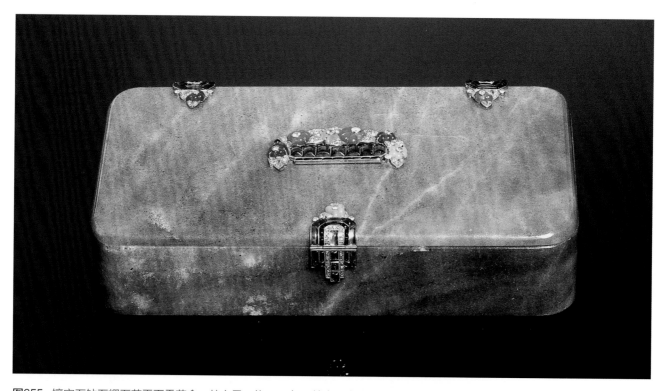

图655. 镶宝石钻石耀石英平面雪茄盒，梦宝星，约1925年。梦宝星十分钟爱镶以小型角石切割的多彩宝石组成的花卉母题。

图656. 珐琅镶黄水晶钻石晚礼服手提包，约1925年。注意日式风格的钻石底座与丝绸锦缎小袋设计相得益彰。

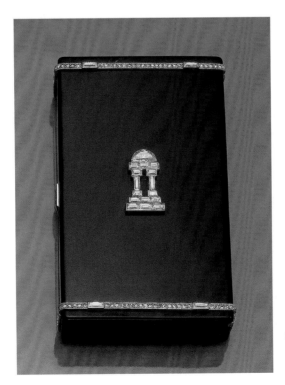

图657. 黑珐琅镶钻白金黄金粉底盒，卡地亚，巴黎，约1930年。当时卡地亚珠宝中（尤其是胸针）流行使用切割方式华丽的宝石组成拱桥、寺庙、圆形石柱和摩天大楼母题。

图658. 珐琅黄金镶钻晚礼服手提包，约1925年。尽管该作品未署名，但几乎可以肯定这是梵克雅宝的作品。该珠宝的珐琅有意模仿珊瑚和翡翠的成色。大众对埃及的浓厚兴趣也许源自1922年图坦卡蒙法老墓的开掘。

第 八 章

20世纪40年代和战后时期

第二次世界大战让欧洲的珠宝生产放慢了脚步。如同"一战"时，贵金属再次变得稀有，黄金非常稀少，并成为一种管制资源，铂金更是一克难求。在法国，法兰西银行明令禁止出售贵金属，定制珠宝的人需要提供全部贵金属。同时，黄金或铂金被融化后，其中的20%需要上交国家。贵重宝石的供应也受到影响，比如南非钻石以及泰国和缅甸的红蓝宝石等。

许多珠宝工匠要么自愿或应招参军，要么从事军工生产。对大工业中心特别是对英国和德国的轰炸，对珠宝的影响尤其明显。德国的珠宝生产中心普福尔茨海姆（Pforzheim）遭受了严重的攻击，珠宝的生产近乎完全停滞。这时德国生产的少量珠宝也基本都是银质的，装饰以珐琅或非常细的金线。在英国，主要的珠宝商如卡地亚，采取了明智的措施，将他们的珠宝运至不太可能受到攻击的地域。英国的珠宝生产中心伯明翰遭受到了猛烈轰炸。法国的情况稍微好点：虽然20世纪40年代德国人占领了巴黎，但珠宝生意依旧进行着，在贵重原料和人力都稀少的情况下依旧维持着生产。旧珠宝被拆解、重新镶嵌，战前储存起来的宝石以非常节省的方式使用着。

但战争对于佩戴珠宝的影响就小多了。在动荡的年代，珠宝代表着一种方便携带的财富形式。当时的人对纸币缺乏信心，因此但凡有机会就会购买贵金属或宝石，所以古董珠宝或是二手珠宝市场很繁荣。

虽然战争时期珠宝生意没完全停滞，但这时期的珠宝设计缺乏新意。著名的珠宝公司依旧按照战前的设计生产珠宝，如镶嵌钻石和红蓝宝石的卷曲饰、带状饰和带扣以及桥形母题。大部分由黄金制作及镶钻的珠宝加入人造红蓝宝石的设计，以此来应对天然宝石匮乏的局面。

20世纪30年代晚期的黄金珠宝采用富有雕塑感的大胆设计，这种风格在20世纪40年代达到高峰。我们可以用宝石的使用方式来区分这两个年代。此前多使用大颗宝石，其表面切割丰满华丽，并密镶以钻石或隐藏式镶嵌以红宝石和蓝宝石。而到了20世纪40年代，宝石的尺寸和用量都变得十分有限，取而代之的是覆盖大量金属表面的珠宝设计。

宝石的匮乏让人们把精力转向了半宝石。各种色调的黄水晶，从柠檬黄到深棕色，以及海蓝宝石、紫水晶和托帕石都很受欢迎。黄金的稀缺并没有影响珠宝的外形，它们看起来依旧体积感十足，但使用了更薄的金属片，所以比过去轻了。低端珠宝市场的珠宝往往是中空的，或是将金箔附在廉价金属片上。市面上出现的新品种黄金，如9k、14k和18k金变得很流行。由于含铜量不同，

伊丽莎白公主
摄影师：塞西尔·比顿（Cecil Beaton），摄于1948年，展于国家肖像美术馆。

所以战时珠宝都闪现着不同的红色调，这是当时黄金珠宝的特点之一。铂金家族六种元素中最轻的元素——钯金，被首次用于珠宝。

20世纪40年代很多珠宝商的档案馆里的手绘图、照片都在战争中被销毁了，所以此时珠宝的文献资料相对稀少。此外，20世纪40年代的许多珠宝在随后的几十年里被熔化和重置，当时，更加轻巧且自然的创作风格导致它们被视为品味低劣而遭到拒绝。对20世纪40年代珠宝的鉴赏和其笨重设计的流行是一种现象，最早出现在20世纪80年代初的意大利、法国和美国。

战争期间，因为男人都应招入伍，女性又重新承担起了很多男人的工作，如从事工业、商业或是在办公室忙碌、开救护车以及在医院照顾伤员。因为经济和实用的原因，她们的裙子变得更短了。20世纪30年代的女性服装开始变得更加男性化，标志性的服装是受军装启发的直线条齐膝短裙，以及长的垫肩宽肩紧身夹克。鞋必须更加舒适，新的矫形鞋用软木鞋底代替了稀缺的皮革鞋底。女性化的设计体现在修身型礼服的方形领口以及饰有花朵和面纱的小圆帽或三角帽，厚重又大胆的珠宝非常适合当时的时尚风格。夹克翻领上或方形领口的两侧的大夹子与宽大的垫肩相互平衡。厚重的手镯和大号的礼服戒指，与当时的朴素的衣着相得益彰（图674、图691、图732～图738）。

当战争结束时，在经历了六年的惨淡后，时尚市场迎来了反弹。1945年，新的法国高级时装品牌，如巴尔曼、纪梵希和巴黎世家展出了宽松的女士裙装、短款的裙子、脱褶上衣以及波蕾若（bolero）风格女士短夹克。1947年，克里斯汀·迪奥（Christian Dior）凭借其"新风貌"女装取得成功，这种宽松、中款的裙子使用轻薄面料制作，腰线很细，上身较紧，领口为尖形。因强制性措施而缺席时尚舞台长达六年之久的戒指带着缤纷色彩和贵重材质又重回时尚舞台，战争期间男性化及宽肩的剪裁被更加女性化和童真的风格代替。

珠宝也发生了相应的变化。20世纪40年代早期大块头的几何造型珠宝被以自然为灵感的黄金珠宝代替，虽然个头依旧巨大。同时又开始大量使用宝石，随心所欲地镶嵌在卷曲或弯曲的黄金当中，形成褶状、结状、回纹饰薄纱或类似蕾丝的纹路。装饰艺术时期的平面几何造型的珠宝被富有体积感、立体的涡卷饰，卷曲的叶子和精巧的蝴蝶结所代替。自然主义成功回归，如华丽新奇的花朵、鸟儿、动物、树叶、雪花等母题（图660、图700、图701、图707、图708、图710～图712和图714）。1948年，卡地亚设计了第一个立体猎豹胸针，该胸针由温莎公爵夫人定制，描绘了一只猎豹盘踞在一颗素面祖母绿上。1950—1960年，卡地亚陆续制作出许多猫科动物珠宝，定制人有温莎夫妇、芭芭拉·赫顿（Barbara Hutton）、尼娜·阿迦·汗公主（Nina Aga Khan）。猎豹和老虎珠宝如今仍是卡地亚的标志性设计，保持了20世纪40年代珠宝的动感、弹性和活力（图715、图716和图745）。

黄金因其丰富的色彩仍是最受欢迎的金属，如白、灰、黄、绿、粉和红色。加工工艺也多种多样：如制作成缠绕的带状、花形的蕾丝状或扭曲的绳状等。该时期对铂金的喜爱宣告结束。

在所有宝石中，钻石最受欢迎，并且常与小型角石切割的红蓝宝石相结合。如紫水晶、黄水晶、托帕石和绿松石等半宝石常与贵重宝石结合，表现出大胆多彩的视觉效果（图685）。20世纪40年代晚期珠宝保持了之前大块头的趋势，并预示了20世纪50年代流行的自然主义。在宝石选用方面，20世纪40年代早期用料节省，50年代用料华丽，而该时期正处于两者间的过渡时期。

恢复战前价值观的渴望是战后经常发生的事，许多保守的珠宝设计师和女性对时尚的敏感度因而下降，所以许多珠宝仍采用了20世纪30年代晚期流行的设计。许多战前设计此时已被奉为经典，与新风貌服饰相得益彰，如梵克雅宝的蜂巢手镯或隐秘式镶嵌的花朵（图698、图732~图735）。

战后的经济开始繁荣，20世纪50年代早期的珠宝设计中展现了重建满目疮痍的家园的愿望和决心。工业和经济的双重繁荣使经历了多年物资匮乏的消费主义重新出现。同时，电视机的出现让全世界的图像得以实时传递。旅行和出国度假在数年的边境管制后繁荣起来，拥有一辆汽车对于许多人来说已不再是梦想。

装饰艺术中的视觉艺术开始发挥其影响力，并与之前形成了鲜明对比。20世纪30年代，抽象和超现实主义广泛流行起来。抽象的表现主义和泼洒画属于当时的先锋运动。美学设计趋向于自由、轻快、简单、必需以及具有功能性的线条。工业设计仍处在婴儿期，力图将美与功能性相结合。装饰艺术时期，比起直线，折线更加圆润且符合空气动力学，因此代替了直线出现在所有设计中，上至昂贵的跑车，下至普通家用冰箱和电视。家具采用了圆润的贝壳状设计，以细的金属腿进行支撑。简约的斯堪的纳维亚风格也成为家具设计的风格之一。

美国引领了设计的发展，但意大利也发展出了自己的独特风格。意大利的风格与其他当代的设计不同，具有原创性、装饰性和功能性且优雅。这种对于曲线线条、不拘小节和自由线条的喜爱也反映在珠宝设计领域，力求与当时的时尚完美搭配。

"蒂莉·洛施"，塞西尔·比顿摄。展于苏富比拍卖行，伦敦。

克里斯汀·迪奥（Christian Dior）直到其1957年去世时仍是巴黎高定时装的王者。他创造的女性化的廓形——细腰，蓬松裙，圆润小巧的肩线，尖形、心形的领口仍保持流行，只发生了极少的变化。法国时尚圈其他响当当的名字，如巴尔曼、纪梵希、巴黎世家等，也都以迪奥为楷模，并且创造了那个时代典型的女性形象。在晚宴或宫廷等正式场合，她们喜欢传奇昂贵的刺绣丝绸面料的低胸晚礼服，并佩戴夸张华丽的珠宝，连发型也为冠冕预留了足够位置。此时皮毛外套极为流行，与钻石珠宝十分相配。

1954年，香奈儿重启工作室，又引入著名的经典两件套，成为当时最流行的白天服装，其最经典的搭配是黄金珠宝与多串珍珠。

巴黎是时尚和珠宝领域无可争议的引领者，但意大利也取得了长足的进步。20世纪50年代的舒伯特（Shubert）、尤尔·韦内齐亚尼（Yole Veneziani）、比基（Biki）、艾米里欧·普奇（Emilio Pucci）以及索列尔·方塔那（Sorelle Fontana）都推出了一系列原创设计，预示了20世纪60年代意大利在时尚领域的成功。在珠宝领域，宝格丽、库西、法劳内和塞泰帕西也都推出了一系列杰出的原创设计，与当时的法国同行相比毫不逊色。

新获得的财富和战后工业的发展激发了量产珠宝的流行。珠宝制作中心，普伦扎和阿雷佐使"意大利制造"的名声遍布全球。

定义20世纪50年代珠宝的流行风格是个艰难的任务，因为其灵感来源多种多样，且被解读成更多种形式。自然主义、异国情调、抽象和传统并存，与战争期间的严酷与统一迥然不同。

非要说的话，总体趋势变得更加轻快和富有动感，20世纪40年代大块的金属平面被格状花纹、回纹饰蕾丝和黄金的编织链所取代（图664、图665、图676、图685、图687、图723和图744）。爪镶宝石比之前的密镶宝石的几何图案更受欢迎。

20世纪50年代珠宝的另一个特点是白天和夜间珠宝的差别更大了。白天佩戴的珠宝常采用简单设计并稀疏地点缀宝石或半宝石，如黄金手镯、项链，夜间的珠宝则采用华丽的钻石和彩色宝石套装。

日间的珠宝常采用黄金的管状链、流苏、褶皱或是编织设计（图663、图664、图665、图718和图730）。夜间的珠宝偏爱使用铂金、白金和钯金，并常搭配瀑布状的明亮式、梨形、榄尖形以及长阶梯形切割钻石（图681、图688、图689、图742和图743）。

钻石毫无疑问是最受欢迎的宝石，但祖母绿、红蓝宝石也为晚间的珠宝增色不少。不寻常的宝石组合，如红宝石和绿松石，钻石和各种色彩的黄水晶，托帕石和祖母绿都出现了。珊瑚和绿松石是最受欢迎的半宝石。养殖珍珠又流行起来，2～3层大小渐变的珍珠项链成为时尚女性不可或缺的装饰。天然珍珠也重新流行起来，20世纪20年代受养殖珍珠的影响曾价值大跌的野生珍珠的价格也开始上升。与钻石相结合，珍珠常被用来装饰项链、耳坠和戒指。

20世纪50年代最受欢迎的装饰母题是花朵和树叶，要么是进行逼真重现，要么是简练地勾勒出轮廓（图664、图666）。花头、花束、各种叶子和蕨类植物成为当时胸针、带扣和耳坠最常见的主题（图665、图730和图731）。

新奇的热带花卉让当时的珠宝设计师尤为着迷。动物世界主题中无论是家养动物还是野生动物都在珠宝界大为流行，胸针尤其如此。狗、猫、马、蛇都出现在了当时的珠宝设计当中。鸟类更是为珠宝设计师提供了不竭的灵感，如飞行或站在枝丫上的蜂鸟、天堂鸟、猫头鹰、鹦鹉、小公鸡等。猎豹、老虎和狮子成为了夹式胸针、胸针和手镯的主题，甚至水底世界的动物，如鱼、海星、贝壳和海马等也备受欢迎（图724、图726～图729）。

涡卷饰、螺旋线和包头巾母题成为更加抽象珠宝的灵感来源（图663、图668）。20世纪40年代流行的缎带和蝴蝶结依旧采用轻巧和随意的线条，常将枝叶和花束相结合，或是简单用金线勾勒出外形，或是采用具有蕾丝感的设计（图718）。

20世纪50年代的珠宝缺少之前时代珠宝设计对创新的追求，并且无论在形状还是宝石色彩组合上，比起之前都没有重大的创新，但依旧能让人一眼就能认出：素黄线或扭绞纹黄线以及钻石瀑布是这时期珠宝的特点。动感和轻盈是当时珠宝的典型特征。

冠冕和发饰

20世纪40年代珠宝发饰并不流行。严酷的战争和衰退的经济使这种华丽的装饰消失了，但胸针和夹式胸针有时会用来装饰头发。

冠冕在20世纪50年代又重回流行舞台：宫廷场合、舞会和浮华的晚宴使对冠冕的需求又旺盛起来。但目的单一的发饰的时代无疑已经结束了，绝大多数20世纪50年代的冠冕都可以变为项链。但当时所有花卉或植物项链倒转过来几乎都可以作为发饰。夹式胸针和胸针常用来突出隆起发型的优雅。

图659. 钻石、黄金、翡翠珠宝，法国，20世纪40年代。注意大面积且不加装饰的金属以及雕刻卷曲饰。

套装

　　20世纪40年代包含手镯、胸针、项链和耳坠的套装经历了数十年的默默无闻后又重回时尚。最典型的套装包括管状链接的项链和手镯，常装饰以镶宝石的花头带扣，以及配套的花头胸针和一对耳扣。这种设计以梵克雅宝、卡地亚最为著名，并被广泛模仿（图671）。

　　套装的流行也让许多准套装诞生了，如胸针和手镯或胸针和耳坠。这些珠宝采用当时典型的设计：蝴蝶结、缎带、卷曲以及涡卷饰等（图659和图660）。该趋势直到20世纪50年代依旧流行，新财富、宝石的富足和华丽的晚礼服都促使扭曲的金线制作的整套珠宝和宝石套装的流行。这些珠宝常使用密镶钻石，并设计成富有空气感的植物、花卉、螺线、卷曲饰和蝴蝶结（图664～图668、图670）。

图660. 海蓝宝石、红宝石胸针及耳夹，蒂芙尼，1945—1950年。战后自然主义回归珠宝设计。若是1940年前，有色宝石不镶钻是极其罕见的。

图661. 这款美轮美奂的项链由梵克雅宝于1949年制作，浓缩了20世纪50年代所有高级珠宝的特征：奢华的钻石用量，白色金属镶嵌，优美柔和的设计。侧面的丝带结拆下后，这条项链佩戴起来更玲珑小巧，而拆下的丝带结也可作为胸针佩戴，其上的流苏及梨形坠饰也可拆卸。两颗梨形钻石坠饰重量分别为40.72克拉及58.61克拉，同时配有底座，可作为戒指佩戴。

图662. 由项链和配套手镯组成的黄金钻石准套装，名为"咖啡迷情（Grain de Cafe）"，卡地亚，1953年。金灿灿的黄金用各式各样的手法编织、塑造纹理或是打孔，再镶以钻石和彩色宝石，成为风靡了整个20世纪50年代的日间珠宝。

图663. 黄金和红宝石准套装，1950年。梵克雅宝出品的英国风设计，注意未镶钻石。

图664. 一对叶状耳夹及配套戒指，1950年，镶红宝石和钻石。

图665. 一套镶钻黄金珠宝，1950—1955年。注意金灿灿的捆扎金线，卡地亚和梵克雅宝都在20世纪40年代用捆扎金线结合钻石开辟出独特风采，此前钻石一贯镶嵌于白色金属上。

图666. 钻石、珐琅、黄金珠宝，让·富盖（Jean Fouquet），1955年。让·富盖（出生在巴黎，1899年）是巴黎一著名珠宝世家的一名成员，其祖父阿方斯（Alphonse Fouquet）（1828—1911年）便是家族创始人。该珠宝世家包括Jean的父亲乔治在内，在几乎每个珠宝风格中都出类拔萃，从19世纪70年代的文艺复兴风格开始，包括之后的新艺术风格、装饰艺术风格，一直到20世纪50年代的自然主义复兴风格。

图667. 黄金镶钻石、红宝石、蓝宝石、翡翠珠宝，鲁道夫·查尔斯·冯·里珀（Rudolph Charles von Ripper），1955年。冯·里珀（Von Ripper）（1905—1960年）出生于特兰西瓦尼亚的克劳森堡，于1933年因其创作的反纳粹漫画入狱，此后加入美国军队并在战争中扬名立万，于1943年成为美国公民。他是有色人种；喜欢战后多姿多彩的生活；获得过1946—1947年度古根海姆学者奖；参加过外籍志愿军团，也做过马戏团的小丑；住过奥拉宁堡；收藏了达利珠宝。

图668. 蓝宝石、绿松石和钻石珠宝，20世纪50年代。不同寻常的彩色珠宝组合是战后岁月的典型珠宝设计，尤其是绿松石，在当时十分流行。

图669. 黄金镶钻石、黄水晶和红宝石胸针和配套耳夹，德州人保罗·弗拉托（Paul Flato），1940年。诸如此类的大胆、多彩的浮雕珠宝在当时的美国市场备受青睐，也经常出现在同时代的好莱坞电影中。

图670. 黄金镶宝石和钻石珠宝，法国，1955年。

图671. 黄金镶红宝石、蓝宝石和钻石珠宝套装，卡地亚，伦敦，1945年。注意"油管式"链节以及所选宝石的斑斓色彩。

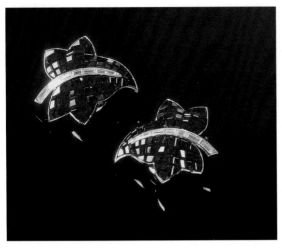

图672. 一对隐秘式镶红宝石和钻石耳夹，梵克雅宝，纽约，1940年，来自温莎公爵夫人的珠宝收藏。

图673. 一对钻石耳夹，由耳坠改造而成，1945年。黑白插图可看出添加了一些配饰。

图674. 一对黄金镶红宝石和钻石耳夹，1940年，也可作为裙夹。

图675. 一对黄金镶红宝石和钻石卷曲饰耳夹，1945年，注意双色黄金。

图676. 一对镶钻黄金耳夹，大卫·韦伯（David Webb），1950年。

耳坠

　　20世纪40年代耳夹非常流行，常设计成大的黄金扇形、缎带、蝴蝶结、花头、卷曲饰和贝壳以及涡卷饰。这些耳夹被设计成点缀有红宝石、钻石或其他宝石的多彩黄金的样式，其款式常与夹式胸针或胸针配套（图674、图675）。更昂贵的珠宝常镶满钻石或采用隐秘式镶嵌红蓝宝石等，设计上则变化不大（图672、图673）。虽然20世纪40年代长耳坠并不太流行，卷曲或扇形的耳夹有时也会附加一个镶嵌珠宝的水滴形坠饰（图677）。

　　大型的阶梯状切割宝石，主要是黄水晶和紫水晶，同样也被镶嵌在耳坠上，其上常装饰有黄金的卷曲饰或贝饰。

　　20世纪50年代的时尚风潮为长发留出了足够的施展空间，如将头发盘在头上或绕在耳后，这种发型让长耳坠以及紧凑的耳夹流行起来。

图677. 一对红宝石、钻石和缟玛瑙黄金耳夹，1945年。

图678. 一对钻石长耳坠，20世纪50年代。流苏通常可拆卸。

图679. 一对钻石花头耳夹，1950年。

图680. 两对钻石耳坠，都是20世纪50年代晚期，但这些设计在此后10～15年间依旧流行。

图681. 一对钻石耳坠，20世纪50年代。其卷曲饰线条优美流畅，可拆卸的铰接式吊坠也是当时耳坠的经典特征。

　　白天耳坠中最常使用的金属是黄金，这些耳坠通常都很短，常设计成枝叶、卷曲饰、头巾状、螺线状、团簇状以及花头等，它们常镶嵌小颗钻石，并装饰以水滴形吊坠和流苏（图663、图668、图670和图676）。白天黄金克里奥尔耳坠尤为流行，但最能体现20世纪50年代特征的还是金线的梨形耳坠。这种耳坠常点缀以彩色宝石，如红宝石和绿松石，或红蓝宝石结合钻石。

　　夜间佩戴的耳坠则更加富丽堂皇，并密镶各种彩色宝石。此设计与白天佩戴的珠宝类似，除了黄金表面被密镶以钻石。镶宝石的卷曲饰、卷曲的叶子、花头、玫瑰饰、头巾和丰饶角造型常作为长阶梯形钻石流苏耳坠的顶部。这些钻石最下方常坠梨形或榄尖形水滴钻石，几乎长达肩膀，并能随意摆动，光彩照人（图678～图681）。

　　珍珠有时以钻石组成的花瓣状边框镶嵌，有时大的水滴形钻石则被悬挂在卷曲饰或植物主题的钻石顶部装饰（surmount）的下面。

图682. 镶嵌大量钻石的项链，1940年。

项链

20世纪40年代的项链通常较短，常采用形状奇特的链节或铰合金线的粗大金链（图686），或是使用钻石或彩色宝石组成的大型卷曲饰的华丽设计（图682、图683）。

最典型的项链被设计成巴西链或管状链的形式，中央为一个结状装饰，侧边为蝴蝶结，或装饰着镶宝石的团簇、花束或扇形母题，这些装饰常能拆解为夹形胸针或普通胸针佩戴（图671）。

图683. 蓝宝石和钻石项链，卡地亚，1940年，来自温莎公爵夫人的珠宝收藏。如此琳琅满目的蓝宝石使用量十分罕见。

图684. 黄金镶宝石围嘴式项链，卡地亚，巴黎，1945年10月。如此大面积的黄金用量加之随意的宝石镶嵌方式在战前根本不敢想象。当温莎公爵夫人第一次戴上这条项链的时候引起了一时轰动。有趣的是温莎公爵夫人不得不自己提供宝石，如此例的宝石来源是她的双宝石镶嵌胸针、两对耳坠以及一个珐琅戒指。[见《英国皇室珠宝》，苏茜·门克斯（Susie Menkes），伦敦，1986年。]

图685. 镶绿松石和紫水晶黄金围嘴式项链，卡地亚，巴黎，1947年。这条项链的宝石组合充满创意，尤其是将金线捆扎构成斜格母题、再在其上镶嵌宝石的创意在此后几年间都会持续影响着珠宝品味。

图686. 镶钻黄金项链，1945年。注意侧面的搭扣状母题与同时代夹式胸针设计相近。镶红宝石、蓝宝石黄金夹式胸针，梵克雅宝，1947年。用蕾丝似的黄金装饰环绕花头团簇是当时的典型设计。

　　20世纪40年代末，用具有几何感的黄金片拼成的紧贴脖颈的围嘴式项链非常流行，并用彩色宝石相间排列。此项链非常适合搭配魅力四射的低胸露肩"新风貌"晚礼服（图684、图685）。

　　20世纪50年代，项链用来搭配白天或晚上的穿着，通常都很短，有时短如项圈一般紧紧地固定在颈背上，是晚礼服心形低领的完美搭配，并且迎合了白天服装的简洁的颈部线条。

　　花环样式的朴素的项链以及扭曲线状造型的黄金项链常被设计成扁平的编织状的缎带。这些项链制作时使用编织状的金丝，或是采用轻盈的黄金条带，并且镶嵌以小钻石和彩色宝石。

　　另一种典型设计则是由几层轻盈的矛尖状枝叶，或向中央逐渐增长的标枪形母题构成。

　　该时期对于项链前部的设计给予了特别的关注，所以项链中央的尺寸往往比两侧更大，呈围嘴状，就如同过去时代一样。围嘴式项链使用圆形或尖形的灵活的黄金链接，或是其间镶嵌宝石的华丽的金丝构成。

　　用金线或片状黄金并镶嵌小颗宝石的贝壳、螺线、头巾和蝴蝶结等装饰常出现在20世纪40年代管状金链的中央或侧面，这些部件都可以拆卸并当作胸针佩戴（图687）。

图688. 钻石项链，20世纪50年代。

图689. 钻石流苏项链，20世纪50年代。

夜间场合中，重要的镶有大量宝石的项链常采用覆满钻石的设计，在项链中间或侧边装饰不对称的蝴蝶结，抑或是装饰以灵动的流苏或宝石瀑布（图688、图689）。

贝壳状、头巾状、枝叶状、风格化花头状或螺旋状的夹式胸针，常在前部装饰以简单的长阶梯形宝石或圆形切割钻石缎带。

对比色的螺旋形宝石、互相缠绕的钻石、红蓝宝石和祖母绿的缎带以及蕾丝状的宝石项链的中央常装饰有华丽的吊坠，如同18世纪那样，或是在侧面装饰流苏、花束、浆果团簇、丰饶角以及钻石和彩色宝石的不规则瀑布。

无论是养殖的或野生的珍珠又重新流行起来，常设计成大小渐变的几层，并配以宝石搭扣，或垂在两个对称的钻石装饰中间，并且常可以拆卸作为饰夹佩戴。

长串珍珠常呈数圈佩戴，缀有小珍珠和金链或是各色半宝石珠子，特别是缀有珊瑚的长项链也流行开来。

饰夹（夹式胸针）和胸针

20世纪40年代的饰夹和胸针的体积巨大，以此来弥补彩色宝石的匮乏，常见的设计包括体量硕大的黄金卷曲饰、带扣、扇形和玫瑰饰等（图690、图691、图699和图709）。

蝴蝶结或许是最受欢迎的母题，无论对称或是不对称，大或小，黄金或玫瑰金，都常采用蕾丝状设计，并在蝴蝶结中心镶嵌宝石团簇或加上饰结。这种蝴蝶结有机的立体造型使其第一眼就能与19世纪、20世纪初的装饰艺术风格的蝴蝶结珠宝区别开来（图695、图707、图712和图713）。该时期最昂贵的蝴蝶结当属那些镶满了宝石的杰作。

与蝴蝶结胸针一同流行的还有设计成镶宝石的下垂衣褶或是卷曲成螺线的胸针（图706）。

20世纪40年代早期，花头、花束以及麦穗胸针广受欢迎。这些胸针采用颜色各异的金片制成，并镶嵌以钻石和小型角石切割红蓝宝石（图686、图692、图693、图694、图698、图701、图708、图710、图719和图720）。

20世纪40年代珠宝设计转向自然主义，集中体现在动物胸针的设计中，包括天堂鸟以及猫、狗和其他鸣禽等都是胸针里的常客。蛇、猎豹、老虎、狮子、鹦鹉等20世纪40年代晚期华丽的动物胸针以富有活力的动感著称（图696、图715和图721）。

图690. 大尺寸黄水晶、蓝宝石、红宝石、钻石夹式胸针，1940—1945年。许是出于战时珍贵宝石供给十分有限，黄水晶当时十分流行。

图691. 红宝石、黄水晶黄金胸针，1940—1945年。注意大量黄金被抛光且做成浮雕卷曲饰，且未使用钻石。

图692. 镶红宝石、钻石黄金珠宝，1945—1950年。红色黄金是20世纪40年代的特色。

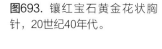

图693. 镶红宝石黄金花状胸针，20世纪40年代。

图694. 镶钻黄金胸针，可能是来自麦兰瑞，1940—1945年。

图695. 镶红宝石、钻石蝴蝶结胸针，采用大胆浮雕设计，1940年，德雷森，伦敦新邦德街。

图696. 著名的火烈鸟胸针，卡地亚，巴黎，1940年。该珠宝由贞·杜桑所作，温莎公爵在德军攻陷意大利前将其买下。该胸针的主题和极薄的尺寸使其在白天珠宝中脱颖而出。在1987年瑞士苏富比拍卖行对温莎公爵夫人的珠宝进行拍卖后，这枚胸针的宝石镶嵌加铅玻璃款仿制品变得唾手可得。

新奇的花朵也常出现在胸针里，如兰花等，当然也有人们更熟悉的，如雏菊、玫瑰和银莲花等。这些花朵的花束样式看起来为随意穿插，其常用色泽各异的黄金进行塑造、用镶宝石缎带进行固定。花束胸针中流行的宝石组合包括蓝色或黄色蓝宝石组成的花瓣，并点缀以红宝石和钻石。

梵克雅宝凭借隐秘式镶嵌的小型角石切割红蓝宝石，在花头胸针的设计中表现突出（图698）。20世纪40年代晚期，珠宝设计偏爱自然主义，也让当时出现了不少人物形象的胸针。梵克雅宝第一枚芭蕾女伶胸针就制作于1945年。该设计流行了超过20年，并被广泛模仿。之后还出现了卖花女、小丑及高尔夫球手的胸针（图702～图705，图717）。

20世纪50年代早期，饰夹仍然很流行，但后来人们对饰夹的喜爱逐渐过渡到胸针上。后者成为20世纪50年代晚期别在领口旁的完美装饰。

对自然主义的兴趣也影响了当时的胸针设计，这些胸针经常被设计成矛尖状、心形、圆形或被拉长，表现了动物、花卉和枝叶的形态，成为20世纪50年代胸针的主乐调。对于日间的服装，这些胸针常采用金丝勾勒大形，并用宝石进行点缀。对于晚礼服，胸针的设计则更加华丽，镶嵌大量钻石和彩色宝石，并常装饰以长阶梯形和梨形钻石组成的瀑布装饰（图664、图665和图666）。

图697. 红宝石、蓝宝石和钻石胸针，设计为天堂鸟，梵克雅宝，1942年。这件珠宝可以说是珠宝设计史上最出名的鸟类饰品之一，与卡地亚为温莎公爵夫人于1940年设计的火烈鸟胸针具有同等地位。大胆的设计、浮雕的品质及大面积黄金的使用都具有20世纪40年代的特色，同时其尺寸、匠心独具的工艺外加宝石的完美组合都体现了它的独一无二。

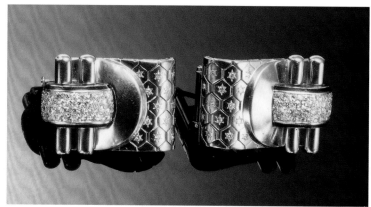

图699. 一对镶钻黄金夹式胸针，梵克雅宝，1937年。尽管它源自战前，但其六边形的蜂巢设计在20世纪40年代盛极一时并被广泛模仿。

图698. 蓝宝石、钻石菊花胸针，梵克雅宝，1940年，注意隐秘式镶嵌的叶子。

图700. 红宝石、月长石和钻石胸针，1945年。再次证明当时关于宝石选择的绝对自由。

当时的花朵设计要么用金丝勾勒出大形再饰以钻石，要么偏向自然主义，镶嵌大量宝石。兰花、倒挂金钟或是五瓣的蔷薇花都是常见题材（图665、图731）。

20世纪40年代的缎带、蝴蝶结和玫瑰饰胸针继续使用金丝制作，并常与花束进行结合（图718）。扇形和下垂的缎带母题常与枝叶、蕨类和风格化的羽毛结合，这也是20世纪50年代胸针的常见题材（图730）。

抽象与自然间的微妙平衡使20世纪50年代的胸针常呈现出尖刺或曲折的轮廓，并常镶嵌钻石和彩色宝石。两股趋势的融合在胸针上体现得淋漓尽致，胸针上的花头和叶子的曲折度充满设计感而非自然感。

那些设计有趣并且容易佩戴的黄金、珐琅和半宝石胸针常设计成眨眼的小猫、小狗、笼中鸟一类。鹦鹉、老虎、狮子和天堂鸟的设计则更趋优雅，并常出现在更重要的镶满宝石的设计中（图723～图729）。

著名的珠宝公司，如卡地亚、梵克雅宝、富盖、宝诗龙、梦宝星以及没那么有名气的珠宝商们也都采用了时下流行的自然主义设计，并生产出一系列富有魅力的动植物胸针。

图701. 镶蓝宝石、钻石黄金胸针，1945年。该设计是战后对自然主义重燃兴趣的体现。

图702. 镶钻石、红宝石和蓝宝石黄金舞者胸针，约翰·鲁贝尔，纽约，1945年。约翰·鲁贝尔是梵克雅宝在巴黎和纽约的珠宝生产商。1943年，两家公司解除合作，约翰·鲁贝尔迁至纽约第五大道777号，同时在巴黎和伦敦都有分公司。第一款芭蕾舞者胸针于1945年由梵克雅宝生产；该设计随着该公司一起流行了近20年，且被广泛模仿。

图703. 镶蓝宝石、钻石钯金芭蕾舞者胸针，1945年。

图704. 镶蓝宝石、红宝石黄金卖花女胸针，拉克洛什，巴黎，1940—1945年。

图705. 镶宝石黄金夹式胸针，拉克洛什，1945年，设计为穿着战斗服、手拿花束与香槟、肩扛枪支的女孩。镶宝石和珊瑚黄金夹式胸针，设计为一个小丑，1945年。

图706. 一对镶钻黄金夹式胸针，1945—1950年。

图707. 钻石蝴蝶结胸针，可能产自葡萄牙里斯本的Leitao，1940—1950年。

图708. 镶黄水晶、翡翠珠和钻石胸针，1945年。这件胸针所用宝石给人带来一种有什么宝石就用什么宝石的感觉。

图709. 镶红宝石和钻石黄金胸针，蒂芙尼，纽约，1940—1945年。

图710. 镶红宝石和钻石双色黄金夹式胸针，1945年。

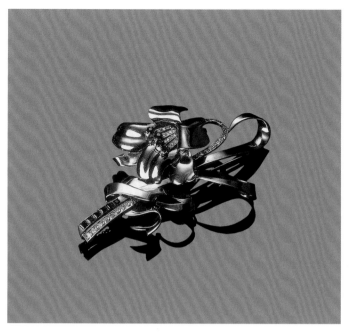

图711. 镶红宝石和钻石双色黄金胸针，1945年。再次证实了红宝石和大面积黄金相结合的设计方式十分流行。

图712. 钻石夹式胸针，1945年。浮雕立体珠宝外观有20世纪40年代而非30年代的韵味。

图713. 钻石胸针，梵克雅宝，1950年。注意流畅优美的环形丝带设计。

图714. 镶钻黄金雪花胸针，20世纪40年代晚期，梵克雅宝于1947年首次在胸针上采用该设计。

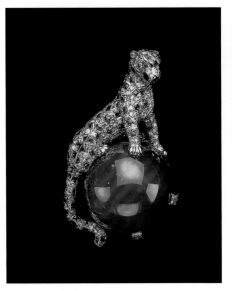

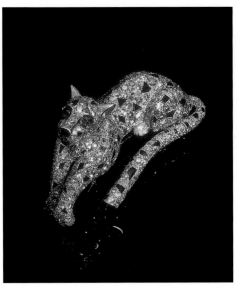

图715. 蓝宝石和钻石夹式胸针，卡地亚，巴黎，1949年，来自温莎公爵夫人的珠宝收藏。这是卡地亚首批立体"大猫"（great cat）珠宝之一，也是和珍妮·图森（Jeanne Toussaint）以及彼得·勒马尚（Peter Lemarchand）的合作作品。这颗斯里兰卡弧面切工蓝宝石重达152克拉。

图716. 镶彩色钻石缟玛瑙美洲豹夹式胸针，卡地亚，伦敦，1965年。尽管第一批铰接式立体"大猫"（great cat）珠宝早在20世纪50年代早期就开始生产了，但卡地亚如今仍在生产该系列产品，可见该款式非常成功。

图717. 镶宝石黄金胸针，20世纪40年代。

图718. 镶钻黄金夹式胸针，法国，1950年。

图719. 镶蓝宝石和钻石黄金花头胸针，20世纪40年代。注意大量的黄金卷曲饰/花瓣。该设计到20世纪50年代时会少去几分沉闷呆板。请对比图718。

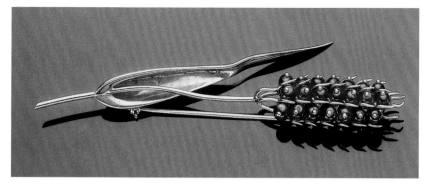

图720. 镶红宝石黄金胸针，宝诗龙，伦敦，1945—1950年。

图721. 镶宝石黄金胸针，拉克洛什，1945—1950年，设计为牵着狗拉雪橇的因纽特人。

图722. 镶蓝宝石和钻石黄金胸针，法国，20世纪50年代。设计为层层叠叠的叶子和花朵。自然主义的灵感，优美流畅的线条，奢侈的宝石和金线，表现了该时期的经典特色。

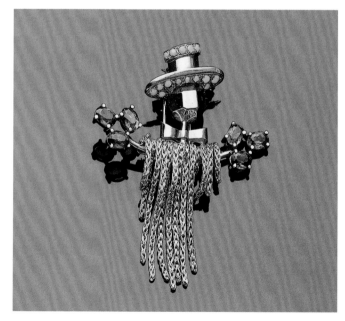

图723. 镶紫水晶和绿松石黄金稻草人胸针，1950年。20世纪50年代早期轻快有趣的经典产物。

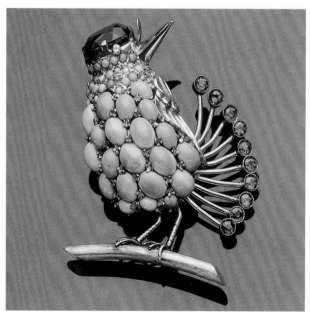

图724. 镶紫水晶和绿松石黄金小鸟胸针，1950年。

图725. 三件镶宝石和珐琅黄金胸针，意大利，恩里科·塞拉菲尼（Enrico Serafini），20世纪50年代。恩里科·塞拉菲尼（Enrico Serafini）（1913—1968年）于1947年9月15日在圣费利西塔广场4号开了他自己的珠宝工坊。其20世纪50年代所制作的珠宝的最大特色在于浓厚的自然主义风格。

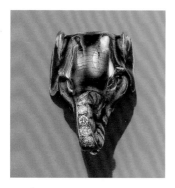

图728. 镶钻石和珐琅黄金胸针，设计为象头，意大利，恩里科·塞拉菲尼（Enrico Serafini），20世纪50年代。

图726. 一对新颖的镶宝石黄金胸针，都是20世纪50年代中期。梵克雅宝在1954年首次推出类似设计的眨眼猫胸针。许多的动物漫画似乎已经受到了火爆的迪士尼卡通的影响。

图727. 镶宝石小鸟夹式胸针，法国，1950—1955年。

图729. 镶钻石和珐琅黄金黑豹胸针，意大利，恩里科·塞拉菲尼（Enrico Serafini），1960年。

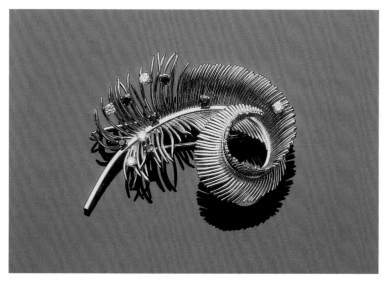

图730. 镶宝石黄金羽饰胸针，宝诗龙，20世纪50年代。

图731. 镶红宝石和钻石花枝，梵克雅宝，纽约，20世纪50年代。

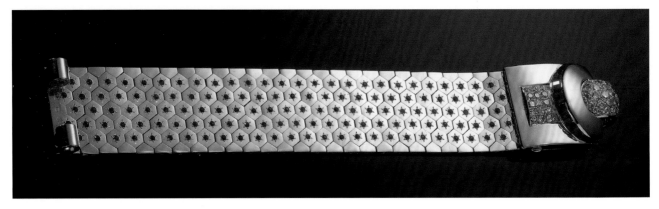

图732. 镶红宝石和钻石黄金"蜂巢"手镯,梵克雅宝,1940年。20世纪30年代晚期至20世纪50年代的流行设计。

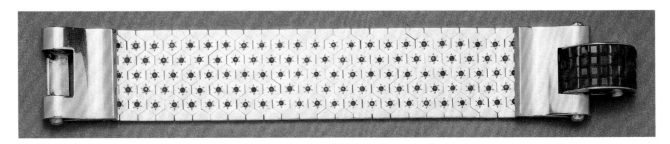

图733. 镶红宝石黄金手镯,同样是"蜂巢"设计,梵克雅宝,1940年。

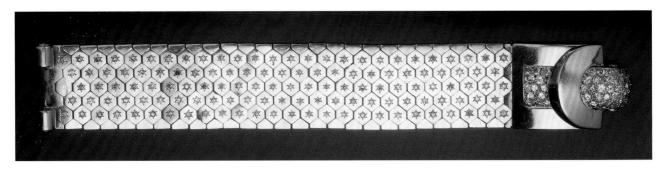

图734. 镶钻黄金"蜂巢"手镯,梵克雅宝,20世纪40年代。

图735. 镶红宝石和钻石黄金手镯,1945年。该设计是以流行的梵克雅宝珠宝为原型而演变出来的,参考上图。

图736. 镶紫水晶双色黄金手镯，1940年。战争时期的珠宝特色为其使用的是9克拉黄金和半宝石。这件手镯基本确定是由德国制造，但带有英国进口标志。

图737. 黄金手镯，卡地亚，1940年。当时手镯链节的流行灵感源自"坦克履带"和"自行车车链"。

手镯

手镯是20世纪40年代最受欢迎的珠宝之一，并广泛使用各种颜色的黄金。灵活、华丽的链接构成了这些厚重、富有体积感的手镯。手镯扣部通常巨大且立体，镶嵌钻石、红蓝宝石的瓜形，风格化的带扣或桥状母题是手镯扣部的常见设计。

20世纪30年代晚期流行的梵克雅宝"蜂巢"手镯依旧非常受欢迎，并被许多珠宝商效仿（图732～图735）。

当时出现了黄金"坦克"链或"自行车"链，以及许多其他以工业为灵感的设计。这些设计常用各种半宝石进行点缀，如紫水晶、黄水晶和橄榄石等（图736～图738）。其他同时代的流行手镯常采用宽的黄金带状或波浪状链接，抑或镶嵌宝石的带扣装饰的管状链。随机镶嵌各种宝石和半宝石的黄金宽手镯也颇为流行（图741）。

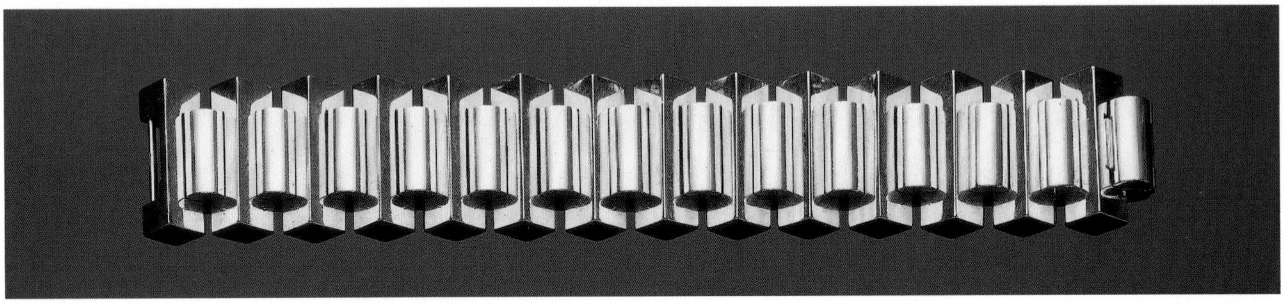

图738. 流行的黄金手镯，1940年。

图739. 钻石手镯，20世纪40年代晚期。中央宝石两侧的扇形母题可作为了解此珠宝设计时期的线索，令人联想起当时的饰品。

直到20世纪40年代末，最流行的腕饰为花朵状搭扣的宽编织手镯。配晚礼服的手镯则镶嵌钻石和各种彩色宝石，并在中央装饰以一个沉重、立体的卷曲饰或搭扣状的母题（图739）。

维多利亚时代的贾雷蒂埃（Jarretiere）手镯在20世纪40年代又重新出现了，并成为20世纪50年代最典型的手镯设计。这类手镯通常被设计为宽的黄金编织纹理或采用能灵活转动的链接，并装饰有镶钻石的滑块和搭扣，自由端则常装饰流苏或吊坠。

宽的带状手镯的链接多种多样：人字形、编织纹、菱形或棒状等，并常装饰有镶宝石的玫瑰饰带扣（图744）。

向中央扭曲聚合的网状金纹也备受青睐，通常为宝石镶嵌母题或一到两块相对的卷曲饰、贝壳或扇形母题。其他手镯则使用花头、叶子或玫瑰花结为镯环，使用黄金制造，再镶以钻石或彩色宝石。

20世纪50年代手镯也非常流行，白天时，搭配各种小吊坠的简单的黄金手镯被大量佩戴。宽手镯是由数层盘绕而成的，常在中央饰以更加宽大的冰激凌球形母题。其他用金丝制作的手镯中央常装饰交错的枝叶或头巾母题并镶上宝石。

随着珍珠重回时尚，当时的珍珠手链，无论珍珠是养殖或天然，都被设计成四五层或是更多层的形式。通常配以花头带扣。包含数层扭曲小珍珠的螺旋手镯同样需求旺盛。成串的珊瑚、绿松石或其他半宝石圆珠也常用同样的方式制作成手镯。

图740. 两件镶宝石黄金手镯，1945年。诸如此类由黄金制成、镶有钻石和宝石的手镯通常是20世纪20年代链式手镯或领针回收制造而成，在"二战"前后的美国盛极一时。

图741. 镶宝石黄金开口手镯，1945年。其中许多宝石都是人造宝石。这件手镯介于人造珠宝和高级珠宝之间。

图742. 钻石手镯，20世纪50年代。

图743. 钻石手镯，20世纪50年代末。

图744. 镶宝石黄金手镯，20世纪50年代，使用了当时典型的捆扎金线与宝石色彩进行搭配。

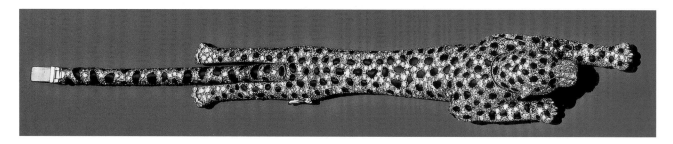

图745. 镶钻缟玛瑙黑豹手镯，卡地亚，巴黎，1952年。温莎公爵夫人晚期著名的"大猫"（great cats）珠宝收藏之一。

　　配晚礼服的手镯常采用花卉或花环图案的设计，且偏爱钻石。这种手镯中央同样是大型的立体母题，如卷曲饰、花头、扇形或头巾状设计，两侧则与更为纤巧的镶有长阶梯形或圆形钻石链相连（图742、图743）。20世纪40年代晚期到50年代的自然主义也使许多手镯都采用了野生或珍奇动物的设计（图745）。

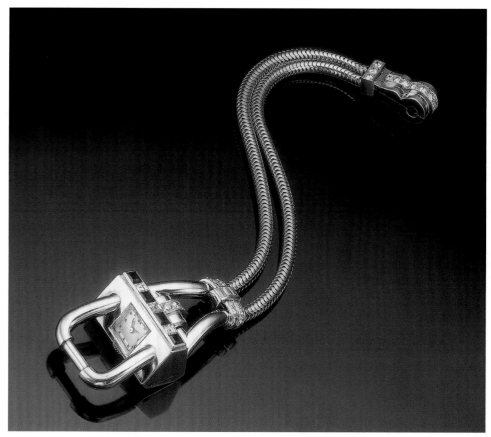

图746. 镶红宝石和钻石腕表，20世纪40年代，明显受图747设计的影响。

腕表

　　20世纪40年代的珠宝腕表独具一格。通常采用同时代宽手镯设计，中央是小巧的方形或圆形表盘，有时表盘上还有镶宝石的珠宝盖（图750）。其他设计包括巴西链、管状链配以珠宝带扣的设计，表盘落在带扣中央（图748、图749、图751、图752和图754）。最受欢迎的宝石是红宝石（通常为合成）和钻石。

　　该时期最典型的腕表是20世纪30年代中期梵克雅宝首创的卡德纳斯（Cadenas）腕表，该腕表一直生产到20世纪60年代。该表由两根铂金或黄金的巴西链、密镶钻石的马镫形带扣组成，表盘被垂直安放在马镫形带扣中央（图747、图748）。这种优雅设计在21世纪初又重新流行起来。

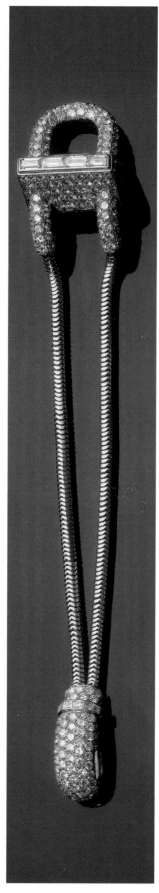

图747. 钻石腕表，梵克雅宝，20世纪40年代。该模型被称为"卡德纳斯"，20世纪30年代晚期首次生产，战后依然流行。

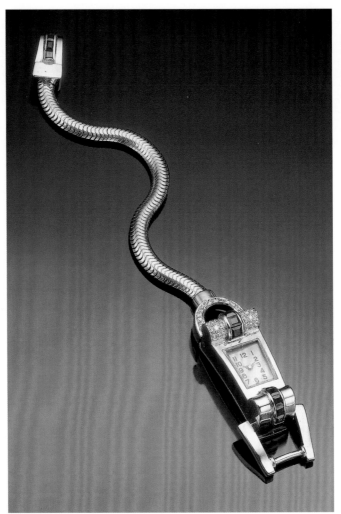

图749. 镶红宝石和钻石腕表，20世纪40年代。注意管状表带和搭扣状表肩。

图750. 镶钻黄金腕表，劳力士，20世纪40年代晚期。贾雷蒂埃型手镯设计和蜂巢链节成为当时的经典样式。手表的表面藏于钻石铰链盖下。

图748. 镶蓝宝石和钻石黄金腕表，1945年。

　　直到20世纪50年代，珠宝腕表仍然备受欢迎，并成为当时的时尚女性必不可少的配饰之一。她们通常将珠宝腕表与晚宴手套搭配，或是白天戴在赤裸的手腕上。它们的形状与当时的手镯、戒指非常类似（图753）。

　　表盘未被珠宝盖所隐藏，表肩常被制作成扇形、卷曲饰或植物母题，并常镶嵌钻石和其他彩色宝石。专为晚宴制作的手表更加昂贵，常设计成细手镯，中央为小型圆形表盘，四周为植物或花瓣装饰并镶嵌各种切割方式的钻石。

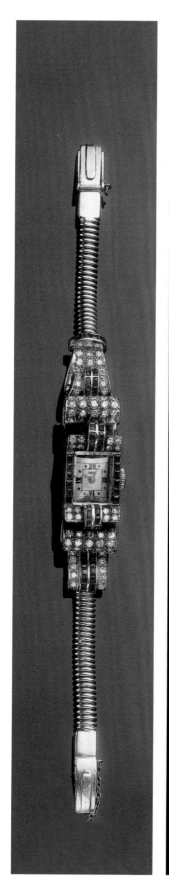

图751. 镶红宝石和钻石黄金腕表，20世纪40年代。注意20世纪40年代的经典"油管式"表带。注意，腕表上的彩色宝石不是人造宝石。

图752. 镶钻黄金腕表，20世纪40年代。注意表面上的浮雕卷曲饰铰链盖。

图753. 镶宝石黄金腕表，20世纪50年代早期。注意网状手链衬托出中央的红宝石和钻石缎带结。

图754. 镶钻黄金腕表，20世纪40年代末。

图755. 镶红宝石和钻石戒指，尚美珠宝，巴黎，1940年。

图756. 镶钻黄金礼服戒指，20世纪40年代。

图757. 黄水晶和钻石戒指，1940—1945年。注意宝石的尺寸。

图758. 钻石"鸡尾酒戒指"，1945年。

图759. 镶红宝石黄金"梨晶"或圆顶戒指，1940年。

图760. 镶红宝石、蓝宝石和钻石"梨晶"戒指，1940年。

图761. 镶蓝色和黄色蓝宝石、钻石黄金戒指，1945—1950年。

图762. 镶宝石团簇戒指，20世纪50年代。

戒指

20世纪40年代的戒指通常沉重、硕大，并常用几何母题进行装饰，如棱镜、圆珠、秋千或风格化的卷曲饰，通常呈不对称状。这些戒指与当时社交生活中流行的鸡尾酒派对有关。黄金备受青睐，虽然铂金也有所使用。小颗粒的钻石、红宝石在当时最为流行，它们或是在弯曲的金属表面被镶嵌成星形，或是在金属的扇形、卷曲或是缎带造型的两肩中央以隐秘式进行镶嵌（图755、图756和图758）。

大颗半宝石通常镶嵌在硕大、立体的流线和卷曲的戒托上，并用各色宝石进行镶嵌（图757、图761）。

20世纪40年代戒指典型的戒托通常为风格化的桥状、头巾状或是带扣造型。其他常用的造型包括圆形和瓜状的流线形，有时在顶端镶嵌宝石或是设计成梨形晶状并镶嵌各种宝石（图759、图760）。

在20世纪40年代末，戒指设计开始变得更加轻巧，预示了20世纪50年代的设计风格，即以轻巧的金属网状固定宝石的方式代替了之前时代大片的金属表面。

20世纪50年代非常流行一只手上佩戴多枚戒指。对于大戒指的喜爱也一直延续到了20世纪50年代，这时曲线和圆形运用得越来越多，而非之前时代有棱有角的几何状。

图763. 独特的镶钻珐琅黄金粉底盒, 恩里科·塞拉菲尼 (Enrico Serafini)。

镶嵌宝石或盘绕着金丝的大的瓜状戒托取代了圆柱、棱镜、带扣和桥状母题。最受欢迎的母题有镶嵌宝石的盘绕的金丝装饰的头巾造型、卷曲饰、螺旋状以及涡卷饰。这些戒指中央常镶嵌大颗宝石, 高高隆起于手指。

团簇戒指非常流行, 无论是围绕着一圈钻石的珍珠或宝石的简单设计, 还是更加华丽的风格化花头的设计, 都会以金丝装点(图762)。

20世纪50年代交叉形戒指也很常见, 特别是制作成黄金镶宝石的卷曲的叶状或涡卷饰。20世纪50年代也产生了另一种典型的戒指, 其形状为削顶的圆锥状, 使用金丝或镂空的金片制作, 中央则是一颗素面宝石。

此时人们酷爱大戒指, 因此此时流行钻石卷曲饰的戒肩中央爪部镶大颗彩色宝石。如果大颗宝石价格太高, 那么体量硕大的珊瑚、绿松石和紫水晶则提供了其他充满吸引力的选择。

图764. 镶宝石黄金粉底盒, 梵克雅宝, 纽约, 1945年, 用玫瑰花型钻石和蓝宝石芭蕾舞者来进行点缀。

图765. 粉底盒, 宝诗龙, 巴黎, 1940—1945年。该设计很流行, 因贵金属匮乏, 通常采用白色金属合金制成。

第 九 章

1960年至1980年

第二次世界大战以后公众渴望的福利、舒适和安稳在20世纪50年代基本实现了，但到了20世纪60年代，抗议、分歧、矛盾充斥着社会的各个阶层。年轻一代的躁动不安、易怒和对已建立秩序的抵触是这个年代的特点，这也反应在视觉艺术、时尚和珠宝设计中。

20世纪50年代中期以后，从抽象表现主义的泼洒画到马克·罗斯科（Mark Rothko）、海伦·弗兰肯沙勒（Helen Frankenthaler）和莫里斯·路易斯（Morris Louis）的色域画，他们的画作中使用轻薄、透明的刷色，他们使色彩成为绘画中最重要的元素。欧普艺术的代表人物瓦沙赖里（Vasarely）和理查德·安努斯科维奇（Richard Anuszkiewicz）的错视画启发了当时的时尚和珠宝设计师，如库雷热（Courreges）以及卡丁（Cardin）在时尚领域的创新为具有代表性的事件。珠宝领域则使用彩色宝石营造看似随机的、几何的、碎片化的视觉效果。

在珠宝设计领域，该艺术风格的代表人物是伦敦的安德鲁·格里玛（Andrew Grima），他发明了许多金属表面纹理的处理方式，将金属塑造成大胆的形状，并且在上面镶嵌大颗未切割的水晶。格里玛以宝石色彩的丰富度作为衡量标准，而非经济价值：如双色碧玺、欧泊、玛瑙、巴洛克珍珠、蓝宝石、素面月光、青金石和黄水晶等，并用小钻石进行点缀（图814）。

迪奥华丽但优雅的"新风貌"服装受到如卡丁、柏高·拉巴纳（Paco Rabanne）和库雷热等设计师挑战。他们受欧普艺术、科幻小说和太空旅行的启发，玛莉·官（Mary Quant）将迷你裙带到了高街，维达·沙宣（Vidal Sassoon）让严肃的波波短发流行起来。全世界的年轻人都渴望去卡纳比街朝圣，购买时下最流行的服装。到了20世纪60年代晚期，纽约的精品店也从善如流，热裤和洋娃娃裙子成了每个店里必备的货品。白靴子、黑大衣、白色太阳镜、迷幻的色彩，各种裤子，从提臀紧身裤到夜间变为优雅版，这些在当时都非常流行。与传统决裂使这时的时尚充满创新，富有冲击力和冒险精神。珠宝自然也受其影响，开始变得富有趣味，并开始打破常规（图808和图811）。

赞助资金和日益累积的财富对于珠宝产业尤为重要，而20世纪60年代见证了两者的繁荣。日益增加的财富让客户数量愈来愈多，且让更大宗的商品也不乏买家。但同时，犯罪率也在不断升高，让人们对公开展示珠宝感到一些不安。所以两类珠宝出现了：一类是安放在银行中的，这类珠宝通常镶嵌着大颗贵重宝石，镶嵌的手法通常比较简单；第二种是取悦自己的珠宝，这类珠宝可以时刻佩戴。

总之，此前人们一贯将珠宝分为两类，一类是夜晚佩戴的贵重钻石珠宝，一类是更经济实惠的黄金饰品，用于日常佩戴。如今这种划分方式消失了，人们更喜欢将珠宝分为独一无二、一生只戴一次的艺术品和经济实惠、日常但不失时髦的珠宝。第二类珠宝设计感十足，专为有能力独立购买衣服首饰的女性设计。梵克雅宝是第一家领悟这个市场需求的珠宝商，并于1954年开了第一家珠宝精品店。不到20世纪60年代，它的精品店与其珠宝设计就已经名声大噪，并与它设计的风趣的动物胸针和"扭绞纹"（Twist）珠宝套装一样广受青睐，该套装用黄金和半宝石石珠缠绕形成索状母题（图771、图801和图803）。

　　20世纪初的珠宝色彩栩栩如生、不同纹理相互映衬、并且常采用抽象设计。其中，色彩艳丽的弧面型宝石备受青睐（图809和图846）。珠宝商通常用有纹理的底座来搭配宝石抛光的光滑表面。此时全世界的珠宝商都流行保留宝石水晶原状的做法，饰以自然无手工痕迹的饰品。为了让宝石显得原始自然，珠宝匠把有雕琢面和无切面的宝石相结合来制作胸针或戒指，常用组合包括：紫水晶团、翠铜和祖母绿水晶、环形或贝壳状玉髓结节，外层饰以细微的石英晶体生长和高折光率的明亮切割钻石（图814、图823和图851）。

　　此时珠宝设计常追求不同寻常的纹理，相对廉价的材料以及生机勃勃的色彩组合，这股趋势促使大西洋两岸的珠宝商在珠宝中加入天然贝壳。

"李拉兹韦尔公主"，塞西尔·比顿摄，1961年。伦敦苏富比拍卖行。

如纽约的大卫·韦伯（David Webb），巴黎的达德（Darde）、菲尔斯（Fils）和伦敦的安德鲁·格里玛（Andrew Grima）都使用色彩艳丽奇异的海贝，且多用于耳环上。韦尔杜拉（Verdura）于20世纪40年代首次使用这种海贝工艺，并使用了数十年之久。他喜欢在纽约的自然历史博物馆低价购入贝壳，再将其制作成美丽的珠宝（图782和图783）。

自然题材，从抽象和风格化转变成纯粹的装饰，成了20世纪60年代珠宝的标志。这时的珠宝镶嵌精巧，常常包裹着素面的珊瑚和绿松石。其盘根交错在土地中的根须设计极具辨识度。围绕着宝石的交错的金属棒也同样不难分辨，其灵感来源于鸟巢中的小树枝。

新的珠宝技艺将黄金在受控的温度下进行融化，使金属表面产生了类似月球表面和海床的视觉效果。平白无奇的、光滑的或仅仅是喷砂效果的黄金表面相较之下黯然失色，20世纪60年代的凿痕、敲打纹、绳状和编制状装饰的效果也令人着迷（图781、图808和图813）。

相对具象的珠宝设计灵感源自昆虫、植物和动物，这些珠宝题材已经活跃几十年了，但是20世纪60年代对这些题材进行了重新演绎，其设计通常更加轻松活泼，充满趣味。这些风格化的动物展露了珠宝设计的奇思妙想。大卫·韦伯制作的动物珠宝尤其如此，比如采用明亮的柠檬绿珐琅制作的青蛙耳坠和黑白色珐琅的蛇形手镯，这些珠宝的设计受到了卡地亚的启发，比如卡地亚的传奇设计师吉恩·汤森（Jean Toussait）设计的"大猫（great cat）"用一种类似迪士尼的、更加轻快的方式进行了重新解读（图784和图832）。20世纪60年代，梵克雅宝富有趣味并且容易佩戴的动物珠宝，从一枚眨眼的小猫胸针——"姆利西奥猫"（Chat Mlicieux）开始，同样风格的黄金镶宝石制作的狮子、猫头鹰、猴子、长颈鹿等都相继取得了成功（图801和图803）。随着时间发展，梵克雅宝逐渐形成了一条以黄金镶宝石狮子面具为主的珠宝线，这条线是为了响应人们对异想天开的饰品日益增长的需求，据说这些珠宝是受到纽约的意大利领事馆的兽形门环的启发制作的（图853）。

这股动物珠宝的潮流，几乎影响了所有的珠宝匠，他们施展技艺制作出了独属自己的动物珠宝。纽约蒂芙尼的设计师让·史隆伯杰（Jean Schlumberger）设计了立体的、充满尖刺的鱼形胸针，这枚胸针采用了黄金和不寻常的宝石组合，比如红宝石和翠榴石。

那些当时主要的珠宝公司，如卡地亚、梵克雅宝、宝诗龙、尚美和梦宝星作品中材质更加珍贵的珠宝则遵循了更加传统的设计路线。他们经常采用风格化的花头设计，还常配以宝石流苏，但是这些设计仍然通过榄尖形和明亮式切割钻石来获得断裂、曲折的边缘，使他们与之前时代的作品截然不同（图770，图806）。曲折、质朴和尖刺状的轮廓成为20世纪60年代中后期的特点（图773、图820和图821）。钻石依旧非常流行，红宝石、祖母绿和蓝宝石比之前使用得更多了。绿松石独特的颜色和蜡状的光泽，使其又成为昂贵珠宝的材质，并常用钻石提亮。

图766. 安德鲁·格里玛的镶宝石黄金珠宝系列。其中的抽象形状、有趣的金属纹理、罕见的宝石以及未切割的自然水晶矿石都是前卫派珠宝艺术家作品的标志性特征，并且在20世纪60年代和70年代的早期十分具有代表性。格里玛（Grima）是前卫派代表人物之一。

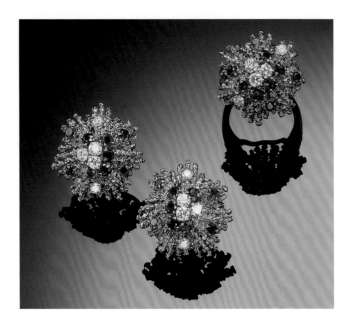

图767. 镶钻黄金戒指和耳环，
宝诗龙，风格化的星爆设计，
20世纪60年代。

　　珠宝设计再也不用因循守旧，考虑平衡和对称，因此对于昂贵珠宝，珠宝匠更加偏爱大颗和富有体积感的宝石瀑布、四射的光芒和爆炸状的轮廓、曲折的宝石团簇以及如火焰跳动等风格化的星形母题（图787、图824）。几何状的对称被不对称和动感替代。珠宝的外形破碎、曲折，为了达到这种效果，尖形宝石，如榄尖形和梨形切割的钻石更受偏爱。戒指和胸针的主石——钻石或彩宝——常常被镶爪高高举起（图847）。即使是最昂贵和最传统的项链，如海瑞·温斯顿设计成大颗钻石串联而成的里维埃宝石项链，同样也不能抵御榄尖形和梨形钻石的折线状设计，有时还会增添有色宝石的水滴形坠。胸针则常采用风格化的和不对称的钻石和彩色宝石的花和叶的花环设计，最杰出的代表莫过于梵克雅宝的花环系列（图806）。传统的双色组合，如钻石和红宝石、祖母绿或者蓝宝石的组合依旧流行，但珠宝设计师也从不犹豫将多种彩色宝石集合在一起，这反映出印度珠宝的影响（图795、图796）。

　　到了20世纪60年代中期，对珠宝的狂热使其成为在白天和夜晚都是不可或缺的主角：当时的女性每只手指上都戴着戒指，每只手臂都戴着两只或以上的手镯，更别提耳坠和项链了。但成套珠宝并没有复兴，更简单的半套装组合受到欢迎，比如耳坠和戒指、胸针和耳坠或是项链和手链等。当时的女性喜欢将不同珠宝设计师的作品组合起来佩戴，从而形成她们自己的风格。

　　20世纪60年代经济的飞速增长停止于20世纪70年代早期，那时阿拉伯人停止出售廉价石油，所以经济的繁荣也戛然而止。随着经济的衰退，一种不确定和不安定感渐渐弥散开来。穿戴大量珠宝来显示地位和财富的日子一去不返。珠宝又成了惹人憎恨和招惹盗贼的物品。

图768. 镶钻黄金套装，梵克雅宝，20世纪70年代。其东方特色的外观和钻石与黄金的组合方式都是那个年代的经典特色。

对于时尚而言，20世纪70年代早期的标志是民族风的盛行：卡夫坦长衫、充满异域风情的印花、长裙、像笼子似的女式小开衫等。高级时装则要努力生存下去。越来越多的高级成衣品牌也开始出售领带、太阳镜和香水，并且开设了成衣系列。对于时尚的整体观念发生了变化，所以不同的风格、不同的长度、不同的材质的服装在同一个时间里百花齐放。

珠宝也是如此。20世纪70年代的珠宝设计并不遵循任何既定的美学规则，所以这个十年的珠宝无统一可言。20世纪60年代的设计相对而言比较容易辨认，因为此时的珠宝具有不对称的几何状造型，但对于20世纪70年代，想要概括却根本不可能。有时，珠宝似乎回归了传统（图797），有时则从异域文化里汲取灵感（图815）。20世纪70年代早期，60年代流行的几何抽象的设计依旧存在（图819）。但到了70年代中期，过去曾被认为是时髦的几何珠宝此时被认为是过时的。

20世纪70年代，主要的珠宝商发起了更深化的珠宝划分。一方面是创造镶嵌着珍贵宝石的独一无二的设计，这类设计绝大多数都是定制；另一方面是发布价格合适的现成产品，这类商品为更广大群体服务。更多女性开始自己购买珠宝，最流行的珠宝往往是中档价位的。这种趋势在大西洋两侧都存在，从蒂芙尼到梵克雅宝，都会根据时下流行的风格、颜色和形状推出当季珠宝。

或许20世纪70年代珠宝最典型的特征是重新使用廉价材料，比如水晶、珊瑚和珍稀木材（图793、图794、图799、图800和图818）。这时的珠宝大量使用黄金，并且各种多彩的装饰也出现在珠宝上，这是20世纪60年代珠宝多彩化的进一步发展（图815、图834和图840）。

这时最著名的珠宝设计师当数大卫·韦伯（David Webb），他设计了一系列用水晶雕刻而成的锁链或是将水晶镶嵌在黄金中并用钻石提亮的装饰，通过将无色或磨砂的水晶与明亮的钻石并置，营造富有冲击力的视觉效果。巴黎的梵克雅宝也在钻石珠宝中大量运用水晶，这些水晶常组成带吊坠的长链，并用钻石提亮。珊瑚也重回时尚，并在20世纪70年代中期达到顶峰。其实从20世纪20年代以后，珊瑚就很少出现在珠宝中了。20世纪70年代珠宝的另一个创新是木质雕刻的使用，宝诗龙和梵克雅宝在长链和长耳坠的花形设计中都有使用（图818）。强烈色彩的流行让孔雀石、芙蓉石、红玉髓和象牙出现在珠宝中。这类雕刻材质珠宝的共同点在于对亮面、圆角和丰富华丽形状的运用，与20世纪60年典型的尖刺状设计区别开来（图775、图777和图791）。

图769. 镶钻青金石水晶珠宝，杰拉德，20世纪70年代，包括一条项链、一个戒指和两对耳坠。雕刻水晶链节的长链或苏托尔项链、可更换的凹槽青金石元件和长耳坠都是当时的经典设计。

20世纪60年代晚期和70年代的珠宝设计也受到了印度的影响，尤其是许多镶嵌红宝石、祖母绿和钻石的项链、长耳坠，这种色彩的组合在斋浦尔珐琅中是很常见的。而且在风格化的花形珠宝中所运用的素面宝石也像极了印度18世纪到19世纪的传统珠宝。首先采用这种设计的是梵克雅宝，珠宝设计的灵感来自马哈拉尼佩戴的整套珠宝，之后被改造成西方品位。这种珠宝纷纷被其他珠宝商仿效（图789、图792、图796和图815）。20世纪30年代晚期消失的苏托尔长项链、流苏项链、多枝烛台耳坠在20世纪70年代又重新流行起来，并且结合了印度的影响。伴随着这股流行趋势，人们也常将精美绝伦的像章作为饰夹或长链垂饰来佩戴。在设计和颜色上，这些像章多为印度风的风格化花朵和星形母题，或是沿袭大量拜占庭饰品的形状。20世纪70年代期间，东方世界的艺术、文化和智慧开始引起人们关注，因此珠宝设计受到中东和印度的陶染一点也不奇怪。

　　在此十年间，所有宝石甚至包括钻石竟然采用黄金作为金属镶嵌底座，而不是铂金或白金。自18世纪起，珠宝匠几乎都是采用隐秘式镶嵌将钻石镶嵌于白色金属中以凸显钻石洁白的光辉，虽说珠宝匠改用黄金也仅发生在20世纪70年代期间。至于为何出现这种现象，有如下几种解释。第一种解释是源于一贯采用黄金镶嵌钻石的印度珠宝带来的影响。第二种解释是源于珠宝商对突破传统束缚的渴望。第三种解释是珠宝匠希望让钻石成为宝石中出类拔萃的存在，让钻石不仅更适合白天佩戴，且让其在晚会珠宝中魅力四射的同时更加雅致随性。最后一种解释是市场开始注重中东珠宝买家的品位。阿拉伯酋长们通过石油买卖赚得盆满钵满，且痴迷于购买黄金珠宝，他们对20世纪70年代的珠宝市场产生了深远影响。

　　钻石依旧非常流行，或是单独镶嵌，或是用来提亮红蓝宝石和祖母绿或是半宝石的颜色。但是，"二战"以后非常受欢迎的梨形和榄尖形钻石在20世纪60年代被用来制作当时最流行的曲折和断裂的轮廓线。此时开始让位于长阶梯形宝石和阶梯状切割钻石，或是镶嵌成单石戒指，或是呈团簇状出现在项链、手镯和胸针里。这种设计在20世纪80年代又被加强。

　　20世纪70年代后期，意大利的宝格丽在国际上声名鹊起。宝格丽对于市场需求非常敏感，公司生产了许多日常可佩戴的珠宝。这些设计虽然复杂，但非常适合白天和夜晚佩戴。宝格丽还自创了一种处理黄金的方式，使其不仅表面光亮，而且线条干净大胆，并且推动了长阶梯形宝石和阶梯形切割钻石以及大的素面彩色宝石的流行时尚。20世纪70年代末，宝格丽同样复兴了19世纪末将古代硬币或带工宝石镶嵌在金链上的做法，这些设计成为该公司20世纪80年代的标志（图837）。

图770. 镶钻祖母绿珊瑚套装，梵克雅宝，20世纪70年代，包含一条苏托尔长项链、一个手镯、一对耳环和一个戒指。其色彩组合是当时的典型特征。

冠冕和发饰

20世纪60年代的到来标志着冠冕已经彻底消失。除了极少数情况外，这时的冠冕都是之前时代或是19世纪制作的，因为有的正式场合仍不免需要这类装饰，如婚礼或是某些国事场合。这种用途冠冕的设计则无须采用时下最流行的设计。

随着20世纪60年代的发展，20世纪50年代用来装饰头发的宝石发卡和胸针彻底消失了，同时消失的还有50年代堆叠且华丽的发髻。

珠宝套装和半套装

20世纪60—70年代的人非常喜爱成套珠宝，但包含项链、手镯、胸针、戒指和耳坠的完整套装并不常见。包含胸针、耳坠的半套装在20世纪60年代尤为流行，70年代最典型的珠宝搭配就变成了苏托尔长项链配耳坠或戒指配耳坠。怎么搭配并不存在定规，所以多种风格互相搭配的珠宝在这段时间里频频出现。它们的形状、设计和材质将在以下章节中——呈现（图767～图779）。

图771. 养殖珍珠绿松石黄金珠宝套装，梵克雅宝的"扭绞纹"（Twist）系列，1962年。该套装由一串硬石珠子和一串黄金珠子螺旋扭转而成，在梵克雅宝于1962年首次设计出品后风靡了整个60年代。

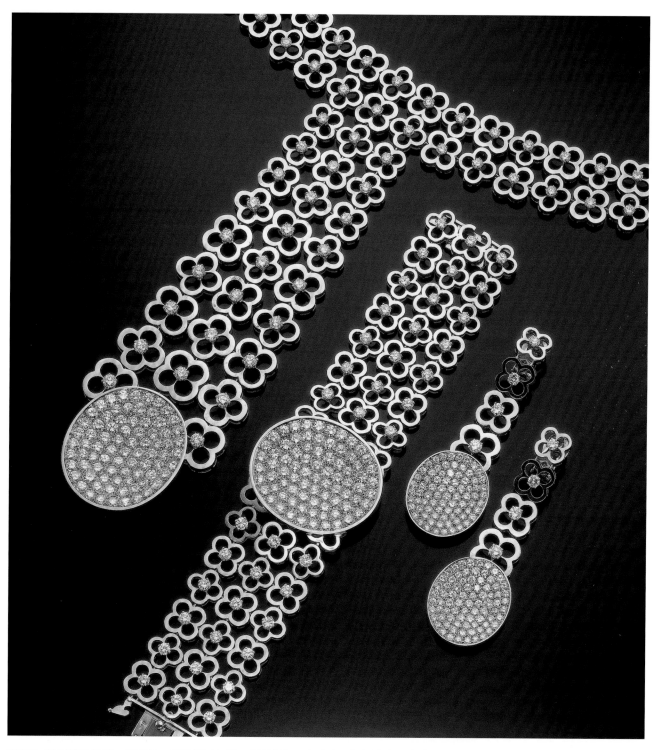

图772. 钻石黄金套装，梦宝星，20世纪60年代。很难想象一套珠宝不仅仅代表一个时期的经典，还能与当代服装时尚相得益彰。这条项链实际是一条长坠饰项圈。同年，玛莉官让迷你礼服风靡全球，该款礼服常围住脖颈并露出肩膀，采用针织或锁子甲纤维。

图773. 蓝宝石和钻石珠宝，包含项链、胸针和耳坠，20世纪60年代。注意项链的V型正面、团簇胸针的不对称设计、榄尖形和梨形蓝宝石和爪状珠串都是该年代的经典范例。

图774. 镶蓝宝石和钻石黄金戒指和胸针，20世纪60年代晚期。纹理黄金和随性的设计让这套珠宝成为该时期的典范，也正是20世纪60年代开始出现榄尖形彩色珍贵宝石。

图775. 镶弧面型红宝石、绿松石和钻石套装，梦宝星，1970年，全镶于黄金上。使用巨大的弧面型红宝石纯粹是看中其色彩而非其宝石品质。其可拆卸的坠饰也成为20世纪70年代的经典特色之一。

图776. 钻石黄金胸针和耳夹珠宝，辜青斯基，伦敦，20世纪70年代。注意具有代表性的角度设计和黄金纹理。

图777. 镶钻石和珊瑚黄金套装，伯爵手表，20世纪70年代早期。许多著名的手表制造商，如伯爵手表、百达翡丽和萧邦，正是在这段时间开始生产带有珠宝的手表和配套珠宝套装。

图778. 镶钻石、珊瑚和玉髓黄金珠宝套装，和黄金玉髓珠苏托尔项链，全为梵克雅宝制作，1970年。这些设计影响力很强，引起了许多人仿制。

图779. 钻石胸针和一对耳坠，梵克雅宝，1970年。尤其是胸针的设计体现了印度母题的延续。

图780. 镶红宝石、祖母绿钻石项链和耳坠，1993年。20世纪70年代与90年代的设计风格大同小异。这套极像梵克雅宝20世纪70年代风格的珠宝套装是于1990年在曼谷生产。底座背部可看出每个元件的铸造速度之快。背部黄金罕见地进行了适当抛光和加工。底座边缘本比较锋利，但佩戴多年后已被磨平。

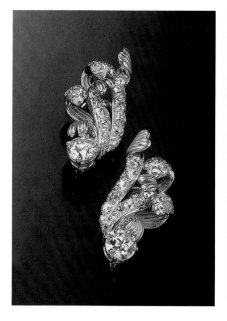

图781. 一对镶钻黄金耳夹，蒂芙尼旗下斯伦贝谢所设计，1960年。斯伦贝谢于1956年开始在蒂芙尼工作，并主导了蒂芙尼20世纪60年代的珠宝外观。

图782. 一对贝壳黄金耳坠，达德和菲尔斯，巴黎，1965年。20世纪60年代贝壳耳夹变得流行，著名的推广者有达德和菲尔斯、韦尔杜拉、希曼·谢普斯和大卫·韦伯等珠宝商和温莎公爵夫人等赫赫有名的珠宝收藏家。贝壳耳夹如今依然流行，很多珠宝商仍在生产，如纽约的弗莱德·雷顿。

耳坠

20世纪60年代，各种形状和长度的耳坠尤为流行。该时期的耳坠往往较大，而且装饰感很强。这种效果并不是通过镶嵌单颗昂贵的宝石实现的，而是通过探索不同质感、材质和色彩的对比实现的（图767）。维达·沙宣的短发和当时简单的项链设计为耳坠留下了足够空间。

一些珠宝设计师，如纽约的大卫·韦伯和韦尔杜拉，巴黎的达德父子因对于不寻常材质的广泛兴趣而名声大噪。他们在耳饰中大量使用贝壳（图782、图783）。当时的耳坠无论长短，都偏爱使用贝壳进行装饰。伦敦的安德鲁·格里玛用金丝缠绕成笼子来装饰南太平洋的长形牙状贝壳。至于当时流行的色彩斑斓、妙趣横生的其他珠宝设计的灵感则多数来自植物、动物。这种设计的佼佼者是大卫·韦伯设计的绿色珐琅青蛙耳坠（图784）以及韦尔杜拉设计的镶嵌宝石的菠萝耳坠。

图783. 三对贝壳黄金耳夹，大卫·韦伯，纽约，1964年或1965年，来自温莎公爵夫人的珠宝收藏。自1987年温莎公爵夫人珠宝拍卖后，贝壳耳饰又重新流行起来。见图782。

图784. 一对珐琅镶弧面型红宝石黄金耳夹，大卫·韦伯，纽约，1964年，来自温莎公爵夫人的珠宝收藏。

图785. 一对钻石吊坠耳环，1965年，代表性特色为其不规则和尖刺状团簇设计。

图786. 一对钻石耳夹，宝诗龙，20世纪60年代中期。设计时期可能为20世纪50年代。之所以判断为20世纪60年代中期的作品在于绝大部分钻石的切割方式有明显特征，尤其是用的固定长阶梯形钻石的爪状珠串。

图787. 一对祖母绿和钻石耳夹，20世纪60年代，经典日常团簇设计。注意使用了梨形祖母绿。

图788. 一对黄金玉髓耳夹，梵克雅宝，20世纪60年代后期。

　　20世纪60年代流行的抽象和不对称的几何设计也体现在当时的各种材质的耳坠设计上，这些耳坠的轮廓曲折，表面采用各种纹理和强烈的色彩（图767、图781）。

　　更保守的耳坠设计则是用不同质感的黄金，或编织或绳状，设计成的纽扣或半圆形。这些耳坠上常以钻石或彩色宝石进行装饰（图788）。素面绿松石、珊瑚或大的马贝珠或巴洛克珍珠也出现在耳坠上，这些宝石通常用根状的设计进行包裹，或镶嵌在黄金和宝石组成的不对称底座中。

图789. 一对镶钻石、红宝石和祖母绿耳夹，梵克雅宝，1970年。风格化叶子设计与印度佩斯利母题相近，所选颜色也是斋浦尔珐琅的经典配色。

图790. 一对镶钻白色珊瑚耳夹，梵克雅宝，20世纪70年代早期，该设计也有许多不同材料制造的版本。

图791. 一对青金石和钻石耳夹，蒂芙尼，20世纪70年代。

图792. 一对镶钻石、红宝石和弧面型祖母绿耳坠，梵克雅宝，1970年，经典印度风格。

　　华丽奢侈的耳坠也被持续制作出来，但相较之下设计更趋保守和克制。最流行的设计是风格化的花头或不对称的宝石团簇，有时在这些花头或团簇下还常悬挂不同切割方式的宝石组成的华丽瀑布设计。这些耳坠整体设计虽然仍体现出20世纪50年代的影响，但相较之前流畅连贯的线条还是有明显区别的，因为该时期的耳坠体现出了这一时期内非常典型的尖刺状、不完整或折线状的轮廓线（图785～图787）。

　　20世纪70年代，如同当时的时尚、服装和发型一样，耳坠打破了所有束缚，呈现出多元化的风貌，但总体上偏爱硕大和大胆的设计。

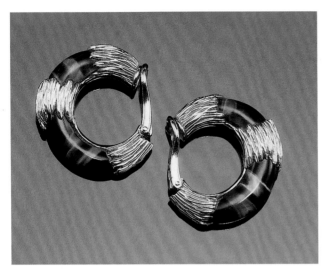

图793. 一对青石棉黄金耳环，辜青斯基，20世纪70年代，一款备受青睐的耳环风格。

图794. 一对缟玛瑙水晶钻石耳坠，宝诗龙，20世纪70年代后期，经典链节戒指设计。

　　或许，该时期最典型的耳坠就是悬挂在小环上的大环设计（图794）。环的部分通常用硬石雕刻而成，如水晶、缟玛瑙、珊瑚、青金石或其他材质如象牙、玳瑁和珍惜木材等。有时这类耳坠也会采用黄金制作，镶嵌以稀疏的钻石和明亮的对比色珐琅。当时主要的珠宝公司，从巴黎的梵克雅宝、宝诗龙到梦宝星，伦敦的辜青斯基以及纽约的大卫·韦伯都生产过独具风格且非常成功的耳坠，这些耳坠通常还会与其采用相同设计的项链配套（图800）。

　　上述非常扁平的"环与环"的耳坠设计也用在了更加奢侈昂贵的耳坠上，这些耳坠在环上镶嵌着大量的华丽贵重宝石，要么满钻要么将钻石、红蓝宝石和祖母绿进行结合。

　　奢侈昂贵的长耳坠的另一设计灵感来自印度，呈瀑布状或烛台状的红蓝宝石、祖母绿、钻石以及各种素面宝石被大量运用，这体现了印度斋浦尔珠宝对该时期珠宝外形和色彩的影响（图792）。

　　短耳坠则更加偏爱半环形设计，通常设计成耳夹。这类耳坠的价格区间较广，如价格较低的各种质感的黄金到昂贵的硬石镶嵌钻石和宝石的设计（图793）。

　　1971年，梵克雅宝设计了德诺埃尔玫瑰系列耳坠，花瓣使用白色或粉色珊瑚，中央镶嵌钻石。该系列大获成功，使当时的珠宝设计师纷纷仿效，所以那时出现了许多类似的花头设计。这些耳坠的花瓣或用硬石雕刻而成，或覆以明亮色彩的珐琅（图790）。

项链

　　20世纪60年代流行短项链。这些项链常采用不同质感和工艺，将黄金制作成带状，上面偶尔还点缀着钻石或彩色宝石。

　　这类项链的另一个变体是简单绕颈一圈的带状黄金，但这类简单的项链下面常悬挂镶嵌小颗钻石的大型抽象设计吊坠，或一颗边缘尖刺状的黄金装饰硕大的半宝石（图772）。玛瑙片、水晶洞和巴洛克珍珠是这类短项链最常使用的材质（图819）。

　　更加华丽和昂贵的项链也不免被设计成短项链。这些项链从两端至中央呈倒三角形，因为类似儿童吃饭时的围嘴，所以被称为围嘴式项链。这些项链常镶嵌榄尖形钻石、梨形钻石或其他彩色宝石来表现风格化的叶片和花头（图773）。这时项链的整体效果极富动感，边缘曲折、不规则，宝石被镶成高低错落的样式以此体现深度和体积感。20世纪50年代非常流行的钻石珠宝让位给了各种彩色宝石，如红蓝宝石和祖母绿与钻石的结合等。20世纪60年代，由于色泽出众，绿松石又重新被引入高级珠宝当中。

　　珍珠项链依旧备受欢迎，尤其对于相对保守的人群，珍珠项链无疑是最好的选择。但这时珍珠项链的搭扣也常采用当时具有代表性的不对称几何设计。

　　1962年，梵克雅宝设计的"扭绞纹"项链以及配套的手镯和戒指将彩色宝石圆珠与金珠相交缠，该设计取得了巨大成功，这导致当时众多珠宝公司纷纷开发了独属的类似设计的项链。这种项链最流行的材质当属珊瑚和绿松石（图771）。

图795. 镶钻石、红宝石、蓝宝石和祖母绿颈圈，梦宝星，1967年。同年，该项链于蒙特利尔世博会上展出。其代表性特色在于色彩艳丽的宝石以及设计中的伊斯兰风情，该格调于20世纪70年代早期风行一时。

图796. 富丽堂皇的镶祖母绿、红宝石、钻石和养殖珍珠项链和耳坠，是梵克雅宝在20世纪60年代后期所生产的艳丽色泽珠宝中最精致典雅的一款。该独特绚丽的项链由印度传统"塔里"项圈改造而成。耳坠也同样受东方设计的影响。该项链在1965年和1966年重制而成，是再现印度风格珠宝的最早范例。

图797. 绮丽璀璨的钻石项链，梵克雅宝。20世纪70年代早期。尽管大量钻石的项链在该时期屡见不鲜，但该项链背部和前部都可拆卸，可分别作为手镯和项圈佩戴。

图798. 养殖珍珠黄金项链，查尔斯·德坦普尔，1970年。注意纹理金工如何笼住每颗珍珠。

图799. 三条20世纪70年代的硬石黄金苏托尔项链，全部来自法国，其中一条来自尚美珠宝，并镶以碧玉。注意纹理金工和不常见的半珍贵玉石，如青石棉、碧玉和水晶。苏托尔长项链出现于"一战"前，20世纪70年代时再次流行起来。

即使是最华丽昂贵的钻石项链，如海瑞·温斯顿的作品，也遵从20世纪60年代珠宝设计的特点——断裂和曲折的线条。海瑞·温斯顿的项链常采用榄尖形钻石的里维埃宝石设计，将钻石垂直并排进行镶嵌，有时下面会悬挂大的水滴形主石吊坠，如一颗硕大的钻石或彩色宝石，再用一圈榄尖形或水滴形的钻石围边，以此达到当时珠宝设计对于破碎的轮廓线的追求。

到了20世纪70年代，之前流行的短项链发生了巨大变化，异域文化的影响使当时的女性逐渐热衷于穿戴长裙、波蕾若外套和带流苏的披肩。几何造型的抽象短项链已经不能适应此时的服装了，长链和苏托尔长项链开始流行，因为这种长项链能与当时的衣服一同摇曳生姿。

20世纪70年代最典型的项链是用椭圆或者菱形长形链接组成的苏托尔长项链。这种长项链常用硬石制作，如缟玛瑙、珊瑚、水晶、青金石或其他材质如珍惜木材或象牙，它们被镶嵌在黄金中，有时还点缀以钻石。苏托尔长项链下经常悬挂一颗硕大的吊坠，这些吊坠的设计常与耳坠配套。大西洋两岸的珠宝公司都在生产具有独特风格的苏托尔长项链，这时苏托尔长项链设计的主旋律是大胆华丽的外形以及华丽的色彩（图800）。在有些更轻便的设计中，硬石链被替换成了装饰有明亮色彩珐琅的黄金。

这类项链中昂贵华丽的部分采用了奢华的金链，其上镶嵌大量彩色宝石。这些宝石通常为素面宝石，并用钻石提亮。这类项链也常配以大个头吊坠，并常饰以水滴形吊坠，这种设计灵感来自印度（图775）。

此时流行的各种金链设计或传统或奇异。这些金链既能当长项链佩戴，也可以绕颈几圈。金链之间常间隔有硬石或用珐琅装饰：圆珠、风格化的花头或装饰有不透明、透明或透窗珐琅的几何造型（图778、图799）。

珍珠项链仍备受保守客户的喜爱，但当时最流行的珍珠佩戴方式是查尔斯·德坦普尔的用富有质感的黄金将珍珠包裹起来的设计（图798）。

受印度影响，用彩色宝石和珊瑚圆珠制作的项链开始流行，这类项链常呈几层佩戴，或将几层项链扭绞起来形成螺旋状，中央再装饰黄金的动物或花卉。

到了20世纪70年代末，短项链又重回时尚舞台。这时的短项链的常见设计是简单的黄金带状，并密镶钻石，中间或点缀彩色宝石提亮。

图800. 镶钻珊瑚黄金苏托尔项链，宝诗龙，1974年。这条项链生产于20世纪70年代中期范登广场的格兰德斯梅森，为中东市场专设，是此类"精品"珠宝的典范。注意使用了大量同心环状切割钻石镶于黄金中，并结合风行的"天使肌肤"色度浮雕珊瑚。

图801. 镶钻黄金珐琅胸针，梵克雅宝，设计为长颈鹿，是梵克雅宝20世纪50年代和60年代早期的许多风趣动物设计之一，被许多其他珠宝商复刻、仿制和模仿。

图802. 镶红宝石、钻石和珊瑚花卉胸针，克恩，20世纪60年代。注意自然形状和锯齿轮廓的风格化。

图803. 镶宝石黄金狮子胸针，梵克雅宝。这枚"狮子埃博里夫（Lion Ebouriffe）"胸针作为梵克雅宝海量动物胸针之一，于1962年制造。日常且风趣，易于佩戴。（图801）

胸针

20世纪60年代胸针非常流行，并常与耳坠组成一套。最流行的设计是风格化的太阳或新星，这类设计常采用富有质感的贵金属点缀以小颗钻石或中央镶嵌一颗硕大的半宝石；或几何状的金属团簇配以阶梯状切割的海蓝宝石或黄水晶；要么就是用类似植物根状的黄金镶嵌的素面硬石或半宝石。它们都具有轮廓线破碎的特征，而且造型立体，黄金表面也富有质感，与宝石的质感呈现鲜明对比（图774、图813）。

对于原始形态的自然材质的喜爱使许多抽象设计的胸针流行起来，这些胸针镶嵌以水晶、绿铜矿或祖母绿，金属部分则制作成不对称的几何状。该时期到1975年间有另一种非常流行的胸针，其设计形状是用玉髓制作的环形或贝壳形的结节状，并结合生长状的水晶或用钻石提亮（图814）。

图804. 钻石和蓝宝石花卉胸针，梦宝星，1965年。其设计的尖刺状和绝对抽象的自然形状是20世纪60年代的经典特色。

图805. 钻石蝴蝶结胸针，1965年。此时期相当拘谨的主流胸针，镶于铂金。

图806. 钻石和祖母绿胸针，梵克雅宝"花环"（Guirlande）系列，1960年。

　　镶嵌钻石和彩色宝石的经济价值更高的胸针常设计成不规则、不对称的宝石团簇或新星的造型，并且偏爱梨形和榄尖形宝石来获得不规则的轮廓线（图773）。在这些立体的作品中，主石的位置往往比其他宝石高，给人以似乎要凸出来的感受。

　　自然主义作为当时珠宝设计的灵感之一，在胸针设计上也有体现，但即使在最昂贵和华丽的设计中，如实描绘自然的设计也被风格化的设计所替代。梵克雅宝将枝叶流畅的线条变成几何感的花环胸针；卡地亚、梦宝星和宝诗龙则将花卉和叶子变成了尖刺状（图802、图804～图807、图809）。

图807. 钻石和红宝石胸针，罗杰·金（Roger King），伦敦，1960年，设计为伞菌团簇，用铰接式镶嵌固定在弧面型红宝石群上。该胸针由伦敦科林伍德有限公司委托制作，是1962年英国"年度珠宝"竞赛的获奖作品。国际评委评论道：该作品象征着珠宝结构和设计的新趋势。

　　20世纪60年代，动物胸针也非常流行，这些胸针常采用风格化的，甚至经常是理想化或具有幽默感的生物。1954年梵克雅宝发布了猫胸针（Chat Malicieux），1962年发布了狮子胸针（Lion Ebouriffe），两年之后又发布了狮子胸针（Bébé Lion），涵盖了一系列有趣和容易佩戴的胸针，如松鼠、长颈鹿、大象、海龟等（图801、图803）。当时主要的珠宝公司都生产了各自的动物胸针。这些胸针的材质常为黄金、半宝石，并用钻石提亮，有时还会镶嵌大量华丽的有色宝石（图811）。1965年之前，从鹦鹉到天堂鸟等各种鸟类都尤为流行。

图808. 一对镶养殖珍珠黄金胸针，1965年，瓦格纳。该设计受地质学启发，注意天然金块和被海浪侵蚀的岩石之间的相互交错。

图809. 镶钻石、欧泊、黄水晶石英和珍珠胸针，尚美，20世纪60年代。注意风格化的花卉设计，镶以凌乱的精选宝石，从而拥有稀奇的色彩组合。

到了20世纪70年代，胸针逐渐不再流行，一方面是因为时尚总是喜新厌旧；另一方面，当时流行的长项链和苏托尔长项链没有给胸针留出太多空间，所以胸针失去了吸引力。在这期间为数不多的胸针设计中，最典型的是用硬石雕刻来配苏托尔长项链的胸针：互相交叠的环形，或装饰有钻石的各种形态的黄金链接等。这时期典型的设计还包括用黄金镶嵌硬石或珍稀材质的4～5瓣花瓣的花头胸针。这些胸针常使用明亮式切割钻石进行点缀（图810、图818）。

20世纪70年代，在印度珠宝的影响下，许多宝石团簇胸针出现了，这些胸针常常镶满了钻石和彩色宝石，其灵感明显来自莫卧儿王朝（图779、图815）。

动物题材的胸针仍在生产，通常使用黄金并镶嵌各种彩色的半宝石。这时动物胸针的设计具有20世纪60年代的鲜明特征。抽象、不对称的宝石晶体胸针直到20世纪70年代依旧备受欢迎（图811）。那些昂贵奢侈的胸针依旧遵循着风格化花朵设计的传统路线（图812）。

图810. 镶钻玉髓四叶草胸针，梵克雅宝，1970年。该设计也有许多不同材料的版本，如用珊瑚、水晶和木材制成。

图811. 镶钻珊瑚黄金小狗胸针，梦宝星，20世纪60年代晚期。

图812. 钻石、红宝石胸针，梵克雅宝，1970年。该设计常被模仿和复刻，也有祖母绿和蓝宝石款。只需通过观察宝石的品质就可得知该珠宝是梵克雅宝原作还是仿品（图834）。

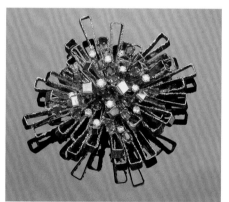

图813. 镶钻石和祖母绿黄金胸针，韦尔，1970年。注意几何状和纹理黄金是20世纪60年代和70年代早期的经典特色。

图814. 玉髓结节饰以石英结壳，可作胸针，安德鲁·格里玛，1974年。该珠宝用黄金和钻石来固定，是格里玛工坊打破传统的代表作，其设计原型可追溯到20世纪60年代。

图815. 钻石夹式胸针，梵克雅宝，20世纪70年代早期。该设计明显受莫卧儿影响，且流行将其作为长链的坠饰进行佩戴。在70年代早期前，没人敢想象会在黄金上镶嵌大量钻石。

图816. 钻石花卉胸针，梵克雅宝，1965年。花头的锯齿轮廓和双排夹镶长阶梯形钻石形成枝干，可据此推出其时期。

图817. 钻石和小型角石切割红宝石花卉胸针，梵克雅宝，1965年。

吊坠

　　20世纪60年代流行的短项链让吊坠显得有些多余，这点在昂贵奢侈的珠宝中表现得尤为明显。有时，围绕脖颈的尖刺状缎带下常附以可拆卸的吊坠，这种吊坠常采用不规则的团簇设计，中央通常是大颗有色宝石或钻石，边缘采用榄尖形或梨形的小颗宝石。另一方面，当时最具有创新精神的设计师关注的是珠宝最终呈现出的艺术效果而非其经济价值。这些设计师倾向于在朴素的黄金缎带下悬挂抽象设计的缀有钻石的吊坠，或黄金镶嵌的硬石或水晶吊坠（图819）。

　　20世纪70年代苏托尔长项链的大范围流行使吊坠也随之流行起来。这些吊坠通常比较硕大，设计也非常大胆。最典型的是使用水晶、缟玛瑙、珊瑚、青金石或珍稀木材等材质雕刻成匹配苏托尔长项链链接的样式。这些吊坠往往可以拆下来，并可作为胸针佩戴（图775、图800）。

　　受传统的印度珠宝启发，20世纪60年代晚期到70年代的项链通常是黄金的长链或短项链，并点缀祖母绿、红宝石和钻石，大型吊坠往往采用宝石流苏的样式，其他如烛台或吊灯的设计则受到印度马哈拉尼珠宝的影响。梵克雅宝创造了很多经典，这些项链常镶嵌素面宝石并以钻石提亮（图796）。

图818. 珍稀木材镶钻胸针/吊坠，梵克雅宝，巴黎，1972年。此类吊坠通常成套生产，附有浮雕链节苏托尔项链和钩型耳环。

图819. 紫水晶黄金吊坠，大卫·迪肯，1972年。一款20世纪60年代的经典设计，到20世纪70年代早期依然十分流行，注意用黄金接合围绕紫水晶的镶嵌方式。

图820. 钻石手镯，1960年，明显受太空探索主题影响。用三维尖刺设计将群星和火箭母题相结合。

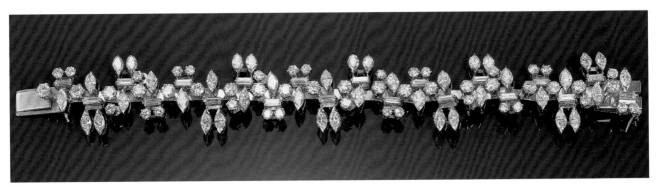

图821. 钻石手镯，1965年。注意朴素至近乎冷酷的尖刺设计和铂金底座。

图822. 镶钻石和蓝宝石手镯，法国，1965年。注意以下特色：①将蓝宝石如同钻石一般切割的创意；②每颗宝石都独立镶嵌的方法以及用金属丝线底座分离镶嵌的方法；③波浪形的日常设计。

手镯

　　20世纪60年代手镯依旧非常受欢迎。有弹性的镶宝石带状或硬质手镯是常见的设计。这些手镯的设计与当时流行风潮相符——用看似随意排列的钻石和有色宝石来构成锯齿状边缘（图820、图821和图831）。更传统的设计则采用钻石和彩色宝石波浪带状的样式。立体和带锯齿的边缘使它们与20世纪50年代的作品区分开来（图822）。

图823. 浮雕石英、红宝石黄金手镯，尚美，巴黎，1965年。简单切割和抛光晶洞的边角后便显露出一个石英水晶的天然洞体。依偎在中心的红宝石团簇为其增添了魅力，体现了20世纪60年代异想天开的经典风格。

图824. 镶钻石和人工养殖珍珠黄金手镯，拉克洛什，1965年。设计师在此明显着眼于维多利亚晚期明星胸针，且用20世纪60年代经典的黄金结壳加入人工养殖珍珠。

图825. 镶红宝石和钻石手镯，尚美，1965年。注意此设计中凌乱添加的钻石及其不同的切割方式。

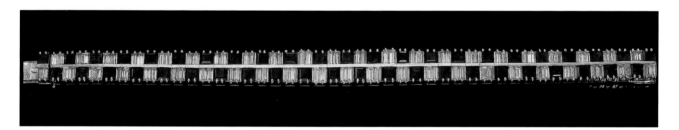

图826. 镶钻石和蓝宝石手镯，法国，20世纪60年代。特别注意用小型角石和长阶梯形钻石固定的爪状珠串。这类镶嵌与20世纪60年代的珠宝有密切关系。

　　20世纪60年代尤为成功的设计是组成互相缠绕或编织纹样的色彩和琢型且对比强烈的宝石手镯，如长阶梯形宝石切割方式配以垫形、梨形或榄尖形宝石（图827）。

　　钻石或钻石结合彩色宝石的朴素的条状手链又重回时尚，并且马上如20世纪20年代一样流行。但这些手镯采用球状爪镶，所以能够与之前的设计轻松区分开来（图826）。

图827. 钻石和祖母绿手镯，法国，20世纪60年代。注意宝石仍完全用铂金和白金镶嵌，是20世纪70年代黄金镶嵌热前的最后一批白金镶嵌珠宝。

图828. 镶钻石和绿松石黄金手镯，大卫·韦伯，20世纪60年代。沿袭了20世纪50年代拉克洛什，并在此后20年间依旧风行。而钻石镶于铂金或白金上而非黄金也可推断出它属于20世纪60年代制品而非20世纪70年代。

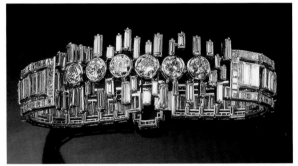

图829. 钻石手镯，20世纪60年代，注意长阶梯形钻石的管风琴式排列。用浮雕的爪状珠串固定住长阶梯形钻石也是20世纪60年代的经典作风。

　　灵活的珍珠、金链和硬石圆珠组成的螺旋状手镯非常流行。1962年梵克雅宝设计的以珍珠、黄金和硬石圆珠互相缠绕的扭曲状手镯以及类似设计的其他配套珠宝成为当时珠宝设计的典范（图771）。

　　20世纪60年代的硬手镯倾向于自然或抽象设计的不对称带状，通过不同切割方式的钻石和彩色宝石来获得当时典型的锯齿或尖刺状的轮廓（图824、图829）。受螺旋状手镯扭绞纹的影响，其他手镯常采用不同彩色宝石的对角线设计，彩色宝石间间隔以扭绞纹金丝（图828）。

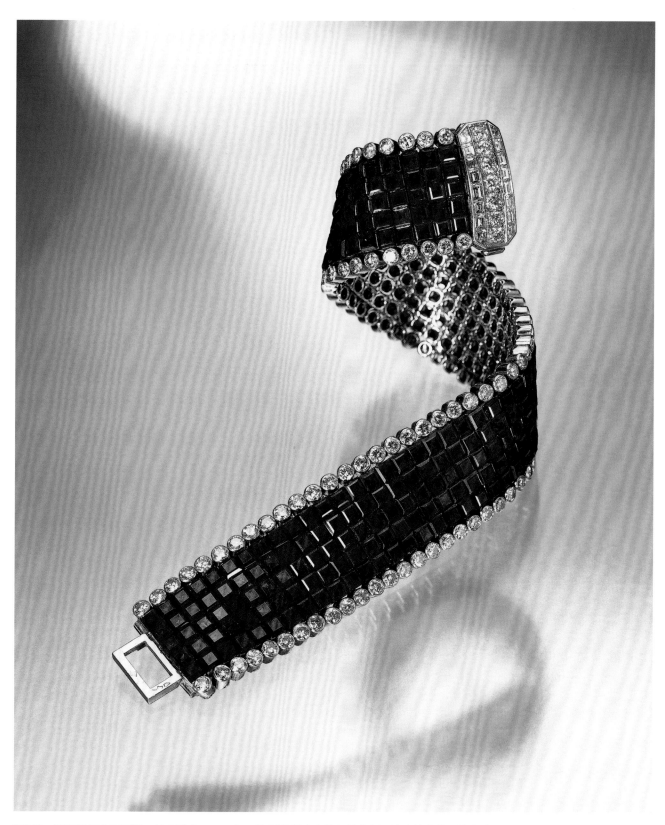

图830. 钻石和红宝石手镯，梵克雅宝，1965年。隐形镶嵌珠宝的极佳范例。这张放大的图片向我们更好地展示了倾注在这件珠宝上的工匠精神及其柔软度和柔韧性。

图831. 钻石手镯，古柏林，20世纪60年代晚期。注意不对称设计及凌乱的长阶梯形和榄尖形（或马眼形）镶嵌的结合。

图832. 镶钻石、彩色宝石和珊瑚牛头手镯，大卫·韦伯。大卫·韦伯的动物手镯自20世纪60年代开始生产，时至今日依然流行，且一些公司仍在生产。其源头据说为卡地亚于20世纪20年代设计的"奇美拉"手镯和20世纪50年代的"大猫（great cat）"手镯。

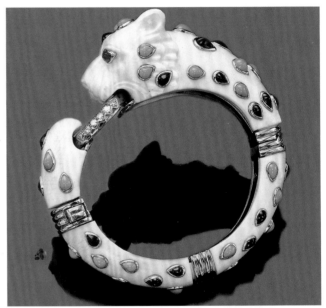

图833. 雪豹手镯，象牙雕刻品，镶以绿松石、蓝宝石和钻石，梵克雅宝，纽约，1973年。

20世纪60年代，作为手镯的典型设计，动物题材手镯大量出现，这些手镯或使用硬石雕刻或使用装饰有明亮珐琅的富有质感的黄金，并常镶以素面或刻面的宝石或半宝石。受到20世纪20年代卡地亚的奇美拉手镯和20世纪50年代大猫（great cat）手镯的启发，手镯中出现了许多动物形象：大象、马、猫、狮子、老虎、水牛等。这种设计一直流行了十年左右（图832、图833）。

20世纪60年代，更具创新精神的珠宝公司如安德鲁·格里玛设计了更加抽象的手镯，这些手镯上镶嵌着大颗粒水晶或水晶洞（图823）。

图834. 镶钻石、祖母绿和珊瑚手镯,梵克雅宝,1970年。深受伊斯兰教风格影响的又一珠宝设计,在曼谷和香港被广泛仿制,因此请谨防假冒。

图835. 镶钻石和红宝石黄金手镯,梵克雅宝,20世纪60年代晚期,模仿图834制造。其母题源自伊斯兰装饰瓷砖。

图836. 钻石手镯,20世纪70年代中期。注意大量使用明亮切割的宝石和黄金底座。

图837. 黄金硬币手镯,宝格丽,20世纪70年代晚期。宝格丽开辟了在珠宝中镶嵌古币的风尚,并在20世纪80年代广受模仿。

20世纪70年代最典型的手镯设计是印度或伊斯兰的花卉或几何造型的带状手镯,这些手镯常使用黄金制作,并镶嵌钻石和各种宝石和半宝石。印度的水滴状图案(boteh)设计和受伊斯兰装饰瓦片和挂毯启发的纹样成为梵克雅宝在20世纪70年代最受青睐的设计,并被其他珠宝公司大量模仿(图834、图835)。

其他20世纪70年代的手镯被设计成了厚重的椭圆、圆形或菱形链状,并镶嵌大量明亮式切割钻石,有时还会镶嵌各种彩色宝石(图836)。

图838. 一对钻石腕表，一块来自玉宝手表，一块来自山度士，20世纪60年代小圆形表盘的典例，使用了白金，其轮廓简约雅致（放大图）。

图839. 镶钻石、青金石和蓝宝石黄金手镯/腕表，伯爵手表，1970年（放大图）。该设计似乎处于20世纪60年代转向无定形海洋母题的过渡期，与安德鲁·格里玛的作品相近，该设计在接下来十年内都表现出大胆的设计和艳丽的色彩。

图840. 镶钻石和绿松石矩形手镯/手表，萧邦的"阿卡普尔科（Acapulco）"系列，1969年。此超凡脱俗的设计可以说是20世纪60年代后五年内珠宝设计的代表作。

腕表

　　20世纪60年代，女士珠宝腕表一如20世纪50年代一样流行，并且延续了严谨和克制保守的设计。当时最典型腕表的表盘都非常小，常为圆形，并以明亮式切割钻石围边，表带采用做工精细的白金编织表链。更昂贵的腕表则是为了出席晚宴准备，同样表盘很小，外围是钻石花卉和植物边框，表带则是精细的钻石手链（图838）。这些设计与20世纪50年代的典型设计非常相近，将它们归入20世纪60年代而非之前时代是因为此时镶爪末端为珠状，梨形钻石组成的曲折和尖刺状的边缘。

　　到了20世纪60年代末，珠宝匠和制表师们开始尝试更大胆创新的设计。欧米茄委托安德鲁·格里玛为其设计了一系列腕表。在安德鲁·格里玛手中，这些腕表成了一件件雕塑，有的将表盘置于宝石之下，有的表带富有雕塑感。伯爵、萧邦和百达翡丽设计的珠宝腕表的装饰作用大于其计时功能。镶嵌有钻石围边的明亮色彩的硬石片装饰的不对称宽手镯常将小巧的表盘隐含其间。或是采用金链组成的宽表带，上面缀以钻石，表盘则以大面积的硬石组成（图839、图840）。

图841. 缟玛瑙镶钻石黄金手镯/腕表，卡地亚，1970年。

图842. 经典的一对20世纪70年代中期礼服手表，百达翡丽。注意通体黄金和雕刻硬石，可能为伊达尔·奥伯斯坦所制。

图843. 镶钻黄金手镯/腕表，爱彼表，20世纪70年代早期。注意表盘的伊斯兰风的尖顶拱卷曲饰。

图844. 腕表，杰拉德，20世纪70年代晚期。在此手表中运用了永世流行的螺旋形母题。注意大量使用了镶嵌于黄金里的同心环型切割钻石。

　　20世纪70年代最典型的腕表也偏爱大表盘设计，表盘通常是圆形或倒角的矩形，常以硬石制作，或密镶钻石。表盘周围或简单围钻，或采用更加多彩华丽的方式——钻石与切割好的硬石一同做边。表带通常是篮筐状编织的黄金链，但硬石与黄金间隔的表带更加罕见（图841、图842）。

　　珠宝商有时会把表盘嵌入宝石的手镯中，并将表盘隐藏在铰链结构的盖子下面（图844）。著名的瑞士制表师们敏锐地觉察到了中东对手表的需求，并且吸纳了20世纪70年代印度珠宝风格，制作了一系列具有伊斯兰风格的黄金和钻石手表（图843）。

图845. 红宝石和钻石团簇戒指，1960年。流行的芭蕾舞者底座的变种设计，长阶梯形和明亮切割的钻石采用了连绵起伏的镶嵌手法。

图846. 镶钻欧泊黄金戒指，尚美，巴黎，20世纪60年代。注意黄金纹理。

图847. 蓝宝石和钻石团簇戒指，20世纪60年代。将阶梯形切割的斯里兰卡蓝宝石镶于榄尖形钻石团簇中央在20世纪60年代十分流行。很少能看见镶嵌材料。

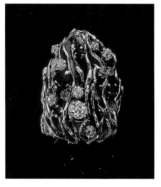

图848. 镶钻石和红宝石黄金戒指，查尔斯·德坦普尔风格，20世纪60年代晚期。

图849. 镶钻黄金戒指，由纹理黄金棱镜和长角阶梯形钻石组成。格里玛在20世纪60年代的流行款式，但该例生产于1975年。

图850. 镶钻石、红宝石和祖母绿梨形戒指，梵克雅宝，1970年。该设计是一种使用黄金并对20世纪30年代的某设计风格的再设计，尽管红宝石、绿宝石和钻石的宝石组合在当时并不流行。

戒指

20世纪60至70年代，戒指的流行程度有增无减。时尚女性会在同一根手指上同时佩戴多枚戒指。

20世纪60年代戒指设计最新颖的地方是将中央的主石高高托起，周围则装饰以宝石团簇。设计的目的是通过尖状宝石，如梨形和榄尖形切割钻石营造当时最典型的不规则边缘的效果（图845、图847）。

图851. 用极小生长石英结壳的玉髓结节、珍珠钻石戒指，吉尔伯特·阿尔伯特，约1970年。阿尔伯特的风格特点是在同一件珠宝中使用贵宝石和自然水晶。使用未加工水晶的风尚从20世纪60年代开始流行，最著名的推广者为安德鲁·格里玛。

图852. 黄金青石棉戒指，辜青斯基，20世纪70年代早期。20世纪70年代初，环形缠绕设计。缠绕环箍设计的戒指在这十年里非常流行，要么是用硬石雕刻，要么是完全用钻石雕刻。

图853. 镶钻黄金戒指，梵克雅宝，纽约，1970年。狮子面具戒指、吊坠和耳坠在20世纪70年代前五年非常流行，被大量仿制。

舞裙镶同样非常流行，中央的主石被镶嵌在起伏的钻石边缘上（图845）。传统的钻石单石戒指失去吸引力，取而代之的是立体的团簇状戒指。

经济价值稍低的戒指通常使用大颗素面宝石或珍珠，以华丽的黄金镶嵌，黄金戒托的质感常模仿月球表面或海岸的礁石（图846）。珠宝设计师将黄金塑造成抽象的造型用来模仿海床或晶体，并且在上面镶嵌各种彩色宝石来获得夺人眼球的视觉效果（图848、图849）。镶水晶或水晶洞的戒指也是20世纪60年代的典型设计，并一直流行到了20世纪70年代（图851）。

20世纪60年代及70年代同样非常流行的还有梨形戒指。这种戒指于20世纪30年代中期由梵克雅宝首先发明，到了20世纪40年代，不同的变形相继出现。梨形戒指是将珍珠、硬石圆珠和金珠沿对角线排列，这是为了搭配1962年梵克雅宝设计的扭绞纹套装（图771）。20世纪70年代的版本仍是用黄金镶嵌，但倾向于使用大颗贵重宝石以获得多彩而富有冲击力的视觉效果（图850）。

20世纪70年代，团簇戒指依旧流行，但设计与之前相比更加规整，并偏爱长阶梯形宝石钻石镶边。硬石雕刻珠宝的广泛流行促使许多戒指采用雕塑感强烈的设计，这些设计皆以小颗钻石装饰（图852）。

第 十 章

1980年至2000年

20世纪80年代经济兴旺，所以常被称为"贪婪和过剩的年代"。处于经济建筑顶层的人们的可支配收入大大提高，这反映在他们对贵重饰品和品牌珠宝的消费上。这是金钱文化、投资银行和兴旺的艺术市场的年代。20世纪80年代同样见证了女性在社会和职业角色中的深刻变革。肇始于世纪初的女性解放运动现在达到顶点，女性在工作的方方面面都得到了应有的尊重。20世纪80年代的女性坚强且有能力，所以那时的服装也展现出女性角色深刻变化的特征。20世纪70年代备受钟爱的民族风以及浪漫风格的服装被能够适应忙碌生活的职场女性的服装所替代，但不变的是这些服装仍充满吸引力。当时最流行的设计是宽肩上衣，因其可以满足女性多种场合需求，从白天到夜晚，从会议室到剧院。被称为"20世纪80年代的香奈儿"的乔治·阿玛尼（Giorgio Armani）完美诠释了新女性的需求，并为她们设计了贴身夹克、大衣和类似西装上衣的运动夹克。这些服装设计依旧非常女性化，但无疑吸取了男装的精髓。受东方风格的多彩印刷品的启发，除了紫色拷花丝绒，中性色系、米黄色、灰褐色和海军蓝色也比较流行。这个时代，无论白天还是夜晚最流行的色彩都是黑色，并且常与各种亮色细节搭配，如浅莲红、橙色、松石绿以及苹果绿等。

随着服装的变化，珠宝也发生着变化——设计和尺寸上更加大胆，完美反映了女性新取得的社会地位和权力（图854）。过去，女性是珠宝的接受者，无论是作为爱情的馈赠还是地位的象征，都是由她们的父亲、丈夫或爱人等男性成员提供，但随着女性经济上日渐独立，女性可以像选择其他服饰一样自己选择购买珠宝。20世纪80年代，女性逐渐变得越来越有领导力，她们需要的是实用的珠宝，这些珠宝不仅要富有装饰性，还不能阻碍女性繁忙的工作。20世纪70年代风靡一时的长链和苏托尔长项链逐渐被更短的项链取代。20世纪初流行的项圈这时又出现了，并且演化出各种形态。大衣和夹克的流行让20世纪70年代佩戴得极少的胸针又回归了大众视野。当时女性流行的利落的短发又让多彩的团簇装饰及琳琅的长耳坠重新流行起来。

无论是办公室或是派对上，黄金都是这些珠宝中最受青睐的金属。红蓝宝石、祖母绿和钻石也非常流行。当时珠宝在选用宝石和半宝石时，考量最多的是色泽是否美丽，而非经济价值。黄色、淡粉色、淡蓝色蓝宝石、粉红色红宝石和浅绿色祖母绿常与其他多彩的宝石组合在一起，如绿色和粉色碧玺、深红色石榴石、柠檬色黄水晶、柠檬绿的橄榄石以及紫水晶等。蓝碧玺和蓝色托帕石常因其吸引人的蓝色调被大量使用。1979年发现来自西澳大利亚阿盖尔的粉

图854. 黄金镶红宝石和钻石珠宝套装，20世纪80年代。大胆的设计、硕大的耳坠、素面红宝石的
运用以及黄金和宝石的组合都体现了当时的珠宝设计特征。

色钻石，使20世纪80年代出现了许多密镶彩钻的珠宝，这些彩钻虽然小巧，但色彩浓郁。20世纪80年代的珠宝打破了彩色宝石需要钻石边框提亮的桎梏，珠宝设计师们将20世纪20年代一些大胆的色彩组合又重新引入珠宝中，例如将祖母绿和橘色石榴石、红宝石与紫水晶、蓝宝石和黄水晶等结合在一起。珠宝设计师为了将宝石嵌入他们最新的设计中，经常要求把宝石切割成各种形状以做实验。素面彩色宝石也很流行。红宝石、祖母绿和多彩的宝石圆珠无论是否有刻面及抛光也都很流行。这些宝石常被制作成富有印度特色的项链（图877）。半宝石的梨形玫瑰切工宝石吊坠也常用来制作时尚的耳坠。到了20世纪80年代末，大颗粒养殖珍珠，即南海珍珠非常流行。这些珍珠来自澳大利亚、缅甸、印度尼西亚和菲律宾的温暖海域（图878），故此得名。海水大珠母贝也出产大颗粒珍珠，这些珍珠直径常超过10mm，其中色彩优异而没有瑕疵的珍珠非常昂贵。20世纪90年代末，由于养殖技术得到改进、珍珠产量过剩、市场饱和等原因，此类珍珠价格因此大跌。

　　20世纪80年代的珠宝设计需要适应现代女性具有活力的生活方式，这使当时的珠宝轮廓线较圆润，与之前时代抽象的曲折的轮廓线及东方风格泾渭分明。经历了十年左右没有美学定规的珠宝设计后，几何、风格化的自然主题以及对称设计风靡了西方珠宝设计。

　　20世纪80年代，用珠宝表达女性解放的最成功案例当属宝格丽。这个来自意大利的珠宝公司从20世纪70年代开始逐渐获得国际声誉。在清晰了解市场需求后，宝格丽生产了风格轻松愉悦的适合佩戴的珠宝，同时，这些珠宝设计也足够有品位，所以白天和夜间都可佩戴。到了20世纪80年代早期，宝格丽的设计越来越具有辨识度，并且被广泛地复刻和模仿。20世纪80年代晚期，安迪·沃霍（Warhol）采访妮古拉·宝格丽（Nicola Bulgari）时说道：我认为您的珠宝就是20世纪80年代珠宝该有的样子，所有人都想模仿这种样子。

　　模块化珠宝是宝格丽20世纪80年代的伟大发明。这些珠宝采用了重复的设计元素，从而避免了浮夸的装饰，通过互相组合能够变成多种易于辨认的形态。模块珠宝之所以成功正是其标志性的设计——干净明快的圆形轮廓容易辨认，并且价格范围较宽，使其具有广泛的客户基础。这种珠宝最大的优点在于每个重复元素都能依靠流水线批量生产，从而使成本更低，之后再由手工进行精修。这些元素通过不同的组合方式得以组成项链、手镯、戒指和耳坠。同时，材质为钢镶钻或者硬石雕刻的模块化珠宝也为设计提供了无数可能，并且也让价格更加可控。模块化珠宝最早出现在1982年，命名为帕伦特斯（Parentesi）（图898、图906）。此种设计是受意大利语中括号形状的启发。当初无人会想到该设计会成为最成功和最被广泛效仿的珠宝之一。从1982年开始，宝格丽开始连续生产模块化珠宝，比如加入更多线条组成了1983年的双心设计（Doppio Cuore）、1986年的圆珠设计（Boules）、1987年的钩子设计（Gancio），1988年蜂巢系列（Alveare）（图899）则是受到了蜂巢结构的启迪，1990年的雷电设计（Saetta）与麦穗设计（Spiga），1993年受到哥特手镯和脚镯启发的凯尔特系列（Celtica），1996年的翠卡系列（Trika）（希腊语意为"发辫"）（图856）以及1999年的云系列（Nuvole）。

这种珠宝的出现恰恰反映了宝格丽对剧烈变化的市场的敏感——珠宝无需太昂贵，但需要好的设计满足全天佩戴的需求。20世纪80年代对于品牌越来越在意的女性需要时尚珠宝具有辨识度高的品牌标志。宝格丽的作品正好易于辨认且在合理的价位上保持了高水准。

有趣的是，在20世纪80年代早期，就在帕伦特斯取得成功之前，宝格丽在20世纪70年代所创造的两款珠宝已经成为该公司的标志以及当时的珠宝符号。第一是镶嵌在椭圆片状结构上的围钻的素面宝石。该母题被用在很多的珠宝设计中：单独使用在戒指、胸针和耳坠上，或是用锁链连接成项链。第二个设计是厚重的锁链设计，用来制作手镯、项链，并且镶嵌素面宝石、古硬币或是徽章。

20世纪80年代的另一个时尚标杆是宝格丽的图博加斯（Tubogas）珠宝。项链、手镯、腕表和戒指被设计成灵活单行的黄金带状（图875、图909）。该设计边缘互相紧扣，从而无需焊接。制作时中间有硬物制成，制作完后中央的硬物就可以直接抽出，或是将其浸入酸里溶解。这种技艺制作出来的珠宝令人印象深刻，因为它们可以以单圈或是多圈的方式完美贴合脖颈、手腕或是手指。由于这个系列取得了巨大的成功，其他的珠宝公司也纷纷仿效。

镶嵌古币的珠宝也是20世纪80年代宝格丽的流行设计之一，并且被广泛模仿（图875）。将古币和徽章纳入珠宝显然不是宝格丽的首创，其在历史长河中反复出现。古罗马时期，钱币就被镶嵌在了珠宝中。罗马人、拜占庭人、盎格鲁-撒克逊人都创造了不少精美的这类设计。19世纪考古风珠宝匠卡斯泰拉尼也精于此道。宝格丽所用的硬币包括铜、银、黄金以及公元前5世纪到12世纪的金银合金。选择古币时，考量更多的是其美观性而非经济价值。这些硬币被简单地镶嵌在黄金底座中，再与厚重的锁链相结合，这种设计常用在图博加斯系列（Tubogas）珠宝，或是穿插在帕伦特斯系列珠宝中作为额外装饰。这种设计早在20世纪60年代中期就被宝格丽提出，到20世纪80年代达到流行顶峰，到20世纪90年代仍是宝格丽珠宝中的重要特色。

另一家抓住时代精髓、紧跟潮流的珠宝公司是建立于1979年的玛丽娜B公司（Marina B）。这家公司由宝格丽（Colstantino Bulgari）的女儿玛丽娜在日内瓦建立，她决心离开罗马的家族事业去开创自己的事业。玛丽娜完美诠释了当时女性对珠宝的需求。其大胆多彩的设计具有很强的可辨识性，并被广泛模仿。出于对富有活力和不寻常色彩组合的着迷，玛丽娜B常使用黑色来凸显彩色宝石的色调（图904）。黑金、黑玛瑙和黑色贝母被广泛用于钻石、珍珠或其他彩色宝石的背景面。她坚信珠宝不仅是从早到晚陪伴女性的，并且是可以搭配不同颜色衣服的。玛丽娜发明了可以有依据地替换宝石的珠宝。这种可替换宝石系列的第一件珠宝是波纽（Pneu）耳坠，创作于1980年。耳坠受到飞机气胎的启发，被设计成了水滴形顶端装饰与柱状晶体吊坠结合的形式，并由此得名。柱状晶体吊坠可以更换成类似设计的不同颜色的宝石。

波纽（Pneu）耳坠的成功鼓舞了玛丽娜，在接下来的几年里，她将这一设计沿用在了其他珠宝中，所以陆续诞生了塞民凯特（Cimin-kit）以及露度（Nodo）系列。这些珠宝设计非常圆润，不同色彩的石英圆珠镶嵌其上。这些圆珠可以根据心情、当季的流行时尚进行替换和搭配，从而组合出无限可能。玛丽娜B的胸针和耳坠常可以翻转，珠宝中央最大的宝石通过一个精巧的小机构可以根据心情调换两面，通常一面是黑色的缟玛瑙和珐琅，另一面是密镶的钻石。

20世纪80年代，包裹在贵金属当中的金属弹簧常用在项链和手镯中（图904）。玛丽娜B在其镶宝石的颈饰设计中广泛采用了这种简洁装置，不仅完美顺应时尚潮流，而且设定的角度非常贴合脖颈，十分舒适。这促使她后来设计的简科利尔（Collier de Chien）广泛流行，但这种金属弹簧在世纪之交短暂流行后便销声匿迹了，因为对部分特定佩戴者来说，其佩戴过程烦琐且耗时长，也易造成其脖颈部不舒适。

在顶级珠宝市场，所有的珠宝公司都争相制作最华丽奢侈的珠宝，这些珠宝使用非常罕见和昂贵的宝石，镶嵌方式也很简单，目的是最大程度展现宝石的魅力。该市场被中东买家所占据。不出所料，即使是20世纪80年代，这种珠宝的设计仍非常传统，因为其目的是最大限度展示宝石的魅力。随着各种宝石证书的出台，这些宝石的无瑕品质一次又一次被放大。富有创新精神的公司，如宝格丽和玛丽娜B在使用大颗切工与净度完美的宝石时会并置对比色的小颗宝石，这些宝石设计大胆，常被制作成柔和的圆形。梵克雅宝、卡地亚、尚美、宝诗龙继续生产它们盛名远扬的经典优雅珠宝。纽约的海瑞·温斯顿（Harry Winston）则数十年来通过独一无二的大钻石和彩色宝石保持其地位。伦敦的格拉夫珠宝通过使用最珍稀和最硕大的彩色宝石制作珠宝从而跻身高定珠宝领域前列，如采用缅甸红宝石、克什米尔蓝宝石、哥伦比亚祖母绿以及净度和色彩俱佳的钻石或色彩艳丽的彩钻（图858A）。

到了20世纪80年代，社会的情绪开始发生改变，伴随着经济衰退，炫耀财富的做法消失了。20世纪80年代的华丽张扬被克制心理所取代。20世纪80年代的紧身夹克和宽肩裙装也让位给了对珠宝没有太多要求的解构主义服装。20世纪80年代大胆多彩的组合此时突然让人觉得过于刺眼，而那些常用来搭配这种服装的大面积抛光的黄金则看起来太喧嚣。设计方面的变化并不大，但通过对20世纪80年代经典元素的重新解读，下一种新风貌出现了。白金和铂金逐渐流行起来，同时一种更为柔和、饱和度更低的色彩组合成为20世纪80年代末的流行趋势。色彩的组合变得更加微妙。宝格丽的典型设计则通过白金和钻石重新表现出来（图858）。日内瓦的德·克里斯可诺（De Grisogono）通过一系列具有简单线条和圆形轮廓的珠宝准确地找到了市场所需要的。这些珠宝中彩色宝石和钻石被精巧的镶嵌方式和密镶的黑色钻石凸显出来（图865、图868、图869和图917）。

20世纪80年代后期，一种新趋势出现了，这种趋势由乔尔·亚瑟·罗森塔尔（Joel Arthur Rosenthal）所创立，如果说JAR大家可能会更熟悉。罗森塔尔出生在纽约，在哈佛大学学习艺术史，接着从事电影业，之后供职于宝格丽，最后定居巴黎，并且开始创造自己的珠宝。JAR与19世纪末的莱俪类似，都跨越了珠宝与雕塑之间的界限。到了20世纪90年代，JAR的作品已经变成了富有想象力和工艺精湛珠宝的准绳。他经常会将非凡宝石通过原创和不寻常的方式进行组合。使用小颗圆形宝石营造从暗到亮的色调的过渡是JAR珠宝的特色之一，并且经常使用氧化后的银、钛和铝镶嵌宝石。JAR最精彩的作品当属各种动物和花卉，如蝴蝶和百合，蛇与流星，有时也会采用18世纪流行的柔美卷曲饰和蝴蝶结以及抽象或建筑母题，如球面或螺线。这些珠宝令人震惊，充满个性化的浪漫的浮夸，这在20世纪90年代影响深远，让珠宝重新被当作艺术对待，并且启发了一代珠宝设计师（图895～图897、图905和图912）。2002年在伦敦举办了罗森塔尔作品回顾展，可领略他极富艺术性的作品的重要性。

通常，对于离现在的时间点不远的过去进行评价总是一项艰难的工作，或许现在评价20世纪90年代珠宝的风格演变还为时过早。该时代不同的时尚潮流还并未全部尘埃落定。但可以说，由JAR引发的20世纪80年代中期自然主义复兴成为了20世纪末珠宝最重要的特征之一。这时珠宝的大趋势是通过一种新颖、多彩并且常常富有雕塑感的方式重新解读自然，在震撼的色彩组合当中使用不寻常的宝石以及大量使用密镶的多彩宝石和半宝石。大西洋两岸的许多珠宝设计师从蔬菜和动物王国中汲取灵感。不断有新金属用在珠宝制作中。蓝宝石、石榴石、碧玺甚至钻石的色调都用来为大自然永不枯竭的调色板提供色彩。

日内瓦珠宝公司ESG因其对珠宝设计和珠宝制作的前卫态度在20世纪90年代末独树一帜。这家公司由伊曼纽尔（Emanuel）和苏菲·纪尧姆（Sophie Guillaume）运营，他们发现珠宝制作中使用的传统金属限制了珠宝的创新性。当他们致力于创造一种既时尚有特色又佩戴舒适的珠宝时，然后就被钛，一种高强度轻质量的太空金属所吸引。他们用数年时间调配钛与金在合金中的比例，使新型合金具有前者的轻盈以及后者杰出的延展性（图867、图883）。ESG珠宝深受大自然影响制作得很轻巧，所以该公司制作的花卉、昆虫可以搭配最轻薄的衣料。

维也纳的米歇尔·德拉·瓦莱（Michele della Valle）和瓦伦扎的坎塔梅萨（Cantamessa）使用花草作为灵感来源，其珠宝色彩丰富且非常有趣，在19世纪末的市场上深受欢迎。通过各种颜色的宝石并置栩栩如生地表现出蒲公英和常春藤、郁金香和玫瑰、蛇和蝴蝶，以及奇幻的鱼和各种海洋生物（图870、图

886、图888、图889、图894和图903），而这些只是她们大获成功的作品中的部分主题。

　　20世纪后十年将自然主题完美诠释的公司是由日本富有才华的设计师秋原女士（Kaoru Kay Akihara）于1992年创立的吉梅尔（Gimel）公司。她所学甚广，包括经济学、珠宝设计、绘画、日本传统插花以及茶道。这些无疑影响了吉梅尔的珠宝作品。吉梅尔从自然中汲取灵感，并且忠于日本传统的对季节演变的表现手法（图890~图892）。吉梅尔抓住了季节交替中转瞬即逝的色彩，春花轻柔的粉色、夏花的暖黄、秋叶铁锈般的红色。这些颜色都被天然宝石的色彩一一呈现。秋原女士（Kaoru Kay Akihara）相信"珠宝的背后都有故事"，所以许多她的设计的背面都装饰有小动物，如树叶胸针后趴着的小蜗牛，让佩戴者可以选择分享或留给自己的小秘密。这些小细节让吉梅尔的设计如此独特（图891）。

　　或许出版物对于环境问题的关注，如动植物的灭绝和20世纪80年代晚期到20世纪90年代的环境污染，也促使许多珠宝公司将自然作为灵感来源。1991年宝格丽发布的"自然世界"系列（Naturalia）就是在这种情况下诞生的，该系列珠宝与世界自然基金会支持的生物多样性活动相关，目的是赞颂美丽和富饶的自然，题材包括鱼、贝壳、鸟和植物（图860、图874、图882和图901）。卡地亚也决定加入世界自然基金会保护环境的战役，在1988年也通过珠宝表达了对保护濒临灭绝的犀牛的关切之情。一系列以犀牛为题材的珠宝被设计出来。整个20世纪90年代，动物王国成为卡地亚不竭的灵感源泉。卡地亚的标志——豹子（图855、图857）被运用在手镯、手链、项链和戒指上。这些珠宝通常使用铂金、密镶钻石和彩色宝石。黄金镶宝石豹头则常作为袖扣。大象、浣熊、鹤、鹦鹉和许多其他动物成为胸针或整条珠宝线中富有趣味的设计。

　　1993年，香奈儿重新进军高定珠宝界，并迅速风靡起来，代表作是一条设计成彗星的令人震惊的铂金镶钻石项链。该设计是可可·香奈儿最经典的设计，并曾在1932年她自己的钻石展览中展出。在这场展览中，星星和流星最为夺目别致。星星、月牙以及发光的太阳是香奈儿珠宝的特色之一（图914、图916）。另一个经典设计是山茶花，或是采用红宝石和钻石，或是使用玉石或玉髓雕刻而成。

图855. 黄金镶钻石珠宝套装，卡地亚，约1990年。20世纪80年代晚期到20世纪90年代，生态问题，如物种灭绝，令许多公司从自然中获取灵感。卡地亚的猎豹无疑是最适合这个主题的，并且深受当时女性欢迎。

图856. "翠卡"系列（Trika）珠宝，宝格丽，约1996年。20世纪80年代和90年代，成套设计往往
分开售卖，使消费者可以按照自己的意愿和品味进行组合。

图857. 钻石、缟玛瑙和祖母绿"猎豹"系列（Panthère）珠宝，卡地亚，约1990年。这是卡地亚"大猫"系列珠宝中的经典之作，豹子的头部可以转动，尾巴与腿也可以活动。

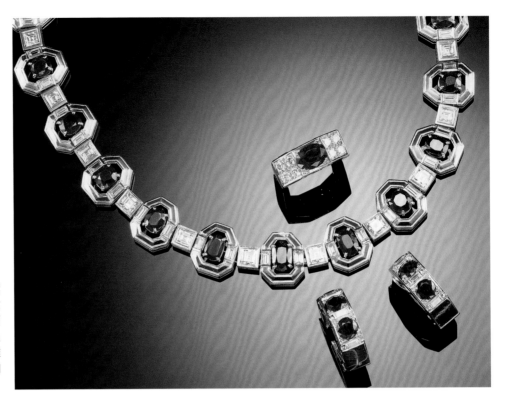

图858. 白金镶红宝石和钻石套装，20世纪90年代早期。20世纪80年代偏爱的黄金镶嵌宝石的做法已经渐渐不流行了，虽然珠宝设计仍然大胆和具有雕塑感，但已经开始采用白金和铂金。

套装、半套装

20世纪80年代的女性积极向上坚强，并不需要完美的成套的珠宝，而是热衷于将不同珠宝商的作品混合起来佩戴。她们对于黄金、紧凑设计和圆润外形非常偏爱。如宝格丽、卡地亚和宝诗龙等珠宝公司虽然制作配套的项链、耳坠、戒指和手镯，但与之前时代有显著不同。这些珠宝虽然设计成整套佩戴，但可分开售卖，顾客可根据自己的喜好选择珠宝。宝格丽的模块化珠宝和宝诗龙的木质珠宝是这个趋势最完美的诠释。

耳坠

20世纪80年代，耳坠非常流行，可以称之为该时代的标志性珠宝。它们被认为是时尚不可或缺的配件，并常与外套进行搭配。耳坠从简单到华丽，其设计变化很大。无论是长耳坠还是短耳坠，或是紧凑的宝石团簇或是琳琅的长耳坠，都遵循一种特定的程式——它们必须大胆、闪耀、有体积感且多彩。短耳坠的个头趋于硕大，设计趋于大胆并且紧凑。长耳坠常采用大型的、立体的并富有雕塑感的水滴状装饰（图860～图862）。

随机装饰有小钻石或半宝石的硕大的抛光、捶打纹或磨砂黄金半球形耳坠非常流行在白天佩戴。片状、钩状、月牙形、风格化的叶子、豌豆和十字形是白天的黄金耳坠最喜欢使用的设计。该时代最典型的例子有宝格丽的耳坠，常用黄金简单包镶古币，帕洛玛·毕加索（Paloma Picasso）的"亲吻"（Kiss）耳坠以及艾尔莎·柏瑞蒂（Elsa Peretti）的"豌豆"（Bean）耳坠也是时代经典。

图858. 令人惊叹的钻石项链，格拉夫珠宝制作。共镶嵌46颗心形钻石，总重约90克拉。最大的钻石重27.24克拉。这样的设计往往是为了彰显钻石本身的魅力，所以采用了轻巧的爪镶。

图859. 一对镶紫水晶黄金耳夹，帕洛玛·毕加索，1989年。这些大型的风格化圆顶花头用黄金铸成，镶以同心环型切割紫水晶，代表了20世纪80年代流行的大胆艳丽的耳饰风格。

图860. 一对珊瑚镶钻石、紫水晶、祖母绿耳夹，以及配套胸针，来自宝格丽"自然世界"系列，1991年。大胆的造型，流畅的曲线，硕大的体积以及不寻常的色彩组合是那个年代典型的珠宝特征。

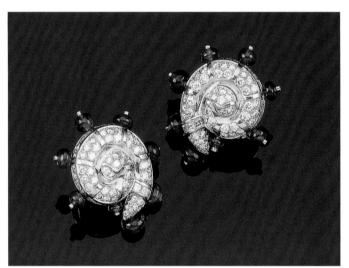

图861. 一对黄金镶钻石、祖母绿耳夹，采用风格化的贝壳设计，20世纪80年代晚期。20世纪80年代流行大胆紧凑的设计。

图862. 一对黄金镶碧玺耳坠及配套戒指，大胆强烈的色彩对比以及团簇设计在当时非常典型。穹顶戒指也是当时典型的设计样式。

　　宝格丽耳坠镶嵌大量宝石，昂贵且奢华，常为简单的圆形，但使用不同切割的宝石组成马赛克画的效果，宝石和半宝石并置成迷人的不同的色彩组合。以高质量宝石著称的海瑞·温斯顿（Hary Winston）和格拉夫（Graff）珠宝则使用了更加传统的设计：风格化的花形宝石团簇以及突出宝石尺寸和形状的镶嵌方式。

图863. 克里斯托弗·沃林（Christopher Walling）出品的一对橄榄石钻石翠榴石耳夹，1997年。这件珠宝线条简约干净，白色钻石、绿色橄榄石和氧化银的色彩组合十分淡雅，赋予了20世纪90年代的经典特色。

图864. 克里斯托弗·沃林出品的一对火欧泊橄榄石耳夹，1995年。氧化银底座证明这对耳环属于20世纪90年代而非80年代。

图865. 黑钻和红宝石耳坠及配套戒指，德·克里斯可诺，1997年，黑钻石很快成为这家日内瓦公司的标签。

图866. 一对白金镶托帕石、钻石金字塔耳坠，宝格丽，1999年。耳坠将三角形与曲线造型有机结合，整体干净简洁。

　　长耳坠在20世纪80年代被设计成不同样式，为当时的时尚女性提供了足够多的选择。简单的团簇的顶部装饰下悬挂简单的水滴形坠或是不同颜色宝石的类似吊灯的宝石瀑布非常流行。心形、树叶等都是最受欢迎的设计。黄金、珐琅和半宝石是时尚女性的宽肩服装的完美搭配。玛丽娜受飞机气胎启发而设计的波纽（Pneu）耳坠是当时长耳坠最流行的设计之一。这种耳坠的成功原因在于受飞机气胎启发，将宝石团簇下的半宝石雕刻水滴坠设计成可替换坠饰，从而能够与外衣的颜色进行搭配。温斯顿和格拉夫珠宝生产的耳坠则以宝石团簇和宝石瀑布为主，与当时高级成衣的晚礼服完美搭配。

图867. 天然珍珠钻石项链，ESG，2000年，注意其流线型的设计，柔和的用色以及两颗珍珠的不同色泽。钛合金底座让这对耳坠非常轻便，易于佩戴。

图868. 黑钻和白钻耳坠及配套戒指，德·克里斯可诺，2000年，根据20世纪30年代珠宝的灵感设计制作。

图869. 白钻及黑钻耳坠，德·克里斯可诺，2000年，下方梨形吊坠可拆卸。

图870. 养殖珍珠配多色宝石耳坠，德拉·瓦莱，约2000年。20世纪末自然主题的复兴也使蛇形珠宝开始流行，这对耳坠的蛇头与蛇尾皆可活动，蛇身是石榴石配黄钻，蛇头为钻石配红宝石。

　　20世纪90年代，耳坠依然流行，但个头逐渐变小，颜色进一步柔和。随着解构主义在时尚领域的流行，之前的服装逐渐失去吸引力，黄金让位于白金，充满活力的色彩组合被更加柔和的多彩对比所替代。设计变得更加简单和干净，这与当时迷你化趋势相符。镶钻石和彩色宝石的圆润的几何造型白金耳坠很受偏爱。长耳坠没有消失，但却失去了吸引力。20世纪90年代末，自然主义与珠宝设计的大势相符，影响了许多耳坠的设计，所以很多耳坠被塑造成花头、海星和树叶的模样，并用多彩宝石进行密镶（图866～图870）。

图871. 蓝宝石、红宝石、贝母项圈，波怡瑞（Poiray），20世纪80年代。20世纪80年代项圈非常流行。其极具装饰性，并且易于佩戴，可以与当时的服装完美搭配。

项链

　　20世纪80年代富有领导力的女性偏爱实用干练的颈饰，因为其不仅具有装饰性而且便于佩戴。20世纪70年代的长项链退出历史舞台，取而代之的是舒适的短项链。这种项链与当时紧身时装相配。项圈也是当时最受欢迎的颈饰。最典型的设计是黄金和宝石的凸形黄金缎带，其装饰元素与整体设计融为一体。用珍稀木材雕刻或硬石的片状装饰，如黄金镶嵌的粉晶为传统的宝石和半宝石设计提供了更多可能性。宝诗龙和波怡瑞为该主题提供了无穷无尽的变化（图871）。这种项链的外形圆润，在极少情况下亦会配有水滴形吊坠。宝格丽首先推出的中心镶嵌宝石团簇或古币的扁气管状项链被广泛模仿（图875），同样流行的还有玛丽娜设计的半岛项圈（图872）。后者有弹簧装置，可以使其佩戴者感觉舒适，并用珍珠和多彩宝石进行装饰。常见的相对廉价的设计如带有黄金弹簧装置的黄金项圈，其上钻石常组成波浪纹路。这时的项链非常具有装饰性，可以单独佩戴，也可以两三条佩戴在一起以便适应不同的社交场合。部分珠宝中，金属弹簧不加装饰，仅用黄金镶边，从而让镶以单颗贵重宝石或宝石团簇的中心母题更加引人注目。这种主题在项链制作上体现得更加淋漓尽致。项链采用一系列弹簧的形态，再用养殖珍珠或管状的缟玛瑙或珍珠母串联起来。

图872. 黑化处理黄金镶钻石项链及配套耳坠，"埃克姆斯"（Ecumes）系列，玛丽娜B，约1985年。项链采用弹簧设计，所以无需搭扣，钻石云状图案配黑色底色是玛丽娜B的显著特色。

20世纪80年代初，该主题的一款变种设计被引入项圈设计中。该设计将宝石团簇装饰固定在可替换的丝绸缎带上，使项圈得以搭配不同颜色的服装，为当时女性提供了无穷的选择。由于20世纪80年代珠宝去神秘化，即使是最昂贵的宝石也以一种非常规、不矫饰的佩戴方式展现。时尚又一次迅速变得全球化，但宝格丽仍是1980年首先践行珠宝去神秘化的公司，并且直到1985年仍被广泛使用。

图873. 博伊文出品的两条令人神往的项链及配套耳环，1993年。黄金钻石"公主"项链的袖珍设计和圆形轮廓是20世纪80年代晚期至90年代早期的经典流行特色。"旋转球"（Boules Tournantes）蓝宝石钻石项链所设计的球形宝珠有两面，一面镶以蓝宝石，一面镶以钻石。

图874. 黄金镶宝石项链及手链，宝格丽，"自然世界"系列，1991年。手镯和项链上悬挂的小金鱼采用粉色碧玺、紫水晶和橄榄石雕刻而成。该系列珠宝的设计初衷是致敬大自然的丰富多彩，如鱼类、贝类、鸟类及花卉母题。

图875. 黄金项圈，宝格丽，20世纪80年代。中间是一枚拜占庭金币，周围以标志性的具有弹性的扁气管状项链连接。这类项链在20世纪80年代非常流行，很多公司纷纷仿效，但质量参差不齐。

那些如哈利·温斯顿和格拉夫珠宝制作的独一无二的镶嵌着昂贵宝石的项链，不出意外地使用了更加传统的设计。悬挂着大型吊坠的里维埃项链、多层的花形团簇，以及V形的围嘴项链是当时最受钟爱的设计。这些设计及精巧的镶爪都是为了突出石头的完美。该趋势直到20世纪90年代仍然流行（图858、图919）。

20世纪80年代后半叶，个头巨大的养殖珍珠串成的短项链开始流行起来，这些珍珠被称为南洋珠，因为它们产自澳大利亚、缅甸、印度尼西亚和菲律宾这些温暖的南部海域（图878）。

20世纪90年代，项链开始变得更加轻盈精巧。20世纪80年代流行的宽黄金带状项链逐渐让位于更加轻盈和富有空气感的设计。20世纪90年代末，镶嵌着宝石的白金和铂金锁链开始流行。长项链虽然也有几次回归时尚的举动，但都未引发广泛流行（图880）。20世纪90年代初，数层红蓝宝石和祖母绿圆珠组成的长项链成为当时时尚女性必不可少的珠宝（图877）。20世纪90年代沿用了20世纪80年代成功的珠宝造型，但都转用白金打造珠宝外观。

图876. 玛丽娜B出品的黄金项链，1988年，搭配铃状流苏边坠饰。

图877. 20世纪80年代到90年代早期，受印度珠宝启发制成的素面或切面宝石珠子项链非常流行。从上至下依次为尖晶石素面项链；祖母绿、红宝石、黄色和蓝色蓝宝石混合切面项链；祖母绿切面项链；红宝石素面项链；祖母绿切面项链。

图878. 黄金镶钻石及养殖珍珠项链，珍珠直径从17.5毫米渐变至12.8毫米。从1985年开始，直径超过10毫米的养殖珍珠开始出现在市场上。这种珍珠通常被称为南洋珠，说明它们的产地是温暖的缅甸、澳大利亚以及菲律宾海域，这种珍珠的珍珠贝叫作大珠母贝。

图879. 养殖珍珠项链和配套耳环，约1995年。该项链由直径为16.5～13毫米的养殖珍珠由大到小串成。单串大型养殖珍珠项链在20世纪80年代十分罕见，并且备受青睐。20世纪90年代时，珍珠养殖技术得到改善，提升了此类硕大的养殖珍珠的产量，其价格也相对降低了。

图880. 红宝石和钻石项链，20世纪90年代晚期。长链上的钻石为透镜镶嵌，与红宝石珠交替错落。下方悬坠形翻光面型切割钻石。20世纪90年代，令人想起20世纪20年代苏托尔长项链，长项链的设计变得流行，因为此时的服装与20世纪80年代相比更加轻柔，富有流动感。20世纪80年代的成功设计一直流行到了90年代，只是用白金替换了黄金。

胸针

20世纪80年代流行紧身夹克和宽肩裙装，这使得胸针又重新流行起来。此时的胸针个头巨大、设计大胆并且色彩缤纷，通常与当时流行的耳夹配套（图860、图881和图882）。装饰有各种几何和自然图案的片状、钩状、团簇状设计是当时耳坠的流行样式。

胸针在20世纪90年代依旧很流行，但设计更女性化。受20世纪80年代后期JAR所推动的自然主义珠宝复兴的影响（图895、图897），全世界的珠宝设计师都开始制作镶嵌有各色宝石的动物、昆虫、树叶和花朵胸针（图883、图885～图894）。蓝宝石、碧玺、石榴石和钻石的各种色彩都被发掘出来用以模仿大自然的丰富色彩。小至瓢虫，大至真花大小的珠宝花束，这种新颖多彩的对自然的诠释贯穿了整个20世纪90年代。

吊坠

由于20世纪80年代流行紧凑的短项链，所以吊坠并不流行，对于昂贵珠宝来说尤其如此，虽然该年代最重要的华丽镶嵌各种宝石的项链有时会附上一个可拆卸的、额外的吊坠，也是为了展现罕见宝石的魅力。有时镶嵌以彩色宝石的小巧的黄金品牌标志（logo）。吊坠常作为时尚配件进行佩戴，就如同爱马仕围巾和古驰包。20世纪80年代到90年代早期，黄金锁链、皮绳或丝带常用来悬挂梵克雅宝的半宝石蝴蝶或四叶草吊坠，卡地亚的大猫吊坠或是刻有BVLGARI字样的黄金片状吊坠。

图881. 蓝宝石、钻石和彩色宝石胸针，宝格丽制作，约1988年。该胸针体现了宝格丽的典型特点，将宝石与半宝石组合成色彩富丽的设计。中央蓝宝石与四周小型角石切割祖母绿、卡雷切型和长阶梯形琢型钻石以及素面紫水晶和红宝石相得益彰。所有的宝石均为该设计切割成特定形状。

图882. 圆形领夹，宝格丽，"自然世界"系列，1991年。环境问题也是该系列的关注点之一，其表现形式是色彩对比强烈的宝石。这枚领夹的主题和所用宝石皆与海洋相关，海豚为珊瑚和贝母，海浪为海蓝宝石。

图883. 红宝石和钻石蜻蜓胸针，ESG公司出品，约2000年。20世纪末，ESG将复兴的自然主题珠宝与前卫科技结合，采用钛合金制作了这枚胸针的骨架。这样珠宝的重量大为减轻，即使佩戴在丝质外套上也没问题。这些红宝石颜色一致，皆产自缅甸，且无烧制。

图884. 蓝宝石和钻石胸针，20世纪90年代晚期。作为18、19世纪珠宝的流行母题之一，图中的蝴蝶母题在20世纪末卷土重来，常出现在胸针、发饰和饰针设计中。此例珠宝中，蝴蝶翅膀密镶以钻石、淡蓝宝石及粉色、橘色和蓝色等浅色宝石。

图885. 两枚自然主义胸针，克里斯托弗·沃林制作，20世纪90年代。这位来自美国的珠宝艺术家将传统题材制作出了新意。第一枚胸针中央镶嵌牡蛎珠，花瓣为淡水养殖珍珠，四周饰以红宝石。第二枚胸针中央为纽扣形养殖黑珍珠，配以六颗淡水养殖珍珠作为花瓣。

图886. 叶形胸针，米歇尔·德拉·瓦莱，2000年，该胸针的设计融合了印度和自然主义，其上镶嵌缅甸红宝石、养殖珍珠及钻石。

图887. "珍珠上吃午饭的鱼"胸针，玛丽莲·库珀曼，20世纪90年代。主题非常有趣，作者也进行了细致的观察。注意鱼身用蓝宝石模拟出的过渡色以及造型的曲线。

图888. 镶宝石胸针，米歇尔·德拉·瓦莱，约2000年。这套有趣多彩特别的胸针的灵感来自海底世界，全由氧化白银镶嵌，这也是他的自然主义设计中常用的金属。

图890. 四枚镶宝石胸针,吉梅尔,约2000年。将宝石的色彩运用得如同画家调色盘是日本公司吉梅尔的特色。在这些胸针中,各色的钻石和石榴石呈现出丰富的色调。

图889. 镶宝石胸针,米歇尔·德拉·瓦莱,2000年。郁金香的形态非常逼真,色彩则由钻石、红宝石和石榴石来表现。

图891. 镶宝石胸针,吉梅尔,约2000年。各种色调的石榴石及钻石将秋天的色彩演绎得栩栩如生,注意在放大图的树叶背面还有一只镶蓝宝石的小蜗牛。

图892. 镶宝石花卉胸针，吉梅尔，约2000年（放大图）。粉色钻石表现出莲花和花苞的色彩，荷叶则采用黄钻和石榴石表现，水滴则是一颗坠形翻光面型切割钻石。

图893. 黄金镶宝石树叶胸针，玛丽莲·库珀曼，20世纪90年代。这是对自然主义的美式解读。多彩蓝宝石和黄钻的密镶手法，是这时期珠宝的典型特征。叶柄上镶嵌绿色蓝宝石。

图894. 钻石蒲公英耳坠，坎塔梅萨（Cantamessa），2000年。在金属杆末端的钻石皆可以移动，从而可以反射各角度光线。

图895. 黄金镶钻石和碧玺胸针，罗森塔尔，1982年。注意大颗梨形钻石与红绿色小型角石切割的碧玺之间强烈大胆的颜色对比。

该珠宝由罗森塔尔重制

图896. 色彩富丽的胸针，罗森塔尔，1995年。中央为橘色托帕石，四周缎带密镶红宝石、紫水晶、石榴石、火欧泊、蓝宝石、碧玺和钻石。金属基座采用金和银制作。

该珠宝由罗森塔尔重制

图897. 优雅的蝴蝶胸针，罗森塔尔，1987年。蝴蝶翅膀密镶钻石和蓝宝石，身体中央为一大颗椭圆形钻石。罗森塔尔创作的自然主义珠宝颇具影响力，在20世纪90年代被广泛仿效。

该珠宝由罗森塔尔重制

图898. 三只宝格丽"帕伦特斯"系列手镯，20世纪80年代。该系列设计于1982年，成为那个年代珠宝设计的标志。标准的帕伦特斯设计包括风格化的黄金括号设计以及中间的连接部分。宝格丽通过使用不同颜色的黄金，来达到不同的效果，或者将其中一部分镶钻，或者将一部分替换成相同形状的钢材、赤铁矿或是其他半宝石。20世纪90年代为顺应珠宝设计潮流，宝格丽开始制作白金版。

手镯

20世纪80年代流行宽手镯或开口镯，与该时期设计大胆的项圈设计匹配，通常佩戴数量众多。对于昂贵的珠宝，无论开口镯还是灵活的缎带设计，都采用黄金镶钻石和彩色宝石的方式（图902）。更简单的全天可佩戴的设计，通常采用各种黄金带状的连接形式。20世纪80年代晚期和90年代早期是宝格丽的帕伦特斯系列和图博加斯系列手镯最为流行的时候（图898、图906）。手镯为黄金或镶嵌钻石，特别适合白天佩戴，尤其可以与手链进行搭配。

硬质手镯仍十分流行，尤其是宽大且厚重的款式（图900）。最成功的设计当属艾尔莎·柏瑞蒂（Elsa Peretti）为蒂芙尼设计的骨节（Bone）手镯。该手镯简单却优雅的波浪形设计利用了大面积抛光的黄金或白银的光泽，在20世纪90年代也备受欢迎。20世纪80年代中期硬石雕刻造型的规则项圈常与设计类似的铰链手镯相配（图899～图901）。

20世纪90年代，当珠宝设计变得更加保守，镶钻石和彩色宝石的轻巧线状设计也备受欢迎。与明亮式切割或长阶梯形宝石切割钻石的线状设计相比，尤其流行的是不同色调粉色和黄色的公主方切割的轻巧手链。间或镶嵌着宝石或宝石团簇的铂金或白金细链同样也是流行的腕饰。硬质手镯或宽手镯并没有完全消失，只是颜色和装饰变成了那个年代更加保守的设计（图903）。

图899. 宝格丽"蜂巢系列"（Alveare）黄金手镯。该手镯的纹样来自风格化的蜂巢，也被用于设计项链、戒指、耳坠，常常搭配以黄金和白金、黄金和钻石以及黄金与钢材。该设计创始于1988年，是继"帕伦特斯"系列成功后的众模块化珠宝的一支。

图900. 黄金镶钻石手镯。20世纪80年代，典型的绳结设计。色彩夺目耀眼，设计大胆，这件手镯是20世纪80年代的典型作品。

图901. 黄金镶钻石和多色宝石手镯，宝格丽，"自然世界"系列，1991年。珊瑚、玉髓、紫水晶、黄水晶和碧玺被切成特定形状来表现这只手镯的海洋主题。

图902. 黄金镶养殖珍珠和彩色宝石手链，宝格丽，约1995年。这种浅色的配色是20世纪90年代的特点。如果放到20世纪80年代，那么类似设计的手镯将会采用对比更加鲜明的配色。这条手镯采用黄色、粉色以及蓝色蓝宝石配以绿色橄榄石，周围镶以碎钻提亮。

图903. 钻石蓝宝石手镯，坎塔梅萨，2000年。该手镯采用雕塑感设计，非常立体，采用了20世纪末常用的从一个色调过渡到另一个色调的宝石镶嵌方法表现海浪。

图904. 三只黄金镶碧玺、珐琅手镯，玛丽娜B。这种采用弹簧结构，镶嵌碧玺并以钻石提亮，辅以
黑色珐琅的设计是20世纪80年代晚期的流行设计。

图905. 黄金镶钻石、翠榴石手镯，罗森塔尔，1994年，设计成郁金香的样式。
该珠宝由罗森塔尔重制

图906. 黄金镶钻"帕伦特斯"手镯及腕表，宝格丽。该设计从1982年创始一直流行至20世纪90年代。

腕表

20世纪80至90年代，腕表市场空前繁荣，随着奢侈品产业的扩张和品牌（Logo）珠宝逐渐变成大众不可或缺的时尚配件，绝大多数公司都开设了腕表线。腕表与珠宝相比能更为简明地将商标（logo）展示出来。由于这20年间腕表设计多种多样，所以想要理清腕表设计风格的演化是非常困难的。

总体上，20世纪80年代的腕表设计较为大胆多彩。许多珠宝公司都将其最流行的手镯设计应用到表带上。宝格丽将表盘整合在其流行的帕伦特斯或阿尔维雷设计中（图906）。这种将小表盘融入管状黄金表带成了那个年代的标志性做法，虽然这种设计在20世纪70年代就已经出现了（图909）。链状表带的卡地亚坦克系列手表也成为20世纪80年代必不可少的设计。宝诗龙、萧邦、梵克雅宝、玛丽娜B以及许多其他珠宝公司开始与制表公司竞争，所以传统的制表公司必须正面回应，升级设计以跟上时尚的步伐（图907、图908）。20世纪90年代见证了腕表领域里白色金属的重新流行。那时流行的多彩密镶钻石也应用在了表带设计中。宝格丽将最畅销款式制作成钢和白金的款式，卡地亚则出品了铂金的坦克和卡地亚豹腕表，将表盘隐藏在铂金、缟玛瑙和钻石制作的大猫手镯的身体或头部以下。

图907. 黄金钻石女式腕表，伯爵（Audemars Piguet），约20世纪80年代。独特的镶钻黄金表链，是20世纪80年代的典型设计。

图908. 黄金镶宝石"蝶蛹"（Chrysallis）腕表，博伊文，约1990年。在20世纪80年代到90年代，珠宝匠与表匠存在竞争关系，由此诞生了一系列与各自珠宝品牌的主线设计相符的腕表。博伊文出品的这两件蓝宝石钻石腕表最大的特色在于表盘周围的滑动环形凹槽，手表的整体外观因此而改变。

图909. 黄金腕表，宝格丽，20世纪80年代（放大图）。表盘刻有BVLGARI-BVLGARI的设计出现于1977年，并成为20世纪80年代最畅销的设计之一。在这里，表盘与油管手镯进行了结合。

图910. 黄金镶钻石和红宝石戒指，黄金镶钻石、蓝宝石戒指。20世纪80年代。穹顶式造型配以素面宝石，围镶各种切割的钻石，是20世纪80年代戒指的设计特点。

图911. 黄金镶钻石和红宝石戒指，黄金镶祖母绿、钻石戒指。宝格丽，20世纪80年代，埃尔顿·约翰（Elton John）旧藏。两枚戒指中的宝石都采用了包镶而非爪镶，这是宝格丽该时期的工艺特点。

戒指

　　20世纪80年代到90年代的戒指与之前的时代非常不同，这时的戒指设计大胆、体量硕大。20世纪80年代的戒指尤为大胆和多彩，通常在黄金拱形母题上镶嵌一颗素面主石。黄金底座或简单抛光，或在主宝石上密镶色彩和切工有所对比的小颗宝石（图910）。宝格丽以此为主题制作了很多变体，其他主要的珠宝公司也都从善如流。这些戒指通常体量巨大也非常高，这些戒指弯曲光滑的外形以及长镶爪的消失可以避免戒指勾到衣服（图911、图913）。玛丽娜B设计了镶嵌各种颜色和各种切割方式的宝石的带状戒指。这些戒指虽然巨大、多彩，但佩戴起来仍非常舒服。

　　相对廉价的富有装饰感的戒指通常采用宽的黄金带状样式，宝石则采用吉普赛镶嵌。宝格丽的硬币和帕伦特斯戒指引发了无数的变形和复刻。紧绕手指的图博加斯戒指让蛇形戒指又流行起来。

　　20世纪90年代的戒指变化非常小。过去流行的戒指如今依旧流行。体量如旧，只是色彩变了，黄金变成了白金和铂金，宝石变成了更加柔软的色彩组合（图914、图915和图918）。20世纪90年代最被广泛复刻的戒指是尚美的安诺（Anneau）戒指。该戒指的戒臂使用逐渐增加直径的管状设计，用料为白金、黄金或玫瑰金，其上通常密镶各种宝石。香奈儿的大个头戒指采用了柔化的八边形轮廓，在20世纪90年代后期取得了巨大成功。香奈儿设计的密镶宝石或钻石的星形、月牙拱顶戒指也非常流行（图914～图915）。

图912. 黄金双石戒指，罗森塔尔，1978年。

　　该珠宝由罗森塔尔重制

图913. 黄金镶蓝宝石和钻石戒指，卡地亚，20世纪80年代晚期。两枚戒指皆采用圆润外观设计和黄金制作，是该时期的典型特点。

图914. 一枚玉石、紫水晶、橄榄石和石榴石"苏格兰"戒指，以及一枚黄水晶、橄榄石和坦桑石"可可"戒指，香奈儿，20世纪90年代。香奈儿重新出现在高定珠宝领域是1993年，并且成功将香奈儿20世纪30年代深受女士偏爱的多彩戒指推向市场。

图915. 黄金镶钻石和养殖珍珠戒指，香奈儿，20世纪90年代。

图916. 星云戒指，香奈儿，2000年。粉色钻石更凸显了中央18.17克拉钻石的光彩。注意戒指镶爪是香奈儿标志性的星形。

图917. 黄绿色钻石戒指，德·克里斯可诺，2000年，绿色与红色和紫色都是自然界中钻石最罕见的颜色。这枚戒指采用最常见的廉价的黑色钻石凸显这两枚绿色钻石，不可谓不独特大胆。

图918. 黄金镶钻石和翠榴石戒指，20世纪90年代。电黑的黄金密镶彩色宝石，通常是蓝宝石、石榴石或色彩斑斓的钻石，这种形式常用在20世纪90年代来突出钻石的白亮。

图919. 20世纪80年代，极度奢华珍贵的宝石项链得到复兴。该项链是哈利·温斯顿于1986年制作，共镶嵌238.66克拉钻石。最前端的十颗水滴形钻石皆为DIF白钻，总重99.34克拉。

在此20年间，最大最贵重的宝石通常采用相当传统的黄金爪脚或白金底座镶嵌，从而彰显这些宝石得天独厚的魅力。然而，有些珠宝也试图展现不同寻常的有趣色彩组合，如简约爪脚镶嵌钻石搭配彩色宝石；祖母绿侧翼镶以华丽黄钻；华丽的粉色、蓝色和黄色钻石聚成团簇。20世纪90年代期间，贵重宝石有时会用更精美繁复的镶座。该镶座会设计成风格化的扭曲触角，密镶以同心环型切割的反衬色宝石（图916和图917）。

参考文献

Anderson, B.W., *Gem Testing*, London, 1980.

Becker, V., *Art Nouveau Jewellery*, London 1985; *Antique and Twentieth Century Jewellery*, London, 1980 and 1987; *The Jewellery of René Lalique*, London, 1987.

Bury, S., *Jewellery Gallery Summary Catalogue*, Victoria & Albert Museum, London, 1983.

Cartlidge, B., *Twentieth-Century Jewelry*, New York, 1985.

Cerval, M. de, *Mauboussin*, Paris, 1992.

Evans, J., *A History of Jewellery 1100-1870*, London, 1953 (new edition 1970).

Flower, M., *Victorian Jewellery*, London, 1951.

Fontenay, E., *Les Bijoux Anciens et Modernes*, Paris, 1887.

Les Fouquet, Bijoutiers & Joailliers à Paris, 1860-1960, Musée des Arts Décoratifs, Paris, 1983.

Gabardi, M., *Les Bijoux de l'Art Déco aux Années 40*, Paris, 1980.

Gere, C., *Victorian Jewellery Design*, London, 1982; *European and American Jewellery*, London, 1985.

Gere, C., Rudoe, J., Tait, H., Wilson, T., *The Art of the Jeweller, A Catalogue of the Hull Grundy Gift to the British Museum*, London, 1984.

Gere, C., Munn, G., *Artists' Jewellery, Pre-Raphaelite to Arts and Crafts*, Woodbridge, 1989.

Grima, Retrospective, Catalogue of an Exhibition, London, 1991.

GŸbelin, E.J., Koivula, J.I., *Photoatlas of Inclusions in Gemstones*, Zurich, 1986.

Hinks, P., *Nineteenth Century Jewellery*, London, 1975; *Twentieth Century Jewellery 1900-1980*, London, 1983.

Jar, *JAR Paris*, Paris, 2002.

Mascetti, D., Triossi, A., *Earrings, from Antiquity to the Present*, London, 1990; *Bulgari*, London, 1996; *Necklaces, from Antiquity to the Present*, Milano, 1997.

Medvedeva, G., Platonova, N., Postnikova-Loseva, M., Smorodinova, G., Troepolskaya, N., *Russian Jewellery 16th-20th Centuries from the Collection of the Historical Museum, Moscow*, Moscow, 1987.

Munn, G., *Castellani and Giuliano, Revivalist Jewellers of the Nineteenth Century*, London, 1984.

Nadelhoffer, H., Cartier: *Jewellers Extraordinary*, London and New York, 1984.

Neret, G., Boucheron: *Four Generations of a World-Renowned Jeweller*, Paris, 1988.

Ormesson, J. d', Gere, C., Becker, V., Vreeland, D., *Jean Schlumberger*, Milan, 1991.

Proddow, P., Heale, D., *American Jewelry, Glamour and Tradition*, New York, 1987.

Raulet, S., *Art Déco Jewelry*, Paris, 1984.

Raulet, S., *Van Cleef and Arpels*, Paris, 1986.

Scarisbrick, D., *Jewellery*, London, 1984.

Snowman, A.K., *Carl Fabergé*, London, 1980.

Van Cleef & Arpels, Catalogue of an Exhibition, Paris, 1992.

Vever, H., *La Bijouterie Française au XIXe Siècle*, Paris, 1908. Now available in English.

Ward, A., Cherry, J., Gere, C., Cartlidge, B., *The Ring from Antiquity to the Twentieth Century*, London, 1981.

Webster, R., *Gems, Their Sources, Description and Identification*, revised by B.W. Anderson, London, 1983.

后 记

　　2018年，我们成立了明明古董珠宝学社，到现在，已经在各地开课50余期，有400多名学员，因为课程的特殊性，学员的成分和其他珠宝类的课程有着比较大的区别，来上课的同学基本上都在自己的行业里从业很久，资历很深，大部分人都是在自己的领域深耕到一定程度之后，对于珠宝精神层面的内涵开始有了自己的见解与想法，当然也就有了对于古董珠宝的历史背景文化的了解需求，然后，便与我们聚在一起，开始了珠宝路上新征程。

　　2020年，各种突发问题纷至沓来，突然而来的暂停键常常让我们不知所措，在这种时候，唯有让自己的内在更加强大，才能更加坦然地面对生活的不确定性，在不能开课的日子里，我们决定将这本一直给大家推荐的古董珠宝文化必读书《读懂珠宝：200年佩戴文化之美》翻译出来，从这里做一个新的开始。同时，我们的公众号"艺述百年"也已准备完毕，除了会把本书之外的很多延展内容、外来的珠宝文化、中国的传统工艺、一直以来我们对新老珠宝行业的认识理解整理到公众号中，还希望通过各种不同角度的珠宝文化整理，让珠宝收藏的爱好者知道，珠宝的收藏不仅仅是简单的财务投资，同样是对文化，艺术的了解与认可。通过艺术珠宝这扇窗，我们可以了解背后的理念与情感，社会变迁，权力更迭。

　　珠宝，是浓缩的艺术，我们不断地强调这点的原因，就是希望无论是珠宝的从业人员，还是珠宝的爱好者，收藏家，都能从文化的角度，艺术的角度，赋予我们手中的珠宝更多的艺术价值。我们不但可以身在故宫，实地感受中国珍宝的美轮美奂，文化的博大精深；还可以从书中，感受到西方的时代精神和民族特质，建立起珠宝的时空观；在这里，我们可以从绿松石的使用频度看到19世纪英国浪漫主义运动的发展，甚至英国国力的兴衰；在这里，我们甚至有机会从另外一个角度窥探某位历史人物的一生。珠宝带给我们的，除去不断增值的财富，还有可以长久留存的文化印记。

　　一年又将过去，在这停停走走的一年里，物质财富或许难以增加，但是精神世界依然可以时时依靠自己的努力更加富足。读者朋友可以微信搜索"艺述百年"公众号关注我们，与我们交流自己对于珠宝艺术的理解，也可以提出好的建议。希望接下来的日子里，我们能跟大家一起，通过一本又一本《读懂珠宝：200年佩戴文化之美》这样的经典著作，在珠宝的故事世界里，感受学习带给我们的，更加高级的快乐。

艺述百年珠宝研究室
2022年11月